◉ 工学のための数学 ◉
EKM-1

工学のための
線形代数

村山光孝

数理工学社

編者のことば

科学技術が進歩するに従って，各分野で用いられる数学は多岐にわたり，全体像をつかむことが難しくなってきている．また，数学そのものを学ぶ際には，それが実社会でどのように使われているかを知る機会が少なく，なかなか学習意欲を最後まで持続させることが困難である．このような状況を克服するために企画されたのが本ライブラリである．

全体は3部構成になっている．第1部は，線形代数・微分積分・データサイエンスという，あらゆる数学の基礎になっている書目群であり，第2部は，フーリエ解析・グラフ理論・最適化理論のような，少し上級に属する書目群である．そして第3部が，本ライブラリの最大の特色である工学の各分野ごとに必要となる数学をまとめたものである．第1部，第2部がいわゆる従来の縦割りの分類であるのに対して，第3部は，数学の世界を応用分野別に横割りにしたものになっている．

初学者の方々は，まずこの第3部をみていただき，自分の属している分野でどのような数学が，どのように使われているかを知っていただきたい．しかし，「知ること」と「使えること」の間には大きな差がある．ある分野を知ることだけでなく，その分野で自ら仕事をしようとすれば，道具として使えるところまでもっていかなければいけない．そのためには，第3部を念頭に置きながら，第1部と第2部をきちんと読むことが必要となる．

ある工学の分野を切り開いて行こうとするとき，まず問題を数学的に定式化することから始める．そこでは，問題を，どのような数学を用いて，どのように数学的に表現するかということが重要になってくる．問題の表面的な様相に惑わされることなく，その問題の本質だけを取り出して議論できる道具を見つけることが大切である．そのようなことができるためには，様々な数学を真に自分のものにし，単に計算の道具としてだけでなく，思考の道具として使いこなせるようになっていなければいけない．そうすることにより，ある数学が何故，工学のある分野で有効に働いているのかという理由がわかるだけでなく，一見別の分野であると思われていた問題が，数学的には全く同じ問題であることがわかり，それぞれの分野が大きく発展していくのである．本ライブラリが，このような目的のために少しでも役立てば，編者として望外の幸せである．

2004 年 2 月

編者　小川英光
藤田隆夫

「工学のための数学」書目一覧

第 1 部	第 3 部
1　工学のための　線形代数	A–1　電気・電子工学のための数学
2　工学のための　微分積分	A–2　情報工学のための数学
3　工学のための　データサイエンス入門	A–3　機械工学のための数学
4　工学のための　関数論	A–4　化学工学のための数学
5　工学のための　微分方程式	A–5　建築計画・都市計画の数学
6　工学のための　関数解析	A–6　経営工学のための数学
第 2 部	
7　工学のための　ベクトル解析	
8　工学のための　フーリエ解析	
9　工学のための　ラプラス変換・z 変換	
10　工学のための　代数系と符号理論	
11　工学のための　グラフ理論	
12　工学のための　離散数学	
13　工学のための　最適化手法入門	
14　工学のための　数値計算	

(A: Advanced)

まえがき

本書は大学初年度向けにおける「線形代数学」の教科書・演習書として，主として理工学系の学生を対象に 90 分 30 回の授業を念頭に置いて執筆したものである．ここで扱われる数ベクトルや行列は，数を一列や長方形の形に並べた配列である．また，表形式の数値データから項目名を取り除いたものも行列である．それらは，しばしば数万次から数百万次の実数を並べた行列になり，スーパーコンピュータで処理される．本書に現れる具体例は高々 3, 4 次の整数行列がほとんどであるが，読者はそのことを念頭に置いて学習して頂きたい．

本書の執筆にあたっては，抽象的な定義や定理の前や後ろに例を入れた．さらに，具体的な計算例や例題を多く取り入れて，できるだけ分かり易く説明し，直後に問を設けて具体的な計算を通じて理解が深まる様に心掛けた．

各章の最後の補足では，「複素数」や「一次方程式と図形」等の既習項目と重複する部分，本文では命題のみを述べた定理の証明，また，本文では扱えなかった有用で発展的な項目及び応用について述べた．

各章の章末問題は，前半は計算問題を中心とした基礎的な問題を本文の項目順に並べてあり，後半は標準的な問題や発展的な問題を取り入れた．

本文中の問や章末問題については，計算問題には解答例を，証明問題には略解を用意し，サイエンス社・数理工学社のサポートページ

http://www.saiensu.co.jp

に掲載してあるので参考にして頂きたい．

終わりに本書の執筆を勧めて下さった藤田隆夫先生，並びに終始お世話になった一ノ瀬知子氏，数理工学社の田島伸彦氏，鈴木綾子氏には心から感謝の意を表したい．

2017 年 10 月

著者

目　　次

第1章
行　　列　1

第2章
連立一次方程式　29

第3章

行　列　式　73

第4章

ベクトル空間と線形写像　119

第5章

内　　積　167

第1章

行　　列

本章では，行列に関する諸用語の定義や基本的な演算（和，積，定数倍等）を導入し，数の和，積と類似していること，及び相違点をみる．また，行列は小さな行列に分割して考えることも出来，同様の演算法則をみたすこともみる．

「転置」という行列特有の操作等も導入する．種々の，名のついた有用な行列とその性質もこの章で登場する．

本章の内容は以後の全ての章で用いられる．

1.1 行列の定義

$$\begin{bmatrix} 1 & 2 \\ 3 & 4 \end{bmatrix},\quad \begin{bmatrix} a & b \\ c & d \end{bmatrix},\quad \begin{pmatrix} 2.5, & \pi, & 1+2i \\ \sqrt{2}, & \frac{2}{5}, & -4 \end{pmatrix},\quad \begin{bmatrix} 1 \\ 3 \end{bmatrix},\quad \begin{pmatrix} 1, & -2i, & 3x, & 4e \end{pmatrix}$$

などの様に数や文字の組を長方形の形に並べた配列を**行列** (matrix) といい，行列を構成する数や文字を**成分**という．行列をくくる括弧(かっこ)は [ ] や ( ) を用いる．成分は通常空白で区切るが，コンマ「,」で区切ることも多い．数は複素数（1.5.2 項参照）の範囲で考える．行列は，例えば縦横の表形式のデータから数値の部分を取り出せば得られる．また，次の様に連立一次方程式の係数や未知数，定数項を取り出して並べると行列になる：

$$(*)\ \begin{cases} 2x - y + 3z = 3 \\ x \qquad + 4z = 2 \end{cases} \mapsto A = \begin{bmatrix} 2 & -1 & 3 \\ 1 & 0 & 4 \end{bmatrix},\quad \boldsymbol{x} = \begin{bmatrix} x \\ y \\ z \end{bmatrix},\quad \boldsymbol{b} = \begin{bmatrix} 3 \\ 2 \end{bmatrix}$$

（次の節で $A\boldsymbol{x} = \boldsymbol{b}$ が方程式 $(*)$ を表す様に積や相等などの演算を定義する．）

行列においては，成分の横の並びを**行**といい，縦の並びを**列**という．行は上から順に第 1 行，第 2 行，$\cdots$ といい，列は左から順に第 1 列，第 2 列，$\cdots$ という．

一般に，m 個の行，n 個の列からなる行列を **m 行 n 列の行列**，**(m,n) 型の行列**，**$m \times n$ 行列**などという．特に $m = n$ のとき，(n,n) 型の行列を **n 次正方行列**，略して**正方行列**，**n 次行列**などという．$(1,n)$ 型の行列を **n 次元**（または **n 次の**）**行ベクトル**（**横ベクトル**）といい，$(m,1)$ 型の行列を **m 次元**（または **m 次の**）**列ベクトル**（**縦ベクトル**）といい，これらを総称して**数ベクトル**という．$(1,1)$ 型の行列 $[a]$ は数 a とみなされる．

行列は $A, B, \ldots$ の様に大文字で表し，その成分は a_{ij} の様に対応する小文字で表すことが多く，行ベクトル，列ベクトルは太い小文字 $\boldsymbol{a}, \boldsymbol{b}, \ldots$ で表す．

例えば，一般に $m \times n$ 行列 A は mn 個の文字や数 a_{ij} $(i = 1, 2, \ldots, m;\ j = 1, 2, \ldots, n)$ を用いて次の様に表される：

$$A = \begin{bmatrix} a_{11} & a_{12} & \cdots & a_{1n} \\ a_{21} & a_{22} & \cdots & a_{2n} \\ \vdots & \vdots & \ddots & \vdots \\ a_{m1} & a_{m2} & \cdots & a_{mn} \end{bmatrix}, \text{ 略して } A = [a_{ij}]_{i=1,\ldots,m;\ j=1,\ldots,n},\ A = [a_{ij}]$$

（一般に，$\cdots$ などを含む一般形は m, n が 1, 2 のときも含んでいるものとされる．）

上から i 番目，左から j 番目の成分 a_{ij} を **(i,j) 成分**という．本書では，行列 A の (i,j) 成分を $(A)_{ij}$ とも表す．特に (i,i) 成分 $a_{11}, a_{22}, \ldots$ を総称して**対角成分**といい，それらを結ぶ線を行列の**対角線**（または主対角線）という．

第 i 行（または**第 i 行ベクトル**）は上から i 番目の成分の横の並びであり，本書では $\boldsymbol{a}^i$ と表す．（この i は単なる添え字であり，$\boldsymbol{a}$ の i 乗を表すものではない．）**第 j 列**（または**第 j 列ベクトル**）は左から j 番目の縦の並びであり $\boldsymbol{a}_j$ と表す：

$$\boldsymbol{a}^i = [a_{i1}\ a_{i2}\ \cdots\ a_{in}], \quad \boldsymbol{a}_j = \begin{bmatrix} a_{1j} \\ a_{2j} \\ \vdots \\ a_{mj} \end{bmatrix}, \quad \begin{matrix} & & \boldsymbol{a}_j & & \\ \left[\begin{matrix} a_{11} & \cdots & a_{1j} & \cdots & a_{1n} \\ \vdots & & \vdots & & \vdots \\ a_{i1} & \cdots & a_{ij} & \cdots & a_{in} \\ \vdots & & \vdots & & \vdots \\ a_{m1} & \cdots & a_{mj} & \cdots & a_{mn} \end{matrix}\right] \end{matrix} \boldsymbol{a}^i$$

例 1.1 行列 $A = \begin{bmatrix} 1 & 2 & 3 \\ 4 & 5 & 6 \end{bmatrix}$ の第 1 列 $\boldsymbol{a}_1$ は $\begin{bmatrix} 1 \\ 4 \end{bmatrix}$，第 2 列 $\boldsymbol{a}_2$ は $\begin{bmatrix} 2 \\ 5 \end{bmatrix}$，第 1 行 $\boldsymbol{a}^1$ は $[1\ 2\ 3]$，第 2 行 $\boldsymbol{a}^2$ は $[4\ 5\ 6]$，$(1,3)$ 成分は 3 で，A は $(2,3)$ 型である． □

問 1 3×4 行列 $A = \begin{bmatrix} 1 & 2 & 3 & 4 \\ 5 & 6 & 7 & 8 \\ 9 & 0 & -1 & -2 \end{bmatrix}$ の第 3 行，第 4 列，$(2,3)$ 成分，$(3,4)$ 成分を求めよ．

$m \times n$ 行列 A は行ベクトル $\boldsymbol{a}^1, \ldots, \boldsymbol{a}^m$ を縦に並べたもの，また，列ベクトル $\boldsymbol{a}_1, \ldots, \boldsymbol{a}_n$ を横に並べたものとみなされる：

$$A = \begin{bmatrix} \boldsymbol{a}^1 \\ \vdots \\ \boldsymbol{a}^m \end{bmatrix}, \quad A = [\boldsymbol{a}_1\ \cdots\ \boldsymbol{a}_n]$$

前者を行列 A の**行（ベクトル）分割**，後者を A の**列（ベクトル）分割**という．

成分が全て実数である行列を**実行列**という．同様に，成分が全て有理数，整数，複素数である行列をそれぞれ**有理行列**，**整数行列**，**複素行列**という．本書では，行列という用語は複素行列を表すものとする．

なお，本書における例は主として整数行列や有理行列を用いるが，応用上は実行列が使われることも多く，複素行列を用いる必要があることもある．

1.2 行列の演算

行列の相等，和，スカラー倍

同じ型の行列の相等，和，差，および定数倍は成分ごとの相等，和，差，および定数倍として定義される．より詳しくは，以下，行列 $A=[a_{ij}]$, $B=[b_{ij}]$ は同じ型（例えばともに (m,n) 型）として次の様に定義される：

行列の相等　同じ型の行列 A, B の対応する (i,j) 成分が全て等しいとき，A と B は**等しい**といい $A=B$ で表す．等しくないときは $A \neq B$ と表す：

$$A=B：型が等しく，全ての\ i,j\ について\ a_{ij}=b_{ij}$$

$$A\neq B：型が異なるか，または，ある\ i,j\ について\ a_{ij}\neq b_{ij}$$

行列の和，差　同じ型の行列 A, B の**和** $A+B$，**差** $A-B$ が成分ごとの和，差 $[a_{ij}]\pm[b_{ij}]=[a_{ij}\pm b_{ij}]$ として定義される：

$$(A+B)_{ij}:=a_{ij}+b_{ij},\quad (A-B)_{ij}:=a_{ij}-b_{ij}\ (1\leqq i\leqq m,\ 1\leqq j\leqq n)$$

（:= は，左辺を右辺で定義する，を表す.）型が異なる行列には和，差は定義されない．

行列のスカラー倍　行列と対比して，通常の数を**スカラー** (scalar) という．行列 A とスカラー s に対し，各成分を s 倍した行列 $[sa_{ij}]$, $[a_{ij}s]$ を A の s 倍といい，sA, As と書く：

$$(sA)_{ij}:=sa_{ij},\quad (As)_{ij}:=a_{ij}s\quad (1\leqq i\leqq m,\ 1\leqq j\leqq n)$$

A の (-1) 倍の $(-1)A$ は $-A$ と表す．また，$A-B=A+(-B)$ より，差は和とスカラー倍（(-1) 倍）で表せる．

例 1.2　$A=\begin{bmatrix}1&2&3\\4&5&6\end{bmatrix}$, $B=\begin{bmatrix}0&4&-2\\1&3&7\end{bmatrix}$ とするとき

$$3A-B=3\begin{bmatrix}1&2&3\\4&5&6\end{bmatrix}-\begin{bmatrix}0&4&-2\\1&3&7\end{bmatrix}=\begin{bmatrix}3\cdot1, & 3\cdot2, & 3\cdot3\\3\cdot4, & 3\cdot5, & 3\cdot6\end{bmatrix}-\begin{bmatrix}0&4&-2\\1&3&7\end{bmatrix}$$

$$=\begin{bmatrix}3\cdot1-0, & 3\cdot2-4, & 3\cdot3-(-2)\\3\cdot4-1, & 3\cdot5-3, & 3\cdot6-7\end{bmatrix}=\begin{bmatrix}3&2&11\\11&12&11\end{bmatrix}\qquad\square$$

問 2　例 1.2 の行列 A, B について次を計算せよ．

(1)　$-A+2B$　　(2)　$2A+3B$　　(3)　$4A-2B$

行列の積

まず，同じ次元（n 次元）の行ベクトル $\boldsymbol{a}$ と列ベクトル $\boldsymbol{b}$ の積 $\boldsymbol{ab}$ を，対応する成分の積の和と定める：

$$\boldsymbol{ab} = [a_1 \ \cdots \ a_n]\begin{bmatrix} b_1 \\ \vdots \\ b_n \end{bmatrix} := a_1b_1 + a_2b_2 + \cdots + a_nb_n = \sum_{k=1}^{n} a_kb_k$$

例 1.3　$\begin{bmatrix} 1 & 2 \end{bmatrix}\begin{bmatrix} 3 \\ 4 \end{bmatrix} = 1\cdot 3 + 2\cdot 4 = 11,$

$$\begin{bmatrix} 1 & 2 & 3 \end{bmatrix}\begin{bmatrix} 4 \\ 5 \\ 6 \end{bmatrix} = 1\cdot 4 + 2\cdot 5 + 3\cdot 6 = 32$$ □

一般に，$A = [a_{ij}]$ を $m \times n$ 行列，$B = [b_{ij}]$ を $n \times \ell$ 行列とするとき，A の第 i 行 $\boldsymbol{a}^i$ と，B の第 j 列 $\boldsymbol{b}_j$ の次元はともに n なので積が定義される．そこで，$\boldsymbol{a}^i\boldsymbol{b}_j$ を (i,j) 成分とする $m \times \ell$ 行列を A と B の**積**といい，AB と表す：

$$(AB)_{ij} := \boldsymbol{a}^i\boldsymbol{b}_j = a_{i1}b_{1j} + a_{i2}b_{2j} + \cdots + a_{in}b_{nj} = \sum_{k=1}^{n} a_{ik}b_{kj}$$

$$\begin{bmatrix} a_{11} & \cdots & a_{1n} \\ \vdots & & \vdots \\ a_{i1} & \cdots & a_{in} \\ \vdots & & \vdots \\ a_{m1} & \cdots & a_{mn} \end{bmatrix}\begin{bmatrix} b_{11} & \cdots & b_{1j} & \cdots & b_{1\ell} \\ \vdots & & \vdots & & \vdots \\ b_{n1} & \cdots & b_{nj} & \cdots & b_{n\ell} \end{bmatrix} = \begin{bmatrix} \boldsymbol{a}^1\boldsymbol{b}_1 & \cdots & \cdots & \cdots & \boldsymbol{a}^1\boldsymbol{b}_\ell \\ \vdots & & \boldsymbol{a}^i\boldsymbol{b}_j & & \vdots \\ \boldsymbol{a}^m\boldsymbol{b}_1 & \cdots & \cdots & \cdots & \boldsymbol{a}^m\boldsymbol{b}_\ell \end{bmatrix}$$

注意 1.1　A の列数と B の行数が一致しないときは積は定義されない．

例 1.4　$A = \begin{bmatrix} 1 & 2 & 3 \\ 4 & 5 & 6 \end{bmatrix}$, $B = \begin{bmatrix} 0 & 3 \\ 1 & 4 \\ 2 & -1 \end{bmatrix}$ とするとき，A は $(2,3)$ 型，B は $(3,2)$ 型なので積 AB, BA はともに定義される．AB は $(2,2)$ 型，BA は $(3,3)$ 型なので $AB \neq BA$ であり，

$$AB = \begin{bmatrix} 1 & 2 & 3 \\ 4 & 5 & 6 \end{bmatrix} \begin{bmatrix} 0 & 3 \\ 1 & 4 \\ 2 & -1 \end{bmatrix}$$

$$= \begin{bmatrix} 1\cdot 0 + 2\cdot 1 + 3\cdot 2, & 1\cdot 3 + 2\cdot 4 + 3\cdot(-1) \\ 4\cdot 0 + 5\cdot 1 + 6\cdot 2, & 4\cdot 3 + 5\cdot 4 + 6\cdot(-1) \end{bmatrix} = \begin{bmatrix} 8 & 8 \\ 17 & 26 \end{bmatrix} \qquad \square$$

問 3　**例 1.4** の行列 A, B の積 BA を求めよ．

問 4　$\boldsymbol{a} = \begin{bmatrix} 1 & 2 \end{bmatrix}, \boldsymbol{b} = \begin{bmatrix} 3 \\ 4 \end{bmatrix}$ とするとき，積 $\boldsymbol{ba} = \begin{bmatrix} 3 \\ 4 \end{bmatrix} \begin{bmatrix} 1 & 2 \end{bmatrix}$ を求めよ．

例 1.5　連立一次方程式 $(*)$ $\begin{cases} 2x - y + 3z = 3 \\ x \qquad + 4z = 2 \end{cases}$ において

$$A = \begin{bmatrix} 2 & -1 & 3 \\ 1 & 0 & 4 \end{bmatrix}, \quad \boldsymbol{x} = \begin{bmatrix} x \\ y \\ z \end{bmatrix}, \quad \boldsymbol{b} = \begin{bmatrix} 3 \\ 2 \end{bmatrix}$$

とおくと，$A\boldsymbol{x} = \boldsymbol{b}$ が成り立ち，この式は方程式 $(*)$ を表している．実際，

$$A\boldsymbol{x} = \begin{bmatrix} 2 & -1 & 3 \\ 1 & 0 & 4 \end{bmatrix} \begin{bmatrix} x \\ y \\ z \end{bmatrix} = \begin{bmatrix} 2x - y + 3z \\ x \qquad + 4z \end{bmatrix} = \begin{bmatrix} 3 \\ 2 \end{bmatrix} = \boldsymbol{b}$$

A を列ベクトルに分割して書けば，この方程式 $(*)$ は次の様にも表せる：

$$\begin{bmatrix} 2 \\ 1 \end{bmatrix} x + \begin{bmatrix} -1 \\ 0 \end{bmatrix} y + \begin{bmatrix} 3 \\ 4 \end{bmatrix} z = \begin{bmatrix} 3 \\ 2 \end{bmatrix} \quad (\boldsymbol{a}_1 x + \boldsymbol{a}_2 y + \boldsymbol{a}_3 z = \boldsymbol{b}) \qquad \square$$

一般に，積は A を行ベクトルに分割し，B を列ベクトルに分割して表すと

積のベクトル分割

$$AB = A[\boldsymbol{b}_1 \ \cdots \ \boldsymbol{b}_\ell] = [A\boldsymbol{b}_1 \ \cdots \ A\boldsymbol{b}_\ell] = \begin{bmatrix} \boldsymbol{a}^1 \\ \vdots \\ \boldsymbol{a}^m \end{bmatrix} [\boldsymbol{b}_1 \ \cdots \ \boldsymbol{b}_\ell]$$

$$= \begin{bmatrix} \boldsymbol{a}^1 \\ \vdots \\ \boldsymbol{a}^m \end{bmatrix} B = \begin{bmatrix} \boldsymbol{a}^1 B \\ \vdots \\ \boldsymbol{a}^m B \end{bmatrix} = \begin{bmatrix} \boldsymbol{a}^1\boldsymbol{b}_1 & \cdots & \cdots & \cdots & \boldsymbol{a}^1\boldsymbol{b}_\ell \\ \vdots & \vdots & \boldsymbol{a}^i\boldsymbol{b}_j & \vdots & \vdots \\ \boldsymbol{a}^m\boldsymbol{b}_1 & \cdots & \cdots & \cdots & \boldsymbol{a}^m\boldsymbol{b}_\ell \end{bmatrix}$$

$$A\boldsymbol{x} = [\boldsymbol{a}_1 \ \cdots \ \boldsymbol{a}_n] \begin{bmatrix} x_1 \\ \vdots \\ x_n \end{bmatrix} = \boldsymbol{a}_1 x_1 + \boldsymbol{a}_2 x_2 + \cdots + \boldsymbol{a}_n x_n = \sum_{j=1}^{n} \boldsymbol{a}_j x_j$$

注意 1.2 $(AB)_{ij} = \sum_{k=1}^{n} a_{ik} b_{kj}$ は $(AB)_{ij} = \sum_{k=1}^{n} (A)_{ik} (B)_{kj}$ とも表され，その添え字は両辺とも行添え字 i が左に，列添え字 j が右に並び，右辺には和の添え字 k が中央に並んでいることに注意せよ．

注意 1.3 (和の記号 $\sum$ について) まず，$\sum_{j=1}^{n} a_j = a_1 + a_2 + \cdots + a_n = \sum_{k=1}^{n} a_k$ である様に，和を表す添え字はどんな文字を用いても同じ式を表す．従って，和の添え字は一つの式中で他に使われていない文字であればどんな文字を用いてもよい．

積と和については，

$$\sum_{j=1}^{m} a_j \sum_{k=1}^{n} b_k = \left(\sum_{j=1}^{m} a_j \right) \left(\sum_{k=1}^{n} b_k \right) = (a_1 + \cdots + a_m)(b_1 + \cdots + b_n) \tag{1}$$

$$\sum_{j=1}^{m} \left(a_j \sum_{k=1}^{n} b_k \right) = a_1(b_1 + \cdots + b_n) + \cdots + a_m(b_1 + \cdots + b_n) \tag{2}$$

$$\sum_{j=1}^{m} \left(\sum_{k=1}^{n} a_j b_k \right) = (a_1 b_1 + \cdots + a_1 b_n) + \cdots + (a_m b_1 + \cdots + a_m b_n) \tag{3}$$

$$\sum_{j=1}^{m} \sum_{k=1}^{n} a_j b_k = a_1 b_1 + \cdots + a_1 b_n + \cdots + a_m b_1 + \cdots + a_m b_n \tag{4}$$

であり，右辺は (1) から順に展開して (4) になるので，

$$\sum_{j=1}^{m} a_j \sum_{k=1}^{n} b_k = \sum_{j=1}^{m} \left(a_j \sum_{k=1}^{n} b_k \right) = \sum_{j=1}^{m} \left(\sum_{k=1}^{n} a_j b_k \right) = \sum_{j=1}^{m} \sum_{k=1}^{n} a_j b_k$$

である．項の順序を入れ換えれば同様に，

$$\sum_{j=1}^{m} \sum_{k=1}^{n} a_j b_k = \sum_{k=1}^{n} \sum_{j=1}^{m} a_j b_k = \sum_{k=1}^{n} \left(\sum_{j=1}^{m} a_j b_k \right) = \sum_{k=1}^{n} \left(\sum_{j=1}^{m} a_j \right) b_k$$

従ってこれらは全て等しいので区別する必要はない．これらはまた，

$$\sum_{1 \leqq j \leqq m} \sum_{1 \leqq k \leqq n} a_j b_k, \quad \sum_{\substack{1 \leqq j \leqq m \\ 1 \leqq k \leqq n}} a_j b_k, \quad \sum_{1 \leqq j \leqq m,\, 1 \leqq k \leqq n} a_j b_k$$

などとも表される．範囲を略して $\sum_{j,\,k} a_j b_k$ や $\sum a_j b_k$ の様にも表される．

なお，積 $a_1 a_2 \cdots a_n$ は積の記号 $\prod$ を用いて $\prod_{i=1}^{n} a_i$ とも表される．

行列の演算法則

ここでは行列の演算は数と同様な法則をみたすことを見る．複素数全体の集合を $\mathbb{C}$，実数全体の集合を $\mathbb{R}$，有理数，整数，自然数全体の集合をそれぞれ $\mathbb{Q}$, $\mathbb{Z}$, $\mathbb{N}$ と表す．$\mathbb{C}, \mathbb{R}, \mathbb{Q}$ に四則演算を合わせて考えるとき，これらをそれぞれ**複素数体**，**実数体**，**有理数体**という．これらがみたす四則演算の基本的性質（**体の公理**という）は $K = \mathbb{C}, \mathbb{R}, \mathbb{Q}$, $a, b, c \in K$ とするとき次の通りである：

数の基本的性質（体の公理）

1. （結合法則）　$(a+b)+c = a+(b+c)$,　$(ab)c = a(bc)$
2. （交換法則）　$a+b = b+a$,　$ab = ba$
3. （分配法則）　$(a+b)c = ac+bc$,　$a(b+c) = ab+ac$
4. （単位元）　$a+0 = a = 0+a$,　$a \cdot 1 = a = 1 \cdot a$
5. （和の逆元）
   a に対し，$a+b = 0 = b+a$ となる b がある．$(b = -a)$

5′.（積の逆元，逆数）
   $a \neq 0$ のとき $a \cdot c = 1 = c \cdot a$ となる c がある．$(c = a^{-1})$

注意 1.4（**体の公理**）　数の四則演算に関する性質は体の公理から導ける．例えば，$0 \cdot a = 0$ は，

$$0 \cdot a = (0+0) \cdot a = 0 \cdot a + 0 \cdot a$$

$-0 \cdot a$ を両辺に加えると，右辺は

$$0 \cdot a + 0 \cdot a + (-0 \cdot a) = 0 \cdot a + 0 = 0 \cdot a$$

より $0 = 0 \cdot a$．また，結合法則により和，積では括弧を省略でき，交換法則が成り立つので和，積の順序は自由に交換できる．一般に，集合 K に体の公理をみたす和，積が定義されるとき K を**体**というが，K での演算も数と同様の法則をみたすことが確かめられ，数と同様に計算できる．

実数同士の和，積はまた実数になる．このことを「$\mathbb{R}$ は和，積に関して閉じている」という．一般に，ある集合に演算が定められていて，その部分集合の元（＝要素）同士の演算結果がまたその部分集合に属すとき，その部分集合はその演算に関し閉じているという．$\mathbb{C}, \mathbb{R}, \mathbb{Q}$ 以外の集合 $\mathbb{N}, \mathbb{Z}$ も和，積に関して閉じている．$\mathbb{Z}$ は和，差，積に関して閉じており，**整数環**という．（$\mathbb{Z}$ は商，$\mathbb{N}$ は差，商に関して閉じていない．）

行列の和，スカラー倍，積は，それらが定義されるときは各成分が数の和と積により定められているので，積の順序交換を除き数と同様の性質をもつ．従って行列の計算は数や式の計算とほとんど同じに扱える．

以下では行列同士の和，積が全て定義されているとし，s, t はスカラーとする．

$$[a_{ij}] + [b_{ij}] = [a_{ij} + b_{ij}],$$
$$s[a_{ij}] = [sa_{ij}],$$
$$[a_{ij}][b_{ij}] = \left[\sum_{k=1}^{n} a_{ik} b_{kj}\right]$$

より

行列の和，スカラー倍の性質

1. （交換法則）　$A + B = B + A, \quad sA = As$
2. （結合法則）　$(A + B) + C = A + (B + C), \quad (st)A = s(tA)$
3. （分配法則）　$(s + t)A = sA + tA, \quad s(A + B) = sA + sB$
4. （単位性）　$1A = A$

行列の積の性質

1. （結合法則）　$(AB)C = A(BC), \quad s(AB) = (sA)B = A(sB)$
2. （分配法則）　$A(B + C) = AB + AC, \quad (B + C)D = BD + CD$

【証明】　結合法則 $(AB)C = A(BC)$ を示す．$A = [a_{ij}]$ を (k, ℓ) 型，$B = [b_{ij}]$ を (ℓ, m) 型，$C = [c_{ij}]$ を (m, n) 型の行列とするとき，両辺ともに (k, n) 型であり，

$$\big((AB)C\big)_{ij} = \sum_{q=1}^{m} (AB)_{iq} c_{qj} = \sum_{q=1}^{m} \left(\sum_{p=1}^{\ell} a_{ip} b_{pq}\right) c_{qj} = \sum_{q=1}^{m} \sum_{p=1}^{\ell} a_{ip} b_{pq} c_{qj}$$
$$= \sum_{p=1}^{\ell} a_{ip} \left(\sum_{q=1}^{m} b_{pq} c_{qj}\right) = \sum_{p=1}^{\ell} a_{ip} (BC)_{pj} = \big(A(BC)\big)_{ij}$$

これ以外の式も同様に計算することにより，この証明よりは容易に示せる．■

注意 1.5　実数が四則演算で閉じていることより，実行列同士の和，差，積，実数倍は，それらが定義されれば実行列になる．同様に，有理行列同士の演算結果および有理数倍は有理行列になり，整数行列同士の演算結果および整数倍は整数行列になる．

和，積，スカラー倍の結合法則が成り立つので行列の演算でも括弧は省略する：

$$A+B+C,\quad A_1+\cdots+A_n,\quad ABC,\quad A_1A_2\cdots A_n,\quad sAB \text{（など）}$$

次に，数における 0 および 1 の役割を果たす行列とその性質について述べる．

零行列 成分が全て 0 の $m\times n$ 行列を**零行列**といい，$O_{m,n}$ または O と表す：

$$O=O_{m,n}=\begin{bmatrix}0&\cdots&0\\ \vdots&\ddots&\vdots\\ 0&\cdots&0\end{bmatrix}$$

特に，全ての成分が 0 である行ベクトルおよび列ベクトルを**零ベクトル**といい，$\mathbf{0}$ や $\mathbf{0}_n$ と表す：

$$\mathbf{0}=\begin{bmatrix}0\\ \vdots\\ 0\end{bmatrix}\quad \text{または}\quad \begin{bmatrix}0\,0\,\cdots\,0\end{bmatrix}$$

零行列 O は数における 0 と同じ次の性質をもつ：$m\times n$ 行列 A に対し，

零行列の性質

$$\begin{aligned}&A+O_{m,n}=A,\\ &A-A=O_{m,n}=-A+A,\\ &0A=O_{m,n},\\ &sO_{m,n}=O_{m,n},\\ &AO_{n,\ell}=O_{m,\ell},\\ &O_{\ell,m}A=O_{\ell,n}\end{aligned}$$

単位行列 対角成分が全て 1 で，他の成分が全て 0 の n 次正方行列を**単位行列**といい，E_n または単に E と表す（単位行列を I, I_n と表す文献もある）：

$$E=E_n=\begin{bmatrix}1&0&\cdots&0\\ 0&1&\cdots&0\\ \vdots&\vdots&\ddots&\vdots\\ 0&0&\cdots&1\end{bmatrix}=[\boldsymbol{e}_1\,\boldsymbol{e}_2\,\cdots\,\boldsymbol{e}_n]=\begin{bmatrix}\boldsymbol{e}^1\\ \boldsymbol{e}^2\\ \vdots\\ \boldsymbol{e}^n\end{bmatrix}$$

ここで，$\boldsymbol{e}_1,\boldsymbol{e}_2,\ldots,\boldsymbol{e}_n$ を**基本列ベクトル**，$\boldsymbol{e}^1,\boldsymbol{e}^2,\ldots,\boldsymbol{e}^n$ を**基本行ベクトル**といい，総称して**基本ベクトル**という．即ち，

$$\boldsymbol{e}_1 = \begin{bmatrix} 1 \\ 0 \\ \vdots \\ \vdots \\ 0 \end{bmatrix},\ \boldsymbol{e}_2 = \begin{bmatrix} 0 \\ 1 \\ 0 \\ \vdots \\ 0 \end{bmatrix}, \ldots, \boldsymbol{e}_j = \begin{bmatrix} 0 \\ \vdots \\ 1 \\ \vdots \\ 0 \end{bmatrix} \leftarrow j, \ldots, \boldsymbol{e}_n = \begin{bmatrix} 0 \\ \vdots \\ \vdots \\ 0 \\ 1 \end{bmatrix} \leftarrow n$$

$$\boldsymbol{e}^1 = [1\,0\cdots 0],\ \ldots,\ \boldsymbol{e}^i = [0\ \cdots \overset{i}{1} \cdots\ 0],\ \ldots,\ \boldsymbol{e}^n = [0\cdots 0\ \overset{n}{1}]$$

$\delta_{ij} := \begin{cases} 1 & (i = j) \\ 0 & (i \neq j) \end{cases}$ で定められる記号 δ_{ij} を**クロネッカー** (Kronecker) **のデルタ**（記号）という．これは単位行列の (i,j) 成分である．即ち $E = [\delta_{ij}]$.

単位行列は数の 1 と同様の役割を果たし，$m \times n$ 行列 A に対し，

単位行列の性質

$$E_m A = A, \quad AE_n = A$$

【証明】 この式を δ_{ij} を用いて証明することにする：

$$(E_m A)_{ij} = \sum_{k=1}^{m} \delta_{ik} a_{kj} \underset{(k \neq i \text{ の項は } 0 \text{ より})}{=} \delta_{ii} a_{ij} = a_{ij}$$

よって $E_m A = A$ が成り立つ．$AE_n = A$ も同様. ■

この式を列ベクトル分割して考えれば

$$[\boldsymbol{a}_1\ \cdots\ \boldsymbol{a}_n] = A = AE = A[\boldsymbol{e}_1\ \cdots\ \boldsymbol{e}_n] = [A\boldsymbol{e}_1\ \cdots\ A\boldsymbol{e}_n]$$

より $\boldsymbol{a}_j = A\boldsymbol{e}_j$．同様に $A = EA$ より $\boldsymbol{a}^i = \boldsymbol{e}^i A$．これらを合わせて $a_{ij} = \boldsymbol{e}^i A\boldsymbol{e}_j$．まとめると

基本ベクトルと行列の行，列，成分

$\boldsymbol{a}_j = A\boldsymbol{e}_j$ 　$(j = 1, 2, \ldots, n)$ （$A\boldsymbol{e}_j$ は A の第 j 列を表す.）

$\boldsymbol{a}^i = \boldsymbol{e}^i A$ 　$(i = 1, 2, \ldots, m)$ （$\boldsymbol{e}^i A$ は A の第 i 行を表す.）

$a_{ij} = \boldsymbol{e}^i A\boldsymbol{e}_j$ （$\boldsymbol{e}^i A\boldsymbol{e}_j$ は A の (i,j) 成分を表す.）

問 5 $\displaystyle\sum_{i,j,k} a_{ij}\delta_{jk} b_{jk}\delta_{ji}$ を簡単にせよ.

数との違い

(1) A, B がともに n 次正方行列のときは積 AB, BA はともに定義され n 次正方行列になる．しかし，一般には $AB = BA$ が成り立つとは限らない．$AB = BA$ が成り立つとき A と B は**可換**，あるいは**交換可能**であるという．

(2) $A \neq O, B \neq O$ であっても $AB = O$ となる行列が存在する．この様な行列 A, B を**零因子**という．(「因子」は因数や約数と同様の意味をもつ.)

(3) $A \neq O$ であっても $AX = B, YA = B$ となる行列 X, Y が存在するとは限らない．従って「割り算」は定義できない．

例 1.6 $A = \begin{bmatrix} 0 & 1 \\ 0 & 0 \end{bmatrix}$, $B = \begin{bmatrix} 1 & 0 \\ 0 & 0 \end{bmatrix}$ のとき，

$$AB = \begin{bmatrix} 0 & 0 \\ 0 & 0 \end{bmatrix} = O, \quad BA = \begin{bmatrix} 0 & 1 \\ 0 & 0 \end{bmatrix} \neq O$$

なので A, B は零因子，かつ $AB \neq BA$．また，$X = \begin{bmatrix} x & y \\ z & w \end{bmatrix}$ とすると，

$$AX = \begin{bmatrix} 0 & 1 \\ 0 & 0 \end{bmatrix}\begin{bmatrix} x & y \\ z & w \end{bmatrix} = \begin{bmatrix} z & w \\ 0 & 0 \end{bmatrix},$$
$$XA = \begin{bmatrix} x & y \\ z & w \end{bmatrix}\begin{bmatrix} 0 & 1 \\ 0 & 0 \end{bmatrix} = \begin{bmatrix} 0 & x \\ 0 & z \end{bmatrix}$$

なので，x, y, z, w がどんな値をとっても $AX \neq E$, $XA \neq E$．即ち $AX = E$ をみたす X も，$XA = E$ をみたす X も存在しない． □

問 6 次を示せ．

(1) $A = \begin{bmatrix} 1 & 1 \\ 2 & 2 \end{bmatrix}$, $B = \begin{bmatrix} 1 & -2 \\ -1 & 2 \end{bmatrix}$ とすると，$AB = O$, $BA \neq O$ である．

(2) (1) の行列 A には $AX = E$, $YA = E$ となる行列 X, Y は存在しない．

(3) $A = \begin{bmatrix} 1 & a \\ 0 & 1 \end{bmatrix}$, $B = \begin{bmatrix} 1 & b \\ 0 & 1 \end{bmatrix}$ は可換である．

転置行列，複素共役行列，随伴行列

$m \times n$ 行列 $A = [a_{ij}]$ の行と列を入れ替えてできる $n \times m$ 行列を A の**転置行列**といい ${}^tA$ で表す．即ち $({}^tA)_{ij} := a_{ji}$

（A^T と表す文献もあるが，A の T 乗との混同を避けるため本書では用いない．）

例 1.7 $A = \begin{bmatrix} 1 & 2 & 3 \\ 4 & 5 & 6 \end{bmatrix} \Rightarrow {}^tA = \begin{bmatrix} 1 & 4 \\ 2 & 5 \\ 3 & 6 \end{bmatrix}$ （$\Rightarrow$ は「ならば」を表す．） □

一般には

$$A = \begin{bmatrix} a_{11} & a_{12} & \cdots & a_{1n} \\ a_{21} & a_{22} & \cdots & a_{2n} \\ \vdots & \vdots & \ddots & \vdots \\ a_{m1} & a_{m2} & \cdots & a_{mn} \end{bmatrix} \Longrightarrow {}^tA = \begin{bmatrix} a_{11} & a_{21} & \cdots & a_{m1} \\ a_{12} & a_{22} & \cdots & a_{m2} \\ \vdots & \vdots & \ddots & \vdots \\ a_{1n} & a_{2n} & \cdots & a_{mn} \end{bmatrix}$$

列ベクトル $\boldsymbol{x} = \begin{bmatrix} x_1 \\ \vdots \\ x_n \end{bmatrix}$ の転置は行ベクトル ${}^t\boldsymbol{x} = [x_1 \ \cdots \ x_n]$ で，その逆も成り立つ．紙面の節約のため，列ベクトル $\boldsymbol{x}$ の成分をこの式を用いて表したり，$\boldsymbol{x} = {}^t[x_1 \ x_2 \ \cdots \ x_n]$ と表すことがある．

特に，基本行ベクトル $\boldsymbol{e}^i$ と基本列ベクトル $\boldsymbol{e}_i$ について $\boldsymbol{e}^i = {}^t\boldsymbol{e}_i$, $\boldsymbol{e}_i = {}^t\boldsymbol{e}^i$.

零ベクトルは行ベクトルと列ベクトルを同じ記号 $\mathbf{0}$ で表したが，これらを区別するときは，$\mathbf{0}$ は列ベクトルを表すとし，行ベクトルは ${}^t\mathbf{0}$ で表す．即ち，${}^t\mathbf{0} = [0 \cdots 0]$.

複素数 $z = x + yi$（x, y は実数，i は虚数単位）の共役（きょうやく）複素数 $x - yi$ を $\overline{z}$ と表す（1.5.2 項参照）．行列 $A = [a_{ij}]$ の各成分を共役複素数で置き換えた行列 $[\,\overline{a_{ij}}\,]$ を A の**複素共役行列**といい，$\overline{A}$ で表す：$(\overline{A})_{ij} := \overline{a_{ij}}$

${}^t(\overline{A}) = \overline{({}^tA)}$ が成り立つのでこの両辺は ${}^t\overline{A}$ と表せるが，これを A の**随伴（ずいはん）行列**といい，A^* と表す：$A^* = {}^t\overline{A}$, $(A^*)_{ij} := \overline{a_{ji}}$. （$A^\dagger$ と表す文献もある．）

例 1.8 $A = \begin{bmatrix} 1 & 2i \\ -3i & 2+i \end{bmatrix} \Rightarrow \overline{A} = \begin{bmatrix} 1 & -2i \\ 3i & 2-i \end{bmatrix}$, $A^* = \begin{bmatrix} 1 & 3i \\ -2i & 2-i \end{bmatrix}$ □

問 7 $A = \begin{bmatrix} 2i & 1 \\ -3i & 1-2i \end{bmatrix}$ の転置行列 ${}^tA$, 複素共役行列 $\overline{A}$, 随伴行列 A^* を求めよ．

定理 1.1（転置行列，複素共役行列，随伴行列の性質）

${}^tA$： (1) ${}^t({}^tA) = A$, (2) ${}^t(A+B) = {}^tA + {}^tB$,

(3) ${}^t(AB) = ({}^tB)({}^tA)$, (4) ${}^t(sA) = s({}^tA)$

$\overline{A}$： (1) $\overline{\overline{A}} = A$, (2) $\overline{(A+B)} = \overline{A} + \overline{B}$,

(3) $\overline{(AB)} = \overline{A}\,\overline{B}$, (4) $\overline{(sA)} = \overline{s}\overline{A}$,

(5) A が実行列 $\Leftrightarrow \overline{A} = A$

A^*：(1) $A^{**} = A$, (2) $(A+B)^* = A^* + B^*$,

(3) $(AB)^* = (B^*)(A^*)$, (4) $(sA)^* = \overline{s}A^*$,

(5) A が実行列 $\Leftrightarrow A^* = {}^tA$

(2), (3) では和，積が定義されているとする．$P \Leftrightarrow Q$ は「P ならば Q（$P \Rightarrow Q$），かつ，Q ならば P（$P \Leftarrow Q$）」を表し，「同値」あるいは「必要十分条件」を意味する．

【証明】 両辺の成分を比較すれば分かるが，${}^tA$ については (3) 以外は容易である．(3) は

$$(\text{右辺})_{ij} = ({}^tB\,{}^tA)_{ij} = \sum_{k=1}^{n} ({}^tB)_{ik}({}^tA)_{kj} = \sum_{k=1}^{n} b_{ki}a_{jk} = \sum_{k=1}^{n} a_{jk}b_{ki}$$
$$= (AB)_{ji} = (\text{左辺})_{ij}$$

$\overline{A}$ については，$\overline{\overline{z}} = z$, $\overline{(z+w)} = \overline{z} + \overline{w}$, $\overline{(zw)} = \overline{z}\cdot\overline{w}$, z が実数 $\Leftrightarrow \overline{z} = z$ より分かる．A^* については ${}^tA$, $\overline{A}$ の結果を用いればよい．■

例題 1.9

行列の積 $A_1A_2\cdots A_k$ の転置行列 ${}^t(A_1A_2\cdots A_k)$ は ${}^tA_k\,{}^tA_{k-1}\cdots{}^tA_1$ であることを示せ．

【解答】

$$ {}^t(A_1A_2\cdots A_k) = {}^t\big((A_1\cdots A_{k-1})A_k\big) = {}^tA_k\,{}^t(A_1\cdots A_{k-1})$$
$$= {}^tA_k\,{}^tA_{k-1}\,{}^t(A_1\cdots A_{k-2}) = \cdots = {}^tA_k\,{}^tA_{k-1}\cdots{}^tA_1$$

$\therefore\ {}^t(A_1A_2\cdots A_k) = {}^tA_k\,{}^tA_{k-1}\cdots{}^tA_1$ （$\therefore$ は「ゆえに」を表す．）■

問 8 $\overline{(ABC)} = \overline{A}\,\overline{B}\,\overline{C}$, $(ABC)^* = C^*B^*A^*$ を示せ．

1.3 正則行列，正方行列

正則行列と逆行列

n 次正方行列 A に対し，次をみたす n 次正方行列 X が存在するとき，A は**正則**（または A は**正則行列**）であるという：

$$AX = E = XA \tag{1.1}$$

逆行列の一意性　この様な X は，存在すれば唯 1 つであることが次の様に示される：Y も (1.1) 式をみたすとする，即ち X は $AX = E$, $XA = E$ を，Y も $AY = E$, $YA = E$ をみたすとする．このとき

$$Y = YE = Y(AX) = (YA)X = EX = X$$

となり，唯 1 つしかない．（**一意的**であるという．）この一意的に定まる行列 X を A の**逆行列**といい A^{-1} と表す．このとき (1.1) 式は

$$AA^{-1} = E = A^{-1}A \tag{1.2}$$

例 1.10（**単位行列**）　単位行列 E は $EE = E$ より正則で $E^{-1} = E$ である．□

例 1.11（**正則でない行列**）　正方行列 A のある行，またはある列が $\mathbf{0}$ ならば A は正則でない．なぜなら，A の第 i 行が $\mathbf{0}$ とすると，どんな行列 X についても $(AX)_{ii} = 0$ となり，$AX = E$ となる行列 X は存在しない．列についても同様に，A の第 j 列が $\mathbf{0}$ とすると $(XA)_{jj} = 0$ となり，$XA = E$ となる行列 X は存在しない．この対偶として，正則行列は行，列に $\mathbf{0}$ を含まない．□

問 9　$A = \begin{bmatrix} 1 & a \\ 0 & 1 \end{bmatrix}$ の逆行列は $A^{-1} = \begin{bmatrix} 1 & -a \\ 0 & 1 \end{bmatrix}$ であることを示せ．

逆行列と他の演算の関係は次の通りである．

定理 1.2（逆行列の性質）

A, B が n 次正則行列ならば，A^{-1}, AB, ${}^tA$, $\overline{A}$, A^* はいずれも正則で，逆行列は

(1)　$(A^{-1})^{-1} = A$　　(2)　$(AB)^{-1} = B^{-1}A^{-1}$

(3)　$({}^tA)^{-1} = {}^t(A^{-1})$　　(4)　$(\overline{A})^{-1} = \overline{(A^{-1})}$

(5)　$(A^*)^{-1} = (A^{-1})^*$

【証明】 A, B は正則なので逆行列 A^{-1}, B^{-1} は存在している．従って，C を A^{-1}, AB, ${}^tA$ などとするとき，(1)〜(5) 式の右辺を X とおいて $CX = E = XC$ をみたすことを確かめれば，逆行列の一意性より X は C の逆行列になる．

(1) $X = A$ とおくと $A^{-1}A = E = AA^{-1}$ （(1.2) 式）より

$$A^{-1}X = A^{-1}A = E, \quad X(A^{-1}) = AA^{-1} = E$$

よって A^{-1} は正則であり，$X = A$ が A^{-1} の逆行列 $(A^{-1})^{-1}$ である．

(2) $X = B^{-1}A^{-1}$ とおいて $(AB)X$, $X(AB)$ を計算すると，

$$(AB)X = (AB)(B^{-1}A^{-1}) = A(BB^{-1})A^{-1} = AEA^{-1} = AA^{-1} = E,$$
$$X(AB) = (B^{-1}A^{-1})(AB) = B^{-1}(A^{-1}A)B = B^{-1}EB = B^{-1}B = E$$

従って AB は正則で，$X = B^{-1}A^{-1}$ は AB の逆行列，即ち，$(AB)^{-1} = B^{-1}A^{-1}$

(3) $X = {}^t(A^{-1})$ とおく．$A^{-1}A = E = AA^{-1}$ の転置をとると，${}^t(A^{-1}A) = {}^t(AA^{-1}) = {}^tE = E$．一般に，$({}^tB)({}^tA) = {}^t(AB)$（定理 1.1 (3)）より，

$${}^tAX = {}^tA\,{}^t(A^{-1}) = {}^t(A^{-1}A) = E, \quad X\,{}^tA = {}^t(A^{-1})\,{}^tA = {}^t(AA^{-1}) = E$$

よって ${}^tA$ は正則であり，$({}^tA)^{-1} = {}^t(A^{-1})$ を得る．(4), (5) も同様．

(3), (4), (5) により，これらは単に ${}^tA^{-1}$, $\overline{A}^{-1}$, A^{*-1} と表せる． ■

注意 1.6 $A = {}^t({}^tA) = \overline{\overline{A}} = (A^*)^*$ なので，この定理の A を ${}^tA$, $\overline{A}$, A^* に置き換えれば，「${}^tA$, $\overline{A}$, A^* のいずれかが正則 $\Rightarrow$ A は正則」が成り立ち，この定理と合わせて，

- A, ${}^tA$, $\overline{A}$, A^* のいずれかが正則 $\Rightarrow$ これら全てが正則である．

が成り立つ．また命題「$P \Rightarrow Q$」と対偶命題「Q でない $\Rightarrow$ P でない」は同値なので，一方が示されると他方も示されたことになる．この定理と注意の前半の場合は

- AB が正則でない $\Rightarrow$ A, B のどちらかは正則でない．
- A, ${}^tA$, $\overline{A}$, A^* のいずれかが正則でない $\Rightarrow$ これら全ては正則でない．

が成り立つ．

問 10 **定理 1.2** (4), (5) を示せ．

問 11 k 個の n 次正則行列 $A_1, A_2, \ldots, A_k$ に対し次を示せ．

$$(A_1A_2\cdots A_k)^{-1} = A_k^{-1}\cdots A_2^{-1}A_1^{-1}$$

注意 1.7 一般に，$AX = E$，または $XA = E$ をみたす正方行列 X が存在すれば X は A の逆行列になる．このことは第 2 章および第 3 章で異なる方法により示される．

正方行列

n 次正方行列 A, B には和，積が常に定義され，スカラー倍も含め演算結果は n 次正方行列になる．即ち，n 次正方行列全体の集合は和，積，スカラー倍で閉じている．また，転置，複素共役，随伴行列をとる操作に関しても閉じている．

正方行列のべき乗　正方行列 A を k 個掛け合わせた積を A^k と表し，A の k 乗（またはべき乗，累乗）という．（べき乗は，漢字では冪乗，あるいは巾乗と書く．）A^0 は単位行列 E と定める．また，A が正則行列のときは逆行列 A^{-1} を k 個掛け合わせた積を A^{-k} と表す．これに関し，次の指数法則が成り立つ：

$$A^k A^\ell = A^{k+\ell} = A^\ell A^k, \quad (A^k)^\ell = A^{k\ell}$$

一般には $AB \neq BA$ なので，

$$(AB)^2 = ABAB\ (\text{一般には} \neq A^2B^2), \quad (A+B)^2 = A^2 + AB + BA + B^2$$

- 正方行列 A は，$A^k = O$ となる自然数 k が存在するとき**べき零行列**といわれ，$A^2 = A$ をみたすとき**べき等行列**といわれる．

有用な正方行列　正方行列 A について，A は

- ${}^tA = A$ をみたすとき**対称行列**（$a_{ij} = a_{ji}$），
- $A^* = A$ をみたすとき**エルミート** (Hermite) **行列**（$a_{ij} = \overline{a_{ji}}$ ($a_{ii} \in \mathbb{R}$)），
- ${}^tA = -A$ をみたすとき**交代行列**（歪対称行列）（$a_{ij} = -a_{ji}$ ($a_{ii} = 0$)）

という．

以上の行列の性質は第 6 章で詳しく述べる．

- $A^*A = E$ をみたす正方行列 A を**ユニタリ** (Unitary) **行列**という．
  （**注意 1.7** より $A^*A = E \Rightarrow A^* = A^{-1}$.）
- 実行列であるユニタリ行列（$\overline{A} = A,\ {}^tAA = A^*A = E$）を**直交行列**という．

以上の行列の性質は第 5 章で詳しく述べる．

例 1.12　次は順に，対称行列，交代行列，エルミート行列，直交行列である．

$$\begin{bmatrix} 1 & 2 & 3 \\ 2 & 5 & 4 \\ 3 & 4 & 6 \end{bmatrix}, \quad \begin{bmatrix} 0 & 1 & 2 \\ -1 & 0 & 3 \\ -2 & -3 & 0 \end{bmatrix}, \quad \begin{bmatrix} 1 & i & 2 \\ -i & 2 & 2i \\ 2 & -2i & 3 \end{bmatrix}, \quad \begin{bmatrix} \cos\theta & -\sin\theta \\ \sin\theta & \cos\theta \end{bmatrix} \quad \square$$

問 12　このことを確かめよ．

問 13　正方行列 A に対し，$\frac{1}{2}(A + {}^tA)$ は対称行列，$\frac{1}{2}(A - {}^tA)$ は交代行列であることを示し，正方行列は対称行列と交代行列の和で表せることを示せ．

三角行列，対角行列

対角成分より下にある成分が全て 0 である正方行列を**上三角行列**（うえ），または**上半三角行列**（じょうはん）という．即ち $A = [a_{ij}]$ について $i > j \Rightarrow a_{ij} = 0$,

$$A = \begin{bmatrix} a_{11} & \cdots & a_{n1} \\ & \ddots & \vdots \\ O & & a_{nn} \end{bmatrix} \quad \text{略して} \quad \begin{bmatrix} a_{11} & & * \\ & \ddots & \\ O & & a_{nn} \end{bmatrix}, \quad \begin{bmatrix} a_{11} & & * \\ & \ddots & \\ & & a_{nn} \end{bmatrix}$$

（O や空白はこの部分の成分が全て 0 であることを，$*$ は 0 とは限らないことを表す.）

対角成分より上にある成分が全て 0 である正方行列を**下三角行列**（した），または**下半三角行列**（かはん）という（$i < j \Rightarrow a_{ij} = 0$）．これは上三角行列の転置行列であり，逆も成り立つ．またこれらを総称して単に**三角行列**という．

対角成分以外の成分が全て 0 である正方行列を**対角行列**という．これは上三角かつ下三角行列である．特に $A = aE$ を**スカラー行列**という．

上三角行列同士の和，スカラー倍はまた，上三角行列になることは容易に分かる．上三角行列の積も上三角行列になり，積の対角成分は対角成分の積になる：

$$\begin{bmatrix} a_{11} & & * \\ & \ddots & \\ O & & a_{nn} \end{bmatrix} \begin{bmatrix} b_{11} & & * \\ & \ddots & \\ O & & b_{nn} \end{bmatrix} = \begin{bmatrix} a_{11}b_{11} & & * \\ & \ddots & \\ O & & a_{nn}b_{nn} \end{bmatrix}$$

問 14（三角行列の積） このことを示せ．また，下三角行列 A, B の積 AB も下三角行列であり，AB の対角成分は A, B の対角成分の積であることを示せ.

正方行列 $A = [a_{ij}]$ の対角成分の和を A の**トレース**（trace，**固有和**，**跡**）といい，$\operatorname{tr} A$ と表す：

$$\operatorname{tr} A = a_{11} + a_{22} + \cdots + a_{nn} = \sum_{i=1}^{n} a_{ii}$$

トレースは次の性質をもつ：

(1) $\operatorname{tr}(A + B) = \operatorname{tr} A + \operatorname{tr} B$, $\operatorname{tr}(sA) = s \operatorname{tr} A$（$s$ はスカラー）

(2) $\operatorname{tr} AB = \operatorname{tr} BA$（$A$ が (m, n) 型，B が (n, m) 型行列のとき成り立つ.）

問 15 このことを示せ.

1.4 行列の分割

行列は 2 つ以上の行列に分割して考えると便利なことも多い．行ベクトル分割，列ベクトル分割もその一例である．また例えば，行列 A のある分割は

$$A = \left[\begin{array}{cc|c} a_{11} & a_{12} & a_{13} \\ a_{21} & a_{22} & a_{23} \\ \hline a_{31} & a_{32} & a_{33} \end{array}\right] = \begin{bmatrix} P & Q \\ R & S \end{bmatrix},$$

$$P = \begin{bmatrix} a_{11} & a_{12} \\ a_{21} & a_{22} \end{bmatrix}, \quad Q = \begin{bmatrix} a_{13} \\ a_{23} \end{bmatrix}$$

$$R = [a_{31} \ a_{32}], \qquad S = [a_{33}]$$

の中辺の様にいくつかの縦線と横線で区切って表されたり，右辺の様に区切り線を除いて表される．ここで，P と Q，R と S の行数はそれぞれ等しく，P と R，Q と S の列数もそれぞれ等しい．分割された P, Q などの小さな行列を A の**小行列**，または**ブロック**という．また，分割は**区分け**や**ブロック分割**とも呼ばれる．

一般には行列 A を $p-1$ 個の横線と $q-1$ 個の縦線で区切って pq 個の小行列 A_{ij} に分け，

$$A = \begin{bmatrix} A_{11} & \cdots & A_{1q} \\ \vdots & \ddots & \vdots \\ A_{p1} & \cdots & A_{pq} \end{bmatrix}$$

の様に表される．正方行列においては，対角成分に当たる A_{ii} が全て正方行列になる様な分割が重要であり，縦横が対称なので**対称分割**と呼ばれる．

分割された行列の和，スカラー倍，積は，行列の和，スカラー倍，積と同様に計算できる．積についてはこの章の補足 1.5.1 で述べる．例えば積について

$$\begin{aligned} AB &= \begin{bmatrix} A_1 & A_2 \\ A_3 & A_4 \end{bmatrix} \begin{bmatrix} B_1 & B_2 \\ B_3 & B_4 \end{bmatrix} \\ &= \begin{bmatrix} A_1B_1 + A_2B_3 & A_1B_2 + A_2B_4 \\ A_3B_1 + A_4B_3 & A_3B_2 + A_4B_4 \end{bmatrix} \end{aligned}$$

ここで，$A_1B_1 + A_2B_3$ などの積や和が定義されるために A の列数と B の行数は等しく，A の列の分け方と B の行の分け方も等しい，即ち，A_1, A_2 の列数と

B_1, B_3 の行数がそれぞれ等しくなる様に分割されている必要がある．（A_3, A_4 の列数と B_2, B_4 の行数もそれぞれ等しい.）また，積の順序は交換できない．

これを用いれば $A_3 = O$, $B_3 = O$ のとき

$$AB = \begin{bmatrix} A_1 & A_2 \\ O & A_4 \end{bmatrix} \begin{bmatrix} B_1 & B_2 \\ O & B_4 \end{bmatrix} = \begin{bmatrix} A_1 B_1 & A_1 B_2 + A_2 B_4 \\ O & A_4 B_4 \end{bmatrix}$$

$$\begin{bmatrix} A_1 & O \\ O & A_2 \end{bmatrix} \begin{bmatrix} B_1 & O \\ O & B_2 \end{bmatrix} = \begin{bmatrix} A_1 B_1 & O \\ O & A_2 B_2 \end{bmatrix}$$

転置行列については，

$${}^tA = \begin{bmatrix} {}^tA_1 & {}^tA_3 \\ {}^tA_2 & {}^tA_4 \end{bmatrix},$$

$${}^tA = [\,{}^t\boldsymbol{a}^1, {}^t\boldsymbol{a}^2, \ldots, {}^t\boldsymbol{a}^m] \quad \text{など}$$

問 16 次の分割行列は積が定義されるものとして，積を計算せよ．

(1) $\begin{bmatrix} P & O \\ O & E \end{bmatrix} \begin{bmatrix} A & B \\ C & D \end{bmatrix}$

(2) $\begin{bmatrix} E & X \\ O & E \end{bmatrix} \begin{bmatrix} A & B \\ C & D \end{bmatrix}$

(3) $\begin{bmatrix} O & E \\ E & O \end{bmatrix} \begin{bmatrix} A & B \\ C & D \end{bmatrix}$

(4) $\begin{bmatrix} A & B \\ C & D \end{bmatrix} \begin{bmatrix} E & O \\ O & P \end{bmatrix}$

(5) $\begin{bmatrix} A & B \\ C & D \end{bmatrix} \begin{bmatrix} E & X \\ O & E \end{bmatrix}$

(6) $\begin{bmatrix} A & B \\ C & D \end{bmatrix} \begin{bmatrix} O & E \\ E & O \end{bmatrix}$

1.5 補　　足

1.5.1 分割された行列の積

定理 1.3（分割された行列の積）

$\ell \times m$ 行列 $A = [a_{ij}]$, $m \times n$ 行列 $B = [b_{ij}]$ とそれらの積 $C = AB = [c_{ij}]$ が

$$A = \begin{bmatrix} A_{11} & A_{12} & \cdots & A_{1q} \\ A_{21} & A_{22} & \cdots & A_{2q} \\ \vdots & \vdots & \ddots & \vdots \\ A_{p1} & A_{p2} & \cdots & A_{pq} \end{bmatrix}, \quad B = \begin{bmatrix} B_{11} & B_{12} & \cdots & B_{1r} \\ B_{21} & B_{22} & \cdots & B_{2r} \\ \vdots & \vdots & \ddots & \vdots \\ B_{q1} & B_{q2} & \cdots & B_{qr} \end{bmatrix},$$

$$C = \begin{bmatrix} C_{11} & C_{12} & \cdots & C_{1r} \\ C_{21} & C_{22} & \cdots & C_{2r} \\ \vdots & \vdots & \ddots & \vdots \\ C_{p1} & C_{p2} & \cdots & C_{pr} \end{bmatrix}$$

と分割されていて，A_{st} が (ℓ_s, m_t) 型，B_{tu} が (m_t, n_u) 型，C_{su} が (ℓ_s, n_u) 型とする．つまり A_{st} と B_{tu} は積の取れる型，C_{su} はそれらの積の型となる様，分割されているとする．ここで

$$\ell = \ell_1 + \cdots + \ell_p, \quad m = m_1 + \cdots + m_q, \quad n = n_1 + \cdots + n_r$$

である．このとき

$$C_{su} = \sum_{t=1}^{q} A_{st} B_{tu} = A_{s1} B_{1u} + \cdots + A_{sq} B_{qu}$$

が成り立つ．つまり分割された行列の積は普通の行列の積と同様に計算される．

【証明】 まず，$t = 1, \ldots, q$ に対し，$A_{st} B_{tu}$ は全て (ℓ_s, n_u) 型なので和が定義される．

次に (1) の両辺の (v, w) 成分が等しいこと，つまり $(C_{su})_{vw} = (\sum_{t=1}^{q} A_{st} B_{tu})_{vw}$ を示す．（添え字の対応のみが問題である．）

C の (i, j) 成分 c_{ij} が C_{su} の (v, w) 成分 $(C_{su})_{vw}$ に対応しているとする．即ち

$$i = \ell_1 + \cdots + \ell_{s-1} + v, \quad j = n_1 + \cdots + n_{u-1} + w$$

とする．また，$M_1 = 0$, $M_{q+1} = m$ として，

$$M_t = m_1 + \cdots + m_{t-1} \quad (t = 1, \ldots, q+1), \quad k = M_t + h$$

とすると，A_{st} の (v, h) 成分 $(A_{st})_{vh}$ が A の (i, k) 成分 a_{ik} に，B_{tu} の (h, w) 成分 $(B_{tu})_{hw}$ が B の (k, j) 成分 b_{kj} に対応している．このとき

$$(A_{st}B_{tu})_{vw} = \sum_{h=1}^{m_t}(A_{st})_{vh}(B_{tu})_{hw} = \sum_{k=M_t+1}^{M_t+m_t} a_{ik}b_{kj} \quad (M_t + m_t = M_{t+1}),$$

$$\begin{aligned}(C_{su})_{vw} &= c_{ij} = \sum_{k=1}^{m} a_{ik}b_{kj} = \sum_{t=1}^{q}\sum_{k=M_t+1}^{M_t+m_t} a_{ik}b_{kj} = \sum_{t=1}^{q}(A_{st}B_{tu})_{vw} \\ &= \left(\sum_{t=1}^{q} A_{st}B_{tu}\right)_{vw}\end{aligned}$$

より定理は証明された. ■

1.5.2 複　素　数

実数全体の集合を $\mathbb{R}$ と表し，x が実数であることを $x \in \mathbb{R}$ と表す.
2 乗すると -1 になる数を**虚数単位**といい，i または $\sqrt{-1}$ で表す：$i^2 = (\sqrt{-1})^2 = -1$.
$z = x + yi$（$x, y \in \mathbb{R}$）の形の数を**複素数**といい，x を z の**実部**，y を z の**虚部**といい，それぞれ $\mathrm{Re}\, z$, $\mathrm{Im}\, z$ と表す．即ち $\mathrm{Re}\, z = x$,　$\mathrm{Im}\, z = y$
複素数全体の集合を $\mathbb{C}$ と表す．即ち $\mathbb{C} = \{x + yi \mid x, y \in \mathbb{R}\}$
複素数の四則演算（和，差，積，商）は $w = u + vi$（$u, v \in \mathbb{R}$）として

$$\begin{aligned} z \pm w &= (x \pm u) + (y \pm v)i, \\ zw &= (x + yi)(u + vi) = (xu - yv) + (xv + yu)i, \\ z/w &= \frac{z}{w} = \frac{x + yi}{u + vi} = \frac{(xu + yv) + (-xv + yu)i}{u^2 + v^2} \end{aligned}$$

で定義され，結合法則，交換法則，分配法則が成り立つ.

z の共役複素数（あるいは複素共役）$x - yi$ を $\overline{z}$ と表す．即ち

$$z = x + yi \implies \overline{z} = x - yi$$

このとき，$z, w \in \mathbb{C}$ に対し

(1) $\overline{\overline{z}} = z$　　(2) $\mathrm{Re}\, z = \dfrac{z + \overline{z}}{2}$　　(3) $\mathrm{Im}\, z = \dfrac{z - \overline{z}}{2i}$

(4) $\overline{z + w} = \overline{z} + \overline{w}$　　(5) $\overline{(zw)} = \overline{z} \cdot \overline{w}$

は両辺を計算することにより示せる．例えば (5) は

$$\begin{aligned} &\text{左辺} = \overline{(xu - yv) + (xv + yu)i}, \quad \text{右辺} = (x - yi)(u - vi) \\ \therefore\ &\text{両辺} = (xu - yv) - (xv + yu)i \end{aligned}$$

(4), (5) より，例えば $z_i, w_i \in \mathbb{C}$ ($i = 1, \ldots, n$) について

$$(6)\quad \overline{\left(\sum_{i=1}^{n} z_i w_i\right)} \overset{(4)}{=} \overline{z_1 w_1} + \cdots + \overline{z_n w_n} \overset{(5)}{=} \overline{z_1} \cdot \overline{w_1} + \cdots + \overline{z_n} \cdot \overline{w_n} = \sum_{i=1}^{n} \overline{z_i} \cdot \overline{w_i}$$

複素数 $z = x + yi$ に対し，$\sqrt{x^2 + y^2}$ を z の**絶対値**といい，$|z|$ で表す．
$z\overline{z} = x^2 + y^2 \geqq 0$ より

$$z\overline{z} = |z|^2, \quad |z| = \sqrt{z\overline{z}}, \quad |z| = 0 \Leftrightarrow z = 0$$

このとき

$$\begin{aligned}|zw|^2 &= (zw)(\overline{zw}) = zw\,\overline{z}\,\overline{w} \\ &= (z\overline{z})(w\overline{w}) = |z|^2|w|^2 = \big(|z|\,|w|\big)^2\end{aligned}$$

より

$$|zw| = |z|\,|w|$$

また

$$\frac{z}{w} = \frac{z\overline{w}}{w\overline{w}} = \frac{z\overline{w}}{|w|^2}, \quad \overline{\left(\frac{z}{w}\right)} = \frac{\overline{z}}{\overline{w}}, \quad \left|\frac{z}{w}\right| = \frac{|z|}{|w|} \quad (w \neq 0)$$

複素平面　複素数 $z = x + yi$ ($x, y \in \mathbb{R}$) は座標平面上の点 $\mathrm{P}(x, y)$ とみなされる．複素数を座標平面上の点で表すとき，この平面を**複素平面**，**複素数平面**，または**ガウス** (Gauss) **平面**という．複素平面では x 軸を**実軸**，y 軸を**虚軸**という．このとき，複素平面上の点 P を $\mathrm{P}(z)$ と表す．また，点 z ともいう．z はまた，ベクトル $\overrightarrow{\mathrm{OP}}$ ともみなされる．このとき $\overrightarrow{\mathrm{OP}}$ の長さ（= 大きさ = OP 間の距離）$\overline{\mathrm{OP}}$ は

$$\overline{\mathrm{OP}} = |z| = \sqrt{x^2 + y^2}$$

複素数の和，差，実数倍はベクトルの和，差，実数倍に対応する．2 点 $\mathrm{P}(z)$, $\mathrm{Q}(w)$ の距離は $\overline{\mathrm{PQ}} = |z - w|$ であり，$\mathrm{R}(z + w)$ とするとき，$\overrightarrow{\mathrm{OR}} = \overrightarrow{\mathrm{OP}} + \overrightarrow{\mathrm{OQ}}$, $\overline{\mathrm{OR}} \leqq \overline{\mathrm{OP}} + \overline{\mathrm{OQ}}$ より

$$|z + w| \leqq |z| + |w|$$

注意 1.8　複素数は平面上の点 $z = (x, y)$, $w = (u, v)$ に，積を $zw = (xu - yv, xv + yu)$ で，和，差，実数倍はベクトルとしての和，差，実数倍で定め，$(x, 0)$ を x，$(0, y)$ を yi と表したものといえる．

複素数の極形式　P(z), $(z=x+yi)$ を極座標 (r,θ) で表すとき, $r=\sqrt{x^2+y^2}=|z|$, $x=r\cos\theta$, $y=r\sin\theta$ より

$$z=x+yi=r(\cos\theta+i\sin\theta) \quad (r=|z|=\sqrt{x^2+y^2}\,)$$

これを複素数 z の**極形式**という．r は z の**絶対値**であり，θ は z の**偏角** (argument) といわれ，$\arg z$ と表される．θ は弧度法で表される一般角とする．

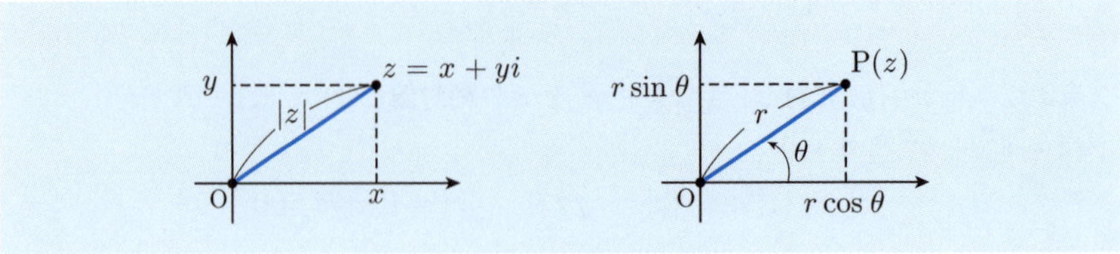

オイラーの公式　次の式を**オイラー** (Euler) **の公式**という：

$$e^{i\theta}=\cos\theta+i\sin\theta$$

これは微積分学における e^x の展開式に $x=i\theta$ を代入すると，展開式は収束し，実部が $\cos\theta$, 虚部が $\sin\theta$ に収束するので等号が成り立つことが分かる．即ち，

$$\begin{aligned} e^{i\theta} &= \sum_{n=0}^{\infty}\frac{(i\theta)^n}{n!}=1+(i\theta)+\frac{(i\theta)^2}{2}+\frac{(i\theta)^3}{3!}+\cdots \\ &= \left(1-\frac{\theta^2}{2}+\cdots\right)+i\left(\theta-\frac{\theta^3}{3!}+\cdots\right) \\ &= \sum_{n=0}^{\infty}(-1)^n\frac{\theta^{2n}}{(2n)!}+i\sum_{n=0}^{\infty}(-1)^n\frac{\theta^{2n+1}}{(2n+1)!}=\cos\theta+i\sin\theta \end{aligned}$$

$\overline{(e^{i\theta})}=e^{-i\theta}=(e^{i\theta})^{-1}$ であり，指数法則 $e^{ix}e^{iy}=e^{i(x+y)}$ は三角関数の加法定理に対応する：

$$\begin{aligned} e^{ix}e^{iy} &= (\cos x+i\sin x)(\cos y+i\sin y) \\ &= (\cos x\cos y-\sin x\sin y)+i(\cos x\sin y+\sin x\cos y) \\ e^{i(x+y)} &= \cos(x+y)+i\sin(x+y) \end{aligned}$$

（これより $e^{ix}e^{iy}=e^{i(x+y)}$ から加法定理の式が得られる.）

$z_1=r_1(\cos\theta_1+i\sin\theta_1)=r_1e^{i\theta_1}$, $z_2=r_2e^{i\theta_2}$ とするとき，

$$z_1z_2=r_1r_2e^{i\theta_1}e^{i\theta_2}=r_1r_2e^{i(\theta_1+\theta_2)}, \quad \frac{z_1}{z_2}=\frac{r_1}{r_2}\frac{e^{i\theta_1}}{e^{i\theta_2}}=\frac{r_1}{r_2}e^{i(\theta_1-\theta_2)}$$

$$\therefore \quad \arg z_1z_2=\arg z_1+\arg z_2, \quad \arg\frac{z_1}{z_2}=\arg z_1-\arg z_2$$

ド・モワブル（de Moivre）**の公式**　整数 n に対して $(e^{i\theta})^n = e^{in\theta}$ より次を得る：

$$(\cos\theta + i\sin\theta)^n = \cos n\theta + i\sin n\theta$$

1 の n 乗根　$z^n = 1$ の根（こん）（解のこと）は，$z = e^{i\theta} = \cos\theta + i\sin\theta$ とおくと，

$$z^n = \cos n\theta + i\sin n\theta, \quad \therefore \quad \cos n\theta = 1, \quad \sin n\theta = 0$$

これより

$$z = \cos\frac{2\pi k}{n} + i\sin\frac{2\pi k}{n} = e^{i\frac{2\pi k}{n}} = (e^{i\frac{2\pi}{n}})^k \quad (k = 0, 1, \ldots, n-1)$$

が 1 の n 乗根になる．

$$\zeta = \zeta_n = \cos\frac{2\pi}{n} + i\sin\frac{2\pi}{n} = e^{i\frac{2\pi}{n}}$$

とおくと，1 の n 乗根は $1 = \zeta^0, \zeta, \zeta^2, \ldots, \zeta^{n-1}$．ただし ζ^k は，複素平面上の単位円（＝半径 1 の円）に内接する（1 を 1 つの頂点とする）正 n 角形の頂点である．

代数学の基本定理　複素数係数の代数方程式（＝ n 次方程式）

$$f(x) = a_n x^n + a_{n-1}x^{n-1} + \cdots + a_1 x + a_0 = 0 \ (a_n \neq 0,\ n \geqq 1)$$

は複素数の範囲で少なくとも 1 つの根をもつ．（$a_0, \ldots, a_n$ は一般には複素数.）（この証明はいろいろ知られているが，初等的証明でも 2 変数関数の微積分学の結果を用いるので証明は略す.）この定理と因数定理（$f(\alpha) = 0 \Rightarrow f(x) = (x-\alpha)g(x)$）を用いれば数学的帰納法により次を得る：

系 1.4

n 次多項式は n 個の一次式の積に分解される：

$$\begin{aligned} f(x) &= a_n x^n + a_{n-1}x^{n-1} + \cdots + a_1 x + a_0 \\ &= a_n(x-\alpha_1)(x-\alpha_2)\cdots(x-\alpha_n) \end{aligned}$$

ここで，$\alpha_1, \ldots, \alpha_n$ の中に同じものがあっても良い．従って n 次方程式は重複も数えてちょうど n 個の根をもつ．同じ根をまとめて，相異なる根を $\beta_1, \beta_2, \ldots, \beta_k$ とすると

$$f(x) = (x-\beta_1)^{m_1}(x-\beta_2)^{m_2}\cdots(x-\beta_k)^{m_k}, \quad m_1 + m_2 + \cdots + m_k = n$$

と表される．m_i を β_i の**重複度** (multiplicity) といい，β_i を $\boldsymbol{m_i}$ **重根**という．なお，1 重根を単根といい，2 重根は単に重根といわれることがある．

1章の問題

□**1** $A=\begin{bmatrix}1&2&3\\3&1&-2\end{bmatrix}$, $B=\begin{bmatrix}1&1&0\\2&0&1\\0&1&3\end{bmatrix}$, $\boldsymbol{a}=\begin{bmatrix}1\\-2\\1\end{bmatrix}$, $\boldsymbol{b}=[3\ 2]$ のとき，次を求めよ．

(1) ${}^tAA$　(2) A^tA　(3) AB

(4) B^2　(5) $\boldsymbol{ab}$　(6) ${}^t\boldsymbol{a}B\boldsymbol{a}$

□**2** 3つの2次正方行列（**パウリ** (Pauli) **のスピン行列**という）

$$\sigma_x=\begin{bmatrix}0&1\\1&0\end{bmatrix},\quad \sigma_y=\begin{bmatrix}0&-i\\i&0\end{bmatrix},\quad \sigma_z=\begin{bmatrix}1&0\\0&-1\end{bmatrix}$$

に対し，次を示せ．ここで i は虚数単位 $\sqrt{-1}$ である．

(1) $\sigma_x^2=\sigma_y^2=\sigma_z^2=E=-i\sigma_x\sigma_y\sigma_z$ $(\sigma_x\sigma_y\sigma_z=iE)$

(2) $\sigma_x\sigma_y=-\sigma_y\sigma_x=i\sigma_z,\ \sigma_y\sigma_z=-\sigma_z\sigma_y=i\sigma_x,\ \sigma_z\sigma_x=-\sigma_x\sigma_z=i\sigma_y$

□**3** $A=\begin{bmatrix}1+i&2-i\\1&3+i\end{bmatrix}$, $B=\begin{bmatrix}3-2i&-i\\2+i&0\end{bmatrix}$ $(i=\sqrt{-1})$ のとき，次を求めよ．

(1) A^*　(2) ${}^tA$　(3) $A+2\overline{B}$　(4) $(1+i)A$　(5) AB

□**4** $A=\begin{bmatrix}a&b\\c&d\end{bmatrix}$ とするとき，$ad-bc\neq 0$ ならば A は正則で，

$$A^{-1}=\frac{1}{ad-bc}\begin{bmatrix}d&-b\\-c&a\end{bmatrix}$$

であることを示せ．

□**5** 次の正方行列 A の n 乗 A^n $(n=2,3,\ldots)$ を求めよ．

(1) $\begin{bmatrix}0&1&a\\0&0&1\\0&0&0\end{bmatrix}$　(2) $\begin{bmatrix}a&0&0\\0&b&0\\0&0&c\end{bmatrix}$

(3) $\begin{bmatrix}1&a\\0&1\end{bmatrix}$　(4) $\begin{bmatrix}a&b\\0&1\end{bmatrix}$

□**6** 次を示せ．

(1) $AB=E,\ BC=E$ ならば $A=C$

(2) A が正則行列のとき，$AB=AC$ または $BA=CA$ ならば，$B=C$

(3) A が正則行列のとき，$(A^n)^{-1}=(A^{-1})^n$

□ **7**　正方行列 A, B が可換ならば，A^n（$n=2,3,\ldots$）と B は可換であり，A が正則ならば A^{-n}（$n=1,2,\ldots$）も B と可換であることを示せ．

□ **8**　A, B を正則行列とするとき，

(1)　$P=\begin{bmatrix} A & C \\ O & B \end{bmatrix}$ は正則で，

$$P^{-1}=\begin{bmatrix} A^{-1} & -A^{-1}CB^{-1} \\ O & B^{-1} \end{bmatrix}$$

であることを示せ．

(2)　$Q=\begin{bmatrix} A & O \\ O & B \end{bmatrix}$ の逆行列 Q^{-1} を求めよ．

□ **9**　行列 A, B が次をみたすための必要十分条件を求めよ．

(1)　$(A+B)(A-B)=A^2-B^2$

(2)　$(A+B)^2=A^2+2AB+B^2$

□ **10**　n 次正方行列 A, B, C と，n 次正則行列 P について次を示せ．

(1)　$\mathrm{tr}(ABC)=\mathrm{tr}(CAB)=\mathrm{tr}(BCA)$

(2)　$\mathrm{tr}(P^{-1}AP)=\mathrm{tr}\,A$

(注)　(1) は A が (m,n) 型，B が (n,ℓ) 型，C が (ℓ,m) 型であれば成り立つ．一般には $\mathrm{tr}(ABC)\neq\mathrm{tr}(BAC)$ である．

□ **11**　$AB-BA=E_n$ となる行列 A, B は存在しないことを示せ．

□ **12**　行列 A に対し次を示せ．

(1)　A^*A はエルミート行列である．

(2)　${}^tAA$ は対称行列である．

(3)　$\mathrm{tr}(A^*A)\geqq 0$

(4)　$\mathrm{tr}(A^*A)=0$ ならば $A=O$

□ **13**　任意の列ベクトル $\boldsymbol{x}$ に対し $A\boldsymbol{x}=B\boldsymbol{x}$ ならば $A=B$ であることを示せ．

□ **14**　A を n 次正方行列，k を自然数とするとき次を示せ．

(1)　$A^k=E$ となる k が存在するとき，A は正則である．

(2)　べき等行列 A（$A^2=A$ をみたす行列）は $A\neq E$ ならば正則でない．

(3)　べき零行列 A（$A^k=O$ となる k がある行列）は正則でない．

□ **15**　A がべき零行列ならば $E+A$, $E-A$ は正則であることを示せ．さらに，$A^k=O$ のとき $(E+A)^{-1}$, $(E-A)^{-1}$ を A で表せ．

□ **16**　正方行列 P は ${}^tPP=E$ をみたし，$E+P$ は正則とする．このとき次を示せ．

(1)　$P(E+P)^{-1}=(E+P)^{-1}P$

(2)　$A=(P-E)(E+P)^{-1}$ は交代行列である．

(3)　(2) の A について，$E-A$ は正則である．

(4)　$(E+A)(E-A)^{-1}=P$

□ **17**　正方行列 $A=\begin{bmatrix} a & 1 & 0 \\ 0 & a & 1 \\ 0 & 0 & a \end{bmatrix}$ の n 乗 A^n（$n=2,3,\ldots$）を求めよ．

□ **18**　n 次正方行列 X, Y に対し，$XY-YX$ を X, Y の**交換子積**といい，ここでは $[X,Y]$ と表す：

$$[X,Y]=XY-YX$$

X, Y, Z を n 次正方行列，s, t をスカラーとするとき次を示せ．

(1)　$[Y,X]=-[X,Y]$

(2)　$[sX+tY,Z]=s[X,Z]+t[Y,Z]$

(3)　（**ヤコビ** (Jacobi) **の恒等式**）

$$\big[[X,Y],Z\big]+\big[[Y,Z],X\big]+\big[[Z,X],Y\big]=0$$

(4)　X, Y が交代行列ならば $[X,Y]$ も交代行列である．

□ **19**　1つの成分が1，他の成分が0である行列を**行列単位**といい，(k,ℓ) 成分が1の行列単位を $E_{k\ell}$ と表す：

$$(E_{k\ell})_{ij}=\delta_{ik}\delta_{j\ell},\quad E_{k\ell}=[\delta_{ik}\delta_{j\ell}]$$

このとき次を示せ．

(1)　$m\times n$ 行列 $A=[a_{ij}]$ に対し，$A=\sum_{i=1}^m\sum_{j=1}^n a_{ij}E_{ij}$

(2)　$E_{ij}E_{k\ell}=\delta_{jk}E_{i\ell}$

□ **20**　n 次行列 A が任意の n 次行列と可換ならば A はスカラー行列であることを示せ．

第2章

連立一次方程式

本章では連立一次方程式が，方程式から作った行列に「基本変形」と呼ばれる操作とその繰返しである「掃き出し」により機械的に解けることを示し，解の構造を明らかにする．線形代数における計算の多くは「基本変形」によりなされ，これに対応する行列（基本行列）は理論的基礎を与える．ここに現れる「階数」は線形代数における最も重要な概念の一つである．

2.1 連立一次方程式と行列

一般に，n 個の未知数 $x_1, x_2, \ldots, x_n$ に関する m 個の方程式からなる**連立一次方程式**

$$(*)\quad \begin{cases} a_{11}x_1 + a_{12}x_2 + \cdots + a_{1n}x_n = b_1 \\ a_{21}x_1 + a_{22}x_2 + \cdots + a_{2n}x_n = b_2 \\ \cdots \\ a_{m1}x_1 + a_{m2}x_2 + \cdots + a_{mn}x_n = b_m \end{cases}$$

において，係数，未知数，および右辺の定数の作る行列をそれぞれ

$$A = \begin{bmatrix} a_{11} & a_{12} & \cdots & a_{1n} \\ a_{21} & a_{22} & \cdots & a_{2n} \\ \vdots & \vdots & \ddots & \vdots \\ a_{m1} & a_{m2} & \cdots & a_{mn} \end{bmatrix},$$

$$\boldsymbol{x} = \begin{bmatrix} x_1 \\ x_2 \\ \vdots \\ x_n \end{bmatrix}, \quad \boldsymbol{b} = \begin{bmatrix} b_1 \\ b_2 \\ \vdots \\ b_m \end{bmatrix}$$

とおくと，$A\boldsymbol{x}$ は上の方程式 $(*)$ の左辺を表し，$(*)$ は次の様に表示できる：

$$A\boldsymbol{x} = \boldsymbol{b}$$

この $m \times n$ 行列 A を連立一次方程式 $(*)$ の**係数行列**，$\boldsymbol{x}$ を**未知数ベクトル**，右辺の $\boldsymbol{b}$ を**定数項ベクトル**といい，A に $\boldsymbol{b}$ を付け加えた $m \times (n+1)$ 行列

$$[A, \boldsymbol{b}] = \begin{bmatrix} a_{11} & a_{12} & \cdots & a_{1n} & b_1 \\ a_{21} & a_{22} & \cdots & a_{2n} & b_2 \\ \vdots & \vdots & \ddots & \vdots & \vdots \\ a_{m1} & a_{m2} & \cdots & a_{mn} & b_m \end{bmatrix}$$

を方程式 $(*)$ の**拡大係数行列**という．なお，単独の方程式も連立方程式の一種と考える．また，本章では連立一次方程式は単に「方程式」と略すことも多い．

この節では連立一次方程式が拡大係数行列の操作により解けることを示そう．

連立一次方程式の**消去法**（**掃き出し法**）による解法とは，

(1) 1つの方程式に0でない数を掛ける．

(2) 1つの方程式を何倍かして，他の方程式に加える．

(3) 2つの方程式を入れ替える．

の 3 種の操作により未知数を消去して方程式を簡単化しながら最終的に解を求める方法である．

この 3 種の操作は方程式の拡大係数行列の**行基本変形**（または**行基本操作**）と呼ばれる次の 3 つの操作に対応する：

行基本変形

第 i 行（row i）を r_i と表すとき，$i \neq j$ として，

[R1]　ある行 r_i に 0 でない数 s を掛ける　（記号：sr_i）

[R2]　ある行 r_i に他の行 r_j の s 倍を加える　（記号：$r_i + sr_j$）

[R3]　2 つの行 r_i と r_j を入れ替える　（記号：$r_i \leftrightarrow r_j$）

例を挙げて対比してみよう．

例 2.1　**(消去法と行列の変形の対比)**　左側に連立一次方程式と消去法による式変形，および行った操作を示し，右側に方程式の変形に対応する拡大係数行列の行基本変形を上記の記号

$$sr_i, \quad r_i + sr_j, \quad r_i \leftrightarrow r_j$$

を用いて表し，「変形した結果の行列 = 同じ段の方程式の拡大係数行列」を書いておく：

連立一次方程式	基本変形　拡大係数行列
$\begin{cases} x + 2y - z = 2 & \cdots ① \\ 3x + 8y - 5z = 4 & \cdots ② \\ 2x + 3y = 8 & \cdots ③ \end{cases}$	$[A, \boldsymbol{b}] = \begin{bmatrix} 1 & 2 & -1 & 2 \\ 3 & 8 & -5 & 4 \\ 2 & 3 & 0 & 8 \end{bmatrix} = A_0$
①式を用いて②, ③式より x を消去．	第 1 列で $(1,1)$ 以外の成分を 0 に．
$\begin{array}{lrl} & x + 2y - z = 2 & \cdots ① \\ ② - 3 \times ①: & 2y - 2z = -2 & \cdots ②' \\ ③ - 2 \times ①: & -y + 2z = 4 & \cdots ③' \end{array}$	$\begin{array}{l} \\ r_2 - 3r_1 \\ r_3 - 2r_1 \end{array} \begin{bmatrix} 1 & 2 & -1 & 2 \\ 0 & 2 & -2 & -2 \\ 0 & -1 & 2 & 4 \end{bmatrix} = A_1$
②′ 式の y の係数を 1 にする．	第 2 行の 0 でない最初の成分を 1 に．
$\begin{array}{lrl} & x + 2y - z = 2 & \cdots ① \\ \frac{1}{2} \times ②': & y - z = -1 & \cdots ②'' \\ & -y + 2z = 4 & \cdots ③' \end{array}$	$\frac{1}{2} r_2 \begin{bmatrix} 1 & 2 & -1 & 2 \\ 0 & 1 & -1 & -1 \\ 0 & -1 & 2 & 4 \end{bmatrix} = A_2$

②$''$ 式を用いて①, ③$'$ 式より y を消去.

$$\begin{aligned} ①-2\times②'':&\quad x \quad +z = \ \ 4 \quad \cdots ①' \\ & \qquad\ \ y-z=-1 \quad \cdots ②'' \\ ③'+②'':& \qquad\qquad z = \ \ 3 \quad \cdots ③'' \end{aligned}$$

第2列で $(2,2)$ 以外の成分を0に.

$$\begin{array}{l} r_1-2r_2 \\ \\ r_3+r_2 \end{array} \begin{bmatrix} 1 & 0 & 1 & 4 \\ 0 & 1 & -1 & -1 \\ 0 & 0 & 1 & 3 \end{bmatrix} = A_3$$

③$''$ 式を用いて①$'$, ②$''$ 式より z を消去.

$$\begin{aligned} ①'-③'':&\quad x \quad\ \ =1 \\ ②''+③'':&\quad\ \ y \ \ =2 \\ & \qquad\ \ z=3 \end{aligned}$$

第3列で $(3,3)$ 以外の成分を0に.

$$\begin{array}{l} r_1-r_3 \\ r_2+r_3 \\ \\ \end{array} \begin{bmatrix} 1 & 0 & 0 & 1 \\ 0 & 1 & 0 & 2 \\ 0 & 0 & 1 & 3 \end{bmatrix} = A_4 = [E, \boldsymbol{d}]$$

となって，次の解を得た.

$$\begin{cases} x=1 \\ y=2 \\ z=3 \end{cases}$$

となって，次の解を得た.

$$\begin{bmatrix} x \\ y \\ z \end{bmatrix} = \begin{bmatrix} 1 \\ 2 \\ 3 \end{bmatrix} = \boldsymbol{d}$$

□

右側の行列の変形において，A_0 から A_1 への「第1列で $(1,1)$ 成分以外の成分を0にする」変形を「$(1,1)$ 成分を軸にして第1列を掃き出す」という．同様に，A_2 から A_3 への「第2列で $(2,2)$ 成分以外の成分を0にする」変形を「$(2,2)$ 成分を軸にして第2列を掃き出す」という.

一般には，行列 $A=[a_{ij}]$ の (p,q) 成分 a_{pq} が0でないとき，第 q 列の (p,q) 成分以外の成分を行基本変形

$$r_i - \frac{a_{iq}}{a_{pq}} r_p \quad (i \neq p)$$

により0にする一連の変形を「(p,q) 成分を**軸**にして第 q 列を**掃き出す**」という：

$$\begin{bmatrix} & a_{1q} & \\ & \vdots & \\ * & a_{pq} & * \\ & \vdots & \\ & a_{mq} & \end{bmatrix} \begin{array}{c} r_1-\frac{a_{1q}}{a_{pq}}r_p \\ \vdots \\ \mapsto \\ \vdots \\ r_m-\frac{a_{mq}}{a_{pq}}r_p \end{array} \begin{bmatrix} & 0 & \\ & \vdots & \\ * & a_{pq} & * \\ & \vdots & \\ & 0 & \end{bmatrix}$$

方程式を解くときは，まず第 p 行を a_{pq} で割り $(\frac{1}{a_{pq}} r_p)$，続いて (p,q) 成分を軸

にして第 q 列を掃き出す．即ち，第 i 行から第 p 行の a_{iq} 倍を引く（$r_i - a_{iq}r_p$，これにより (i,q) 成分が 0 になる）ことを，第 p 行以外の全ての行にわたって行い，第 q 列を基本ベクトル $\boldsymbol{e}_p$ にすることが多い：

$$\begin{bmatrix} & a_{1q} & \\ & \vdots & \\ * & a_{pq} & * \\ & \vdots & \\ & a_{mq} & \end{bmatrix} \overset{\frac{1}{a_{pq}}r_p}{\longmapsto} \begin{bmatrix} & a_{1q} & \\ & \vdots & \\ * & 1 & * \\ & \vdots & \\ & a_{mq} & \end{bmatrix} \begin{matrix} r_1 - a_{1q}r_p \\ \vdots \\ \mapsto \\ \vdots \\ r_m - a_{mq}r_p \end{matrix} \begin{bmatrix} & 0 & \\ & \vdots & \\ * & 1 & * \\ & \vdots & \\ & 0 & \end{bmatrix}$$

なお，先に (p,q) 成分を軸にして第 q 列を掃き出してから，後で第 p 行を a_{pq} で割ってもよい．この一連の変形を「(p,q) 成分を 1 にして第 q 列を掃き出す」ということにする．

注意 2.1　掃き出しは行列の成分の四則演算によって構成されているので，A が実行列ならば掃き出した結果の行列 A_1 も実行列になる．また，A が有理行列ならば A_1 も有理行列になる．但し，A が整数行列でも A_1 の成分は整数とは限らず，一般には有理行列になる．

連立一次方程式の消去法は拡大係数行列から掃き出しを繰り返して行列を簡単化することに対応しているので，この方法は**掃き出し法**ともいわれる．

次に掃き出し法を用いて連立一次方程式を解いてみよう．

例 2.2　c を定数，連立一次方程式と拡大係数行列を

$$\begin{cases} x - 2y + 5z = 0 \\ 2x - y + z = 3 \\ x + y - 4z = c \end{cases}$$

$$[A, \boldsymbol{b}] = \begin{bmatrix} 1 & -2 & 5 & 0 \\ 2 & -1 & 1 & 3 \\ 1 & 1 & -4 & c \end{bmatrix}$$

とし，$[A, \boldsymbol{b}]$ を掃き出し法により簡単化する．

まず，$(1,1)$ 成分を軸にして第 1 列を掃き出す：（以下，掃き出しの軸となる成分を ◯ で囲む．）

	x	y	z	右辺
	①	-2	5	0
$[A, \boldsymbol{b}] =$	2	-1	1	3
	1	1	-4	c

$\mapsto$

基本変形	x	y	z	右辺
	1	-2	5	0
$r_2 - 2r_1$	0	③	-9	3
$r_3 - r_1$	0	3	-9	c

第2行を3で割り，$(2, 2)$ 成分を軸にして第2列を掃き出す：

$\mapsto$

基本変形	x	y	z	右辺
	1	-2	5	0
$\frac{1}{3}r_2$	0	①	-3	1
	0	3	-9	c

$\mapsto$

基本変形	x	y	z	右辺
$r_1 + 2r_2$	1	0	-1	2
	0	1	-3	1
$r_3 - 3r_2$	0	0	0	$c - 3$

係数行列 A はこれ以上簡単にできない．これを元の方程式に戻すと

$$\begin{cases} x \qquad - \ z = \ 2 \\ \qquad y - 3z = \ 1 \\ \qquad\qquad 0 = c - 3 \end{cases}$$

$c \neq 3$ のとき，第3行の $0 = c - 3$ に矛盾するので，**解なし．**

$c = 3$ のとき，x, y の係数を1にしたので第1，第2行の z の項を右辺に移項し，z は任意の値 t をとれるので $z = t$ とおくと，解

$$\begin{cases} x = \ t + 2 \\ y = 3t + 1 \\ z = \ t \end{cases}$$

$$\begin{bmatrix} x \\ y \\ z \end{bmatrix} = \begin{bmatrix} 1 \\ 3 \\ 1 \end{bmatrix} t + \begin{bmatrix} 2 \\ 1 \\ 0 \end{bmatrix}$$

を得る．なお，ベクトルで表した解は拡大係数行列の最終形から読み取ることができるが，詳しくは後に述べる． □

以上のことを一般化し，行基本変形が行列の積に対応することにより，連立一次方程式の解が理論的に構成されることを見ていこう．

2.2 基 本 行 列

この節では，行基本変形は以下に述べる基本行列と呼ばれる正則行列を左から掛けることに対応することを見る．

行基本変形と基本行列

単位行列 E_n に行基本変形 [**R1**], [**R2**], [**R3**] を施した行列 $P_i^{(n)}(s)$, $P_{ij}^{(n)}(s)$, $P_{ij}^{(n)}$ を**基本行列**という．(n) を略して $P_i(s)$, $P_{ij}(s)$, P_{ij} とも表す．

基本行列

$$P_i(s) = P_i^{(n)}(s) = E_n \text{ の第 } i \text{ 行を } s \text{ 倍した行列}\ (s \neq 0)$$
$$P_{ij}(s) = P_{ij}^{(n)}(s) = E_n \text{ の第 } i \text{ 行に第 } j \text{ 行の } s \text{ 倍を加えた行列}\ (i \neq j)$$
$$P_{ij} = P_{ij}^{(n)} = E_n \text{ の第 } i \text{ 行と第 } j \text{ 行を入れ替えた行列}\ (i \neq j)$$

例 2.3 **(2 次と 3 次の基本行列)**

$$P_2^{(2)}(s) = \begin{bmatrix} 1 & 0 \\ 0 & s \end{bmatrix},\ P_{12}^{(2)}(s) = \begin{bmatrix} 1 & s \\ 0 & 1 \end{bmatrix},\ P_{12}^{(2)} = \begin{bmatrix} 0 & 1 \\ 1 & 0 \end{bmatrix},$$

$$P_2^{(3)}(s) = \begin{bmatrix} 1 & 0 & 0 \\ 0 & s & 0 \\ 0 & 0 & 1 \end{bmatrix},\ P_{31}^{(3)}(s) = \begin{bmatrix} 1 & 0 & 0 \\ 0 & 1 & 0 \\ s & 0 & 1 \end{bmatrix},\ P_{12}^{(3)} = \begin{bmatrix} 0 & 1 & 0 \\ 1 & 0 & 0 \\ 0 & 0 & 1 \end{bmatrix}$$

一般には，「$\ddots$」などは E_n と同じ部分とし，E_n と異なる部分を示すと

$$P_i(s) = \begin{bmatrix} \ddots & \overset{\overset{i}{\downarrow}}{} & \\ & s & \\ & & \ddots \end{bmatrix} \leftarrow i = \begin{bmatrix} \vdots \\ s\boldsymbol{e}^i \\ \vdots \end{bmatrix} = [\cdots \ \overset{i}{s\boldsymbol{e}_i} \ \cdots],$$

$$P_{ij}(s) = \begin{bmatrix} \ddots & & \overset{\overset{j}{\downarrow}}{} \\ & \ddots & s \\ & & \ddots \end{bmatrix} \leftarrow i = \begin{bmatrix} \vdots \\ \boldsymbol{e}^i + s\boldsymbol{e}^j \\ \vdots \end{bmatrix} = [\cdots \ \overset{j}{\boldsymbol{e}_j + s\boldsymbol{e}_i} \ \cdots],$$

$$P_{ij} = \begin{bmatrix} \ddots & & & & \\ & 0 & & 1 & \\ & & \ddots & & \\ & 1 & & 0 & \\ & & & & \ddots \end{bmatrix} \begin{matrix} \\ \leftarrow i \\ \\ \leftarrow j \\ \\ \end{matrix} = \begin{bmatrix} \vdots \\ \boldsymbol{e}^j \\ \vdots \\ \boldsymbol{e}^i \\ \vdots \end{bmatrix} = [\cdots \ \overset{i}{\boldsymbol{e}_j} \ \cdots \ \overset{j}{\boldsymbol{e}_i} \ \cdots] \qquad \square$$

基本行列を行列 A に左から掛けると行基本変形を施した行列になる．即ち

行基本変形と基本行列との積

$P_i(s)A \ = A$ の第 i 行を s 倍した行列（記号：sr_i）
$P_{ij}(s)A = A$ の第 i 行に第 j 行の s 倍を加えた行列（記号：$r_i + sr_j$）
$P_{ij}A \quad = A$ の第 i 行と第 j 行を入れ替えた行列（記号：$r_i \leftrightarrow r_j$）

【証明】 基本行列を行ベクトルに分割し，$\boldsymbol{e}^i A = \boldsymbol{a}^i$ を用いれば次の様に分かる：

$$P_i(s)A = \begin{bmatrix} \vdots \\ s\boldsymbol{e}^i A \\ \vdots \end{bmatrix} = \begin{bmatrix} \vdots \\ s\boldsymbol{a}^i \\ \vdots \end{bmatrix}, \quad P_{ij}(s)A = \begin{bmatrix} \vdots \\ \boldsymbol{e}^i A + s\boldsymbol{e}^j A \\ \vdots \end{bmatrix} = \begin{bmatrix} \vdots \\ \boldsymbol{a}^i + s\boldsymbol{a}^j \\ \vdots \end{bmatrix},$$

$$P_{ij}A = \begin{bmatrix} \vdots \\ \boldsymbol{e}^j A \\ \vdots \\ \boldsymbol{e}^i A \\ \vdots \end{bmatrix} = \begin{bmatrix} \vdots \\ \boldsymbol{a}^j \\ \vdots \\ \boldsymbol{a}^i \\ \vdots \end{bmatrix}, \quad \text{ここで} \quad A = \begin{bmatrix} \vdots \\ \boldsymbol{a}^i \\ \vdots \\ \boldsymbol{a}^j \\ \vdots \end{bmatrix} \qquad \blacksquare$$

注意 2.2 $P_i(s)$ は対角行列，P_{ij} は実対称行列，$P_{ij}(s)$ は（上の行を s 倍して下の行に加えることに対応する）$i > j$ のとき下三角行列，$i < j$ のとき上三角行列である．

問 1 次の掛け算をせよ．

(1) $P_2\left(\dfrac{1}{2}\right)\begin{bmatrix} 1 & 2 & 3 \\ 2 & 4 & 8 \\ 3 & 6 & 9 \end{bmatrix}$　(2) $P_{31}(-3)\begin{bmatrix} 1 & 2 & 3 \\ 2 & 4 & 8 \\ 3 & 6 & 9 \end{bmatrix}$　(3) $P_{12}\begin{bmatrix} 1 & 2 & 3 \\ 2 & 4 & 8 \\ 3 & 6 & 9 \end{bmatrix}$

問 2 次を示せ．

(1) $P_i(a)P_j(b) = P_j(b)P_i(a)$　(2) $P_{ij}(a)P_{ik}(b) = P_{ik}(b)P_{ij}(a)$

(3) $P_{ij}(a)P_{kj}(b) = P_{kj}(b)P_{ij}(a)$　(4) $P_{ij} = P_i(-1)P_{ji}(1)P_{ij}(-1)P_{ji}(1)$

基本変形 $sr_i, r_i + sr_j, r_i \leftrightarrow r_j$ の逆変形はそれぞれ $s^{-1}r_i, r_i - sr_j, r_i \leftrightarrow r_j$ であり，基本行列の逆行列はこれらに対応した基本行列となる．即ち，

定理 2.1（基本行列の逆行列）

基本行列は正則で，その逆行列は同じ型の基本行列である．

$$P_i(s)^{-1} = P_i\left(\frac{1}{s}\right) = P_i(s^{-1}), \quad P_{ij}(s)^{-1} = P_{ij}(-s), \quad P_{ij}^{-1} = P_{ij}$$

掃き出しは行基本変形に対応する基本行列を順次左から掛けたものになっている．正則行列の積は正則だから，掃き出しは基本行列の積である正則行列を左から掛けることに相当する．

列基本変形

行基本変形の「行」を「列」に置き換えて，行列の**列基本変形**が次の様に定義される：

列基本変形

第 j 列（column j）を c_j と表すとき，$i \neq j$ として，

[C1] ある列 c_i に 0 でない数 s を掛ける（記号：sc_i）

[C2] ある列 c_j に他の列 c_i の s 倍を加える（記号：$c_j + sc_i$）

[C3] 2 つの列 c_i と c_j を入れ替える（記号：$c_i \leftrightarrow c_j$）

行列に列基本変形を施すことは基本行列を右から掛けることに対応する．即ち，

列基本変形と基本行列との積

$AP_i(s) = A$ の第 i 列を s 倍した行列（記号：sc_i）

$AP_{ij}(s) = A$ の第 j 列に第 i 列の s 倍を加えた行列（記号：$c_j + sc_i$）

$AP_{ij} = A$ の第 j 列と第 i 列を入れ替えた行列（記号：$c_i \leftrightarrow c_j$）

【証明】 $A = [\boldsymbol{a}_1 \ \cdots \ \boldsymbol{a}_n]$ に，列分割した基本行列を掛け，$A\boldsymbol{e}_j = \boldsymbol{a}_j$ を用いれば

$$AP_i(s) = [\ \cdots \ A(s\boldsymbol{e}_i) \ \cdots\ ] = [\ \cdots \ s\boldsymbol{a}_i \ \cdots\ ],$$

$$AP_{ij}(s) = [\ \cdots \ \overset{j}{A(\boldsymbol{e}_j + s\boldsymbol{e}_i)} \ \cdots\ ] = [\ \cdots \ \overset{j}{\boldsymbol{a}_j + s\boldsymbol{a}_i} \ \cdots\ ],$$

$$AP_{ij} = [\ \cdots \ \overset{i}{A\boldsymbol{e}_j} \ \cdots \ \overset{j}{A\boldsymbol{e}_i} \ \cdots\ ] = [\ \cdots \ \overset{i}{\boldsymbol{a}_j} \ \cdots \ \overset{j}{\boldsymbol{a}_i} \ \cdots\ ]$$ ■

2.3　階段行列と階数

この節では，行基本変形を繰り返して行列を簡単にしていくことにより，次に述べる階段行列といわれる行列に変形できることを示す．

行列の $\mathbf{0}$ でない各行について，0 でない一番左の成分をその行の**先頭成分**という．下の例の様に，下の行になるほど先頭成分が右にずれていく行列を**行階段型の行列**といい，その先頭成分を**軸成分**（または**軸**，**要**，**ピボット**），軸成分を含む列を**軸列**という．また特に左と中央の行列の様に，各行の軸成分が 1，同じ列の他の成分が 0，即ち軸列が基本ベクトルになっている行列を**階段行列**とよぶ：

$$\begin{bmatrix} 1 & 0 & 0 & 1 \\ 0 & 1 & 0 & 2 \\ 0 & 0 & 1 & 3 \end{bmatrix}, \quad \begin{bmatrix} 1 & 0 & -1 & 2 \\ 0 & 1 & -3 & 1 \\ 0 & 0 & 0 & 0 \end{bmatrix}, \quad \begin{bmatrix} 1 & 0 & -1 & 2 \\ 0 & 1 & -3 & 1 \\ 0 & 0 & 0 & 2 \end{bmatrix} \tag{2.1}$$

（これらは，例 2.1，例 2.2 で $c = 3$, $c = 5$ とした行列の最終形である．）

より詳しくいうと，$m \times n$ 行列 B が $B = O$ であるか，または

[E1]　第 1 行から第 r 行は零ベクトル $\mathbf{0}$ でなく，第 $r+1$ 行から下は $\mathbf{0}$ である．（$1 \leqq r \leqq m$, $r = m$ なら全ての行は $\mathbf{0}$ でない．）

[E2]　第 i 行（$i \leqq r$）の先頭成分を（i, q_i）成分とすると
$1 \leqq q_1 < q_2 < \cdots < q_r \leqq n$ である．（軸列は第 $q_1, q_2, \ldots, q_r$ 列である．）

をみたすとき**行階段型の行列**といい，特に，**[E1]**, **[E2]** および，

[E3]　第 q_i 列は基本ベクトル $\boldsymbol{e}_i$ である．（i 番目の軸列は $\boldsymbol{e}_i$ である．）

をみたすとき B を**階段行列**という．零行列 O も階段行列とする．（本書の行階段型行列（matrix in row echelon form）を階段行列とよび，本書の階段行列（reduced echelon matrix）を被約階段行列とよぶ教科書もある．）

ここに現れる r（$=B$ の $\mathbf{0}$ でない行数 = 階段の段数 = 軸列の個数）を階段行列や行階段型行列 B の**階数**（rank）といい $\operatorname{rank} B$ と表す．但し零行列 O の

階数は 0 とする．($\operatorname{rank} O = 0$.) また，軸列の番号の組 $(q_1, q_2, \ldots, q_r)$ は階段行列や行階段型行列の**型**といわれるが，本書では単に「階段行列 B の軸列が $q_1, q_2, \ldots, q_r$」の様にいうことにする．

上の (2.1) 式の，左の行列は階数が 3，軸列は 1, 2, 3, 中央の行列は階数が 2, 軸列は 1, 2，右の行列は階数が 3，軸列は 1, 2, 4 である．

例 2.4 **(階段行列)** 上の行列は 4×8 階段行列で，階数が 3，$q_1 = 2$, $q_2 = 4$, $q_3 = 7$，即ち，軸列は 2, 4, 7 であり，下は階段行列の一般形である：

$$\begin{array}{c} \begin{array}{cccccccc} & q_1 & & q_2 & & & q_3 & \\ & \downarrow & & \downarrow & & & \downarrow & \end{array} \\ \left[\begin{array}{cccccccc} 0 & 1 & 2 & 0 & 3 & 5 & 0 & 0 \\ 0 & 0 & 0 & 1 & 4 & 0 & 0 & 1 \\ & & & 0 & 0 & 0 & 1 & 0 \\ & & & & & & 0 & 0 \end{array}\right], \end{array}$$

$$\begin{array}{c} \begin{array}{ccccc} q_1 & & q_2 & \cdots & q_r \\ \downarrow & & \downarrow & & \downarrow \end{array} \\ \left[\begin{array}{ccccc} 1 & * & 0 & & 0 \\ & & 1 & * & \vdots & * \\ & & & \ddots & 0 \\ & & & & 1 \end{array}\right] \end{array} = \begin{array}{c} \begin{array}{ccccccc} q_1 & & q_2 & \cdots & q_r & & \end{array} \\ \left[\begin{array}{ccccccc} \boldsymbol{e}_1 & * & \boldsymbol{e}_2 & \cdots & \boldsymbol{e}_r & \cdots \end{array}\right] \end{array} \qquad \square$$

行階段型の行列を列ベクトルについて見てみると，$1 < q_1$ ならば第 $1, \ldots, q_1 - 1$ 列は $\mathbf{0}$ であり，$q_i \leqq j < q_{i+1}$ のとき第 j 列の第 $i+1$ 行以下の成分は全て 0 である．(但し $q_{r+1} = n + 1$ とする．)

注意 2.3 行階段型の行列，特に階段行列は上三角行列であり，その階数は $\mathbf{0}$ でない行の個数なので **階数** $\leqq$ **行数** である．また，軸列の個数でもあるので **階数** $\leqq$ **列数** である．特に，階数が次数に等しい正方階段行列は単位行列である．

■ **例題 2.5**

$$A = \begin{bmatrix} 0 & 1 & 1 & 2 & 3 \\ 0 & 2 & 2 & 4 & 6 \\ 0 & -2 & -2 & 0 & 2 \end{bmatrix} \text{ を階段行列に変形せよ.}$$

【解答】　左側に基本変形を，中央に行列を，右側に基本行列との積を書いた表を作ると

基本変形	行　　列	基本行列との積	基本変形	行　　列	基本行列との積
	$\begin{matrix} 0 & ① & 1 & 2 & 3 \\ 0 & 2 & 2 & 4 & 6 \\ 0 & -2 & -2 & 0 & 2 \end{matrix}$	$= A$	$\begin{matrix} \\ r_2 - 2r_1 \\ r_3 + 2r_1 \end{matrix}$	$\begin{matrix} 0 & 1 & 1 & 2 & 3 \\ 0 & 0 & 0 & 0 & 0 \\ 0 & 0 & 0 & ④ & 8 \end{matrix}$	$\begin{matrix} P_{31}(2)P_{21}(-2)A \\ = A_1 \end{matrix}$
$r_2 \leftrightarrow r_3$	$\begin{matrix} 0 & 1 & 1 & 2 & 3 \\ 0 & 0 & 0 & ④ & 8 \\ 0 & 0 & 0 & 0 & 0 \end{matrix}$	$P_{23}A_1 = A_2$	$\frac{1}{4}r_2$	$\begin{matrix} 0 & 1 & 1 & 2 & 3 \\ 0 & 0 & 0 & ① & 2 \\ 0 & 0 & 0 & 0 & 0 \end{matrix}$	$P_2(\frac{1}{4})A_2 = A_3$
$r_1 - 2r_2$	$\begin{matrix} 0 & 1 & 1 & 0 & -1 \\ 0 & 0 & 0 & 1 & 2 \\ 0 & 0 & 0 & 0 & 0 \end{matrix}$	$\begin{matrix} P_{12}(-2)A_3 \\ = A_4 = B \end{matrix}$		$B = \begin{bmatrix} 0 & 1 & 1 & 0 & -1 \\ 0 & 0 & 0 & 1 & 2 \\ 0 & 0 & 0 & 0 & 0 \end{bmatrix}$	

より B が求める階段行列で，特に $\operatorname{rank} B = 2$. 軸列は 2, 4.

　このとき $P = P_{12}(-2)P_2(\frac{1}{4})P_{23}P_{31}(2)P_{21}(-2)$ とすれば $PA = B$ となる.　■

　この様に，行列 A を階段行列 B へ変形するには，B の軸列となる列（A の**軸列**という）を探し出し，その列の 0 でない成分を選び（軸の選択という），必要があれば行交換により B の軸の位置にあたる行に移動して軸成分を 0 でない様にしてから掃き出せばよい.

定理 2.2（行簡約化定理）

　行列 A は行基本変形を繰り返すことにより，階段行列 B に変形できる.特に，（行基本変形に対応する基本行列の積である）正則行列 P が存在して次の様に表せる：

$$B = PA \qquad （P \text{ は基本行列の積である正則行列}）$$

【証明】　$m \times n$ 行列 $A \neq O$ を次の様に行の交換と掃き出し法を用いて

$$A \to A_1 \to A_2 \to \cdots \to A_r = B$$

と変形を繰り返して B を得る：（$A = O$ のときはすでに階段行列になっている.）

(I-1)（軸の選択）：A の列を第 1 列から順に見て，$\mathbf{0}$ でない最初の列を第 q_1 列とし，この列の 0 でない成分（(p_1, q_1) 成分）を選ぶ．

(I-2)（行交換）：$p_1 > 1$ なら第 1 行と第 p_1 行を交換する．（このとき $(1, q_1)$ 成分は 0 でなく，$q_1 > 1$ なら第 q_1 列より左の列は $\mathbf{0}$ である．）

(I-3)（掃き出し）：$(1, q_1)$ 成分を 1 にして第 q_1 列を掃き出し，得られた行列を A_1 とする．（A_1 の第 q_1 列は $\boldsymbol{e}_1$ となる．）

(II-1)（軸の選択）：A_1 の 2 行目以下，第 $q_1 + 1$ 列以降を順に見て，第 2 行目以下が $\mathbf{0}$ でない最初の列を第 q_2 列とし，この列の 0 でない成分（(p_2, q_2) 成分，$p_2 \geqq 2$）を選ぶ．

(II-2)（行交換）：$p_2 > 2$ なら第 2 行と第 p_2 行を交換する．（このとき $(2, q_2)$ 成分は 0 でなく，第 q_2 列より左の列の 2 行目以下は $\mathbf{0}$ である．）

(II-3)（掃き出し）：$(2, q_2)$ 成分を 1 にして第 q_2 列を掃き出し，得られた行列を A_2 とする．（A_2 の第 q_2 列は $\boldsymbol{e}_2$ となる．）

以下，帰納的に A_{k-1} が得られたとして同様に，

(k-1)（軸の選択）：A_{k-1} の k 行目以下，第 $q_{k-1} + 1$ 列以降を順に見て，k 行目以下が $\mathbf{0}$ でない最初の列を第 q_k 列とし，この列の 0 でない成分（(p_k, q_k) 成分，$p_k \geqq k$）を選ぶ．

(k-2)（行交換）：$p_k > k$ なら第 k 行と第 p_k 行を交換する．（このとき (k, q_k) 成分は 0 でなく，第 q_k 列より左の列の k 行目以下は $\mathbf{0}$ である．）

(k-3)（掃き出し）：(k, q_k) 成分を 1 にして第 q_k 列を掃き出し，得られた行列を A_k とする．（A_k の第 q_k 列は $\boldsymbol{e}_k$ となる．）

この変形を可能な限り繰り返して第 r 段階の A_r で完了したとする．このとき A_r が求める階段行列 B になっている．（$r < m$ ならば $r + 1$ 行目以下は $\mathbf{0}$ である．）

階段行列は行交換と掃き出しを用いて構成されるので，B は基本変形に対応する基本行列 $P_1, P_2, \ldots, P_k$ の積である正則行列 P を左から A に掛けたものになっている．即ち，

$$
\begin{aligned}
B &= P_k P_{k-1} \cdots P_1 A = PA, \\
P &= P_k P_{k-1} \cdots P_1
\end{aligned}
$$
■

注意 2.4 階段行列は掃き出しと行交換を用いて構成されるので A が実行列ならば階段行列 B も実行列になる．また，A が有理行列ならば B も有理行列になる．

以下，行基本変形を繰り返すことを単に**行変形**ともいう．行列 A を行変形して階段行列に変形する仕方は幾通りもある．例えば，軸の選択後，掃き出しを行ってから行交換をしても良い．にもかかわらず次が示せる．

定理 2.3（階段行列の一意性）

行列 A の階段行列および階数は変形の仕方によらず一意的に定まる．

この定理の証明は補足 2.8.2 で述べる．

この定理により，以後，A から一意的に得られる階段行列 B を「**A の階段行列**」ということにする．また，B の軸列（第 $q_1, \ldots, q_r$ 列）に対応する A の列（第 $q_1, \ldots, q_r$ 列）を **A の軸列**ということにし，行列 A の**階数**を，A の階段行列 B の階数と定め $\operatorname{rank} A$ と表す．即ち

階数

$$\begin{aligned}\operatorname{rank} A &= \operatorname{rank} B \\ &= A \text{ の階段行列 } B \text{ の零ベクトルでない行の個数} \\ &= B \text{ の軸列の個数} = A \text{ の軸列の個数}\end{aligned}$$

注意 2.5 行階段型の行列は各軸成分を 1 にして列を掃き出せば階段行列になるので，この変形によりこれらの階数，軸の位置，および軸列は変わらない．

また，行列を行階段型の行列に変形するには階段行列への変形と同様に軸の選択（と必要があれば行交換）を行った後に軸成分より下を掃き出す．即ち，軸成分より下の成分を 0 にすればよい．従って階数を求めるなら行階段型の行列に変形すればよく，一般には階段行列に変形するよりも計算量が少なくて済む．

問 3 次の行列の階段行列と階数を求めよ．

(1) $\begin{bmatrix} 1 & 2 & 1 & 2 \\ 2 & 4 & 1 & 11 \\ 3 & 6 & 4 & -1 \end{bmatrix}$ (2) $\begin{bmatrix} 1 & 2 & 2 & 0 \\ 2 & 4 & 4 & 3 \\ -1 & -1 & 1 & 0 \end{bmatrix}$ (3) $\begin{bmatrix} 1 & 2 & 2 & 0 \\ 1 & -1 & 1 & 2 \\ 3 & 0 & 4 & 4 \end{bmatrix}$

2.4　連立一次方程式の一般的解法

連立一次方程式 $A\boldsymbol{x} = \boldsymbol{b}$ は，2.1 節の **例 2.1** と **例 2.2** で見た様に，拡大係数行列 $[A, \boldsymbol{b}]$ に行基本変形を繰り返して，係数行列 A の部分を階段行列 B に簡約化することにより解けることを示そう．一般に，正則行列 P に対し，

$$A\boldsymbol{x} = \boldsymbol{b} \quad \Leftrightarrow \quad PA\boldsymbol{x} = P\boldsymbol{b}$$

が，$\Rightarrow$ は P を，$\Leftarrow$ は P^{-1} を左から両辺に掛けることにより分かる．即ち，これらは同じ解をもつ．行簡約化定理 2.2 により A を階段行列 B に変形すると

$$[A, \boldsymbol{b}] \quad \xrightarrow[\text{行簡約化}]{P} \quad [PA, P\boldsymbol{b}] = [B, \boldsymbol{d}] \quad (B = PA,\ \boldsymbol{d} = P\boldsymbol{b})$$

方程式は $B\boldsymbol{x} = \boldsymbol{d}$ と変形されているので，$B\boldsymbol{x} = \boldsymbol{d}$ を解けばよい．

まず係数行列が階段行列になったときの解法例をみてみよう．

例 2.6 **(係数行列が階段行列である方程式)**

(1) c を定数とし，拡大係数行列が

$$[B, \boldsymbol{d}] = \begin{bmatrix} 1 & 0 & 2 & -1 & 5 \\ 0 & 1 & -3 & 2 & -4 \\ 0 & 0 & 0 & 0 & 0 \\ 0 & 0 & 0 & 0 & c \end{bmatrix} = \begin{bmatrix} B' & \boldsymbol{d}' \\ O & \boldsymbol{d}'' \end{bmatrix} = \begin{bmatrix} E_2 & C & \boldsymbol{d}' \\ O & O & \boldsymbol{d}'' \end{bmatrix} = \begin{bmatrix} \boldsymbol{e}_1 & \boldsymbol{e}_2 & \boldsymbol{c}_1 & \boldsymbol{c}_2 & \boldsymbol{d}' \\ \boldsymbol{0} & \boldsymbol{0} & \boldsymbol{0} & \boldsymbol{0} & \boldsymbol{d}'' \end{bmatrix}$$

であるとする．このとき $[B, \boldsymbol{d}]$ の第 4 行は方程式 $0 = c$ を表している．

従って $c \neq 0$ のときは $0 = c$ に矛盾するので解なし．このとき $\boldsymbol{d}'' \neq \boldsymbol{0}$ であり，$\mathrm{rank}[B, \boldsymbol{d}] = 3 > \mathrm{rank}\, A = 2$.

$c = 0,\ \therefore\ \boldsymbol{d}'' = \boldsymbol{0}$ のとき，$\mathrm{rank}[B, \boldsymbol{d}] = 2 = \mathrm{rank}\, A$ で，第 3, 4 行は $0 = 0$ を表し，第 1, 2 行は方程式

$$\begin{cases} x_1 \qquad + 2x_3 - \ \ x_4 = \ \ 5 \\ \qquad x_2 - 3x_3 + 2x_4 = -4 \end{cases}$$

を表す．x_1, x_2 の係数を 1 にしたのでこれらの項を残し，他の項を右辺に移項する．x_3, x_4 は任意の値をとれるので，t_1, t_2 を任意定数とし $x_3 = t_1$, $x_4 = t_2$ とおけば次の解を得る：

$$\begin{cases} x_1 = -2t_1 + \ \ t_2 + 5 \\ x_2 = \ \ 3t_1 - 2t_2 - 4 \\ x_3 = \ \ t_1 \\ x_4 = \ \ t_2 \end{cases}, \quad \boldsymbol{x} = \begin{bmatrix} x_1 \\ x_2 \\ x_3 \\ x_4 \end{bmatrix} = \begin{bmatrix} -2 \\ 3 \\ 1 \\ 0 \end{bmatrix} t_1 + \begin{bmatrix} 1 \\ -2 \\ 0 \\ 1 \end{bmatrix} t_2 + \begin{bmatrix} 5 \\ -4 \\ 0 \\ 0 \end{bmatrix}$$

$\boldsymbol{c}_1 = \begin{bmatrix} 2 \\ -3 \end{bmatrix}, \boldsymbol{c}_2 = \begin{bmatrix} -1 \\ 2 \end{bmatrix}, \boldsymbol{d}' = \begin{bmatrix} 5 \\ -4 \end{bmatrix}$ だったので，解は

$$\boldsymbol{x} = \boldsymbol{x}_1 t_1 + \boldsymbol{x}_2 t_2 + \widetilde{\boldsymbol{d}}, \quad \boldsymbol{x}_1 = \begin{bmatrix} -\boldsymbol{c}_1 \\ \boldsymbol{e}_1 \end{bmatrix}, \ \boldsymbol{x}_2 = \begin{bmatrix} -\boldsymbol{c}_2 \\ \boldsymbol{e}_2 \end{bmatrix}, \ \widetilde{\boldsymbol{d}} = \begin{bmatrix} \boldsymbol{d}' \\ \boldsymbol{0} \end{bmatrix}$$

と表せる．即ち解は $[B, \boldsymbol{d}]$ から直接書き表せることに注意しておく．

(2) 拡大係数行列 $[B, \boldsymbol{d}]$ と方程式 $B\boldsymbol{x} = \boldsymbol{d}$ が

$$[B, \boldsymbol{d}] = \left[\begin{array}{cccc:c} 1 & 2 & 0 & -3 & 5 \\ 0 & 0 & 1 & 2 & -4 \end{array}\right] = [\boldsymbol{e}_1\ \boldsymbol{c}_1\ \boldsymbol{e}_2\ \boldsymbol{c}_2\ \boldsymbol{d}], \qquad \begin{cases} x_1 + 2x_2 \qquad\quad - 3x_4 = \ \ 5 \\ \qquad\qquad\quad x_3 + 2x_4 = -4 \end{cases}$$

のとき，B の第2列と第3列を交換して B' とすれば，

$$[B', \boldsymbol{d}] = \left[\begin{array}{cccc:c} 1 & 0 & 2 & -3 & 5 \\ 0 & 1 & 0 & 2 & -4 \end{array}\right] = [\boldsymbol{e}_1\ \boldsymbol{e}_2\ \boldsymbol{c}_1\ \boldsymbol{c}_2\ \boldsymbol{d}], \qquad \begin{cases} x_1 \qquad\quad + 2x_2 - 3x_4 = \ \ 5 \\ \qquad x_3 \qquad\quad + 2x_4 = -4 \end{cases}$$

B' は，未知数 x_1, x_2, x_3, x_4 の順序を並べ替えて x_1, x_3, x_2, x_4 とし，これを $\boldsymbol{y} = {}^t[y_1\ y_2\ y_3\ y_4]$ とおいたときの方程式 $B'\boldsymbol{y} = \boldsymbol{d}$ の係数行列になり，(1) と同じ形に帰着されるので，(1) の最後の注意に従い $[B', \boldsymbol{d}]$ から解を書き下すと

$$\boldsymbol{y} = \begin{bmatrix} -\boldsymbol{c}_1 \\ \boldsymbol{e}_1 \end{bmatrix} t_1 + \begin{bmatrix} -\boldsymbol{c}_2 \\ \boldsymbol{e}_2 \end{bmatrix} t_2 + \begin{bmatrix} \boldsymbol{d} \\ \boldsymbol{0} \end{bmatrix} = \begin{bmatrix} -2 \\ 0 \\ 1 \\ 0 \end{bmatrix} t_1 + \begin{bmatrix} 3 \\ -2 \\ 0 \\ 1 \end{bmatrix} t_2 + \begin{bmatrix} 5 \\ -4 \\ 0 \\ 0 \end{bmatrix}$$

第2，第3行を交換して行を元の順に並べ替えれば解を得る：

$$\boldsymbol{y} = \begin{bmatrix} y_1 \\ y_2 \\ y_3 \\ y_4 \end{bmatrix} = \begin{bmatrix} x_1 \\ x_3 \\ x_2 \\ x_4 \end{bmatrix} \Longrightarrow \boldsymbol{x} = \begin{bmatrix} x_1 \\ x_2 \\ x_3 \\ x_4 \end{bmatrix} = \begin{bmatrix} -2 \\ 1 \\ 0 \\ 0 \end{bmatrix} t_1 + \begin{bmatrix} 3 \\ 0 \\ -2 \\ 1 \end{bmatrix} t_2 + \begin{bmatrix} 5 \\ 0 \\ -4 \\ 0 \end{bmatrix}$$

一般的解法に戻り，連立一次方程式の未知数は n 個，方程式数は m 個，即ち，係数行列 A は $m \times n$ 行列とし，B は A の階段行列で，

$$\operatorname{rank} A = \operatorname{rank} B = r, \quad s = n - r = n - \operatorname{rank} A$$

として $B\boldsymbol{x} = \boldsymbol{d}$ を解こう．

「$\operatorname{rank} A = r < m =$ 方程式数」のとき B, $\boldsymbol{d}$ は

$$B = PA = \begin{bmatrix} B' \\ O \end{bmatrix} \begin{matrix} \}\,r \\ \}\,m-r \end{matrix}, \quad \boldsymbol{d} = P\boldsymbol{b} = \begin{bmatrix} \boldsymbol{d}' \\ \boldsymbol{d}'' \end{bmatrix} \begin{matrix} \}\,r \\ \}\,m-r \end{matrix}$$

と分割され，方程式 $B\boldsymbol{x}=\boldsymbol{d}$ は $B'\boldsymbol{x}=\boldsymbol{d}'$, $O\boldsymbol{x}=\boldsymbol{d}''$ と分割される．

場合 1：　$m>r$, $\boldsymbol{d}''\neq\boldsymbol{0}$（$\Leftrightarrow d_{r+1},\dots,d_m$ の中に 0 でない d_j がある）とき：

これは $\boldsymbol{0}=O\boldsymbol{x}=\boldsymbol{d}''$ に矛盾するのでこの方程式は解をもたない．このとき $[A,\boldsymbol{b}]$ の階段行列は $[B,\boldsymbol{e}_{r+1}]$ となるので

$$\mathrm{rank}[A,\boldsymbol{b}]=\mathrm{rank}[B,\boldsymbol{e}_{r+1}]=r+1$$

ここで $\mathrm{rank}\,A=r$ より

$$\mathrm{rank}[A,\boldsymbol{b}]>\mathrm{rank}\,A \tag{2.2}$$

場合 2：　場合 1 以外，即ち，$m-r>0$ で $\boldsymbol{d}''=\boldsymbol{0}$，または $r=m$ のとき：このときいずれの場合も $\mathrm{rank}[A,\boldsymbol{b}]=\mathrm{rank}\,A$ となっている．$m=r$ のときは $B'=B$, $\boldsymbol{d}'=\boldsymbol{d}$ として方程式 $B'\boldsymbol{x}=\boldsymbol{d}'$ が解けることを示す．まず，

場合 2.1：

$$\left[B',\boldsymbol{d}'\right]=\left[E_r,C,\boldsymbol{d}'\right]=\begin{bmatrix}1 & & & c_{1,1} & \cdots & c_{1,s} & d_1\\ & \ddots & & \vdots & \vdots & \vdots & \vdots\\ & & 1 & c_{r,1} & \cdots & c_{r,s} & d_r\end{bmatrix} \tag{2.3}$$

（$c_{i,j}=b_{i,r+j}$，$1\leqq i\leqq r$，$1\leqq j\leqq s=n-r$）となる場合を考える．但し $r=n$ のときは C の部分はなく $B'=E_r$ である．このとき方程式は

$$\begin{cases}x_1 \qquad\qquad + c_{1,1}x_{r+1}+\cdots+c_{1,s}x_n=d_1\\ \quad\ddots \qquad\qquad\qquad \cdots \qquad\qquad\quad \vdots\\ \qquad\qquad x_r+c_{r,1}x_{r+1}+\cdots+c_{r,s}x_n=d_r\end{cases}$$

となっていて，これは次の様に簡単に解くことができる：

$x_1,\dots,x_r$ の係数が 1 になる様に変形したのでこれらを残し，$x_{r+1},\dots,x_n$ の項を右辺に移項する．$x_{r+1},\dots,x_n$ の値は任意でよいので $t_1,\dots,t_s$ を任意の定数として，$x_{r+1},\dots,x_n$ に代入すれば次の解を得る：

$$\begin{cases}x_1 &= -c_{1,1}t_1-\cdots-c_{1,s}t_s+d_1\\ \vdots & \qquad\qquad\qquad\qquad \vdots\\ x_r &= -c_{r,1}t_1-\cdots-c_{r,s}t_s+d_r\\ x_{r+1} &= \qquad t_1\\ \vdots & \qquad\qquad \ddots\\ x_n &= \qquad\qquad\qquad t_s\end{cases}$$

これをベクトルで表せば，

$$\begin{bmatrix} x_1 \\ \vdots \\ x_r \\ x_{r+1} \\ x_{r+2} \\ \vdots \\ x_n \end{bmatrix} = \begin{bmatrix} -c_{1,1} \\ \vdots \\ -c_{r,1} \\ 1 \\ 0 \\ \vdots \\ 0 \end{bmatrix} t_1 + \begin{bmatrix} -c_{1,2} \\ \vdots \\ -c_{r,2} \\ 0 \\ 1 \\ \vdots \\ 0 \end{bmatrix} t_2 + \cdots + \begin{bmatrix} -c_{1,s} \\ \vdots \\ -c_{r,s} \\ 0 \\ 0 \\ \vdots \\ 1 \end{bmatrix} t_s + \begin{bmatrix} d_1 \\ \vdots \\ d_r \\ 0 \\ 0 \\ \vdots \\ 0 \end{bmatrix}$$

即ち，$C = [\boldsymbol{c}_1 \ \cdots \ \boldsymbol{c}_s]$ とし，$\boldsymbol{e}_i$ を s 次元の基本ベクトルとするとき，

$$\begin{aligned} \boldsymbol{x} &= \begin{bmatrix} -\boldsymbol{c}_1 \\ \boldsymbol{e}_1 \end{bmatrix} t_1 + \begin{bmatrix} -\boldsymbol{c}_2 \\ \boldsymbol{e}_2 \end{bmatrix} t_2 + \cdots + \begin{bmatrix} -\boldsymbol{c}_s \\ \boldsymbol{e}_s \end{bmatrix} t_s + \begin{bmatrix} \boldsymbol{d}' \\ \boldsymbol{0} \end{bmatrix} \\ &= \boldsymbol{x}_1 t_1 + \boldsymbol{x}_2 t_2 + \cdots + \boldsymbol{x}_{n-r} t_{n-r} + \widetilde{\boldsymbol{d}} \quad \left(\boldsymbol{x}_i = \begin{bmatrix} -\boldsymbol{c}_i \\ \boldsymbol{e}_i \end{bmatrix}, \ \widetilde{\boldsymbol{d}} = \begin{bmatrix} \boldsymbol{d}' \\ \boldsymbol{0} \end{bmatrix} \right) \end{aligned} \tag{2.4}$$

となり，方程式 $A\boldsymbol{x} = \boldsymbol{b}$ の全ての解を得た．$r = n$ のときは $B' = E_n$ であり唯1つの解 $\boldsymbol{x} = \boldsymbol{d}'$ を得る．

場合 2.2： B が一般の階段行列のとき：軸列である第 $q_1, \ldots, q_r$ 列の $\boldsymbol{e}_1, \ldots, \boldsymbol{e}_r$ を第 $1, \ldots, r$ 列に移動する．残りの列は 第 $r+1, \ldots, n$ 列に移り，(2.3) 式と同じ $\begin{bmatrix} E_r & C & \boldsymbol{d}' \\ O & O & \boldsymbol{0} \end{bmatrix}$ の形になる．この操作は未知数 $x_1, \ldots, x_n$ の順序を入れ替えて $y_1 = x_{q_1}, \ldots, y_r = x_{q_r}$ とし，残りの x_i を順に $y_{r+1}, \ldots, y_n$ としたものの係数行列に対応している．このとき，$\boldsymbol{x}$ を $\boldsymbol{y} = {}^t[y_1 \ \cdots \ y_n]$ で置き換えれば上記と全く同様のことが成り立つ．即ち，

$$\boldsymbol{y} = \begin{bmatrix} -\boldsymbol{c}_1 \\ \boldsymbol{e}_1 \end{bmatrix} t_1 + \cdots + \begin{bmatrix} -\boldsymbol{c}_s \\ \boldsymbol{e}_s \end{bmatrix} t_s + \begin{bmatrix} \boldsymbol{d}' \\ \boldsymbol{0} \end{bmatrix} = \boldsymbol{y}_1 t_1 + \cdots + \boldsymbol{y}_{n-r} t_{n-r} + \widetilde{\boldsymbol{d}}'$$

と解が得られ，これを元の順に戻すことにより，全ての解

$$\boldsymbol{x} = \boldsymbol{x}_1 t_1 + \boldsymbol{x}_2 t_2 + \cdots + \boldsymbol{x}_{n-r} t_{n-r} + \widetilde{\boldsymbol{d}} \quad (r = \operatorname{rank} A)$$

が得られる． □

注意 2.6 階段行列 B の軸列でない各列（$j \neq q_1, \ldots, q_r$ である第 j 列）に対応する未知数 x_j が任意定数に置き換わる．従って解に現れる $\boldsymbol{x}_1, \ldots, \boldsymbol{x}_{n-r}$ は各 $j \neq q_1, \ldots, q_r$ について第 j 行が1のベクトルになっている．また，未知数の順序を $\boldsymbol{x}$ から $\boldsymbol{y}$ に並べ替える操作を行列 $X = [\boldsymbol{x}_1 \ \cdots \ \boldsymbol{x}_{n-r}]$ に施すと行の順序を並べ替える操作になり，

$$Y = [\boldsymbol{y}_1 \ \cdots \ \boldsymbol{y}_{n-r}] = \begin{bmatrix} -\boldsymbol{c}_1 & \cdots & -\boldsymbol{c}_{n-r} \\ \boldsymbol{e}_1 & \cdots & \boldsymbol{e}_{n-r} \end{bmatrix} = \begin{bmatrix} -C \\ E_{n-r} \end{bmatrix}$$

となっている．

$$\boldsymbol{x} = t_1\boldsymbol{x}_1 + t_2\boldsymbol{x}_2 + \cdots + t_{n-r}\boldsymbol{x}_{n-r} + \widetilde{\boldsymbol{d}} \qquad (r = \operatorname{rank} A) \tag{2.5}$$

の形の全ての解を方程式 $A\boldsymbol{x} = \boldsymbol{b}$ の**一般解**という．また，$\widetilde{\boldsymbol{d}}$ は 1 つの解になっており，$A\boldsymbol{x} = \boldsymbol{b}$ の**特殊解**という．$\operatorname{rank} A = r = n$ のときは $\boldsymbol{x}_1, \ldots, \boldsymbol{x}_{n-r}$ の部分はなく $\widetilde{\boldsymbol{d}}$ が唯 1 つの解になる．この場合は一般解は $\widetilde{\boldsymbol{d}}$ である．

$\operatorname{rank} A = r < n$ のとき，$\boldsymbol{x}_1, \ldots, \boldsymbol{x}_{n-r}$ を $A\boldsymbol{x} = \boldsymbol{b}$ の**基本解**という．

また，$A\boldsymbol{x} = \boldsymbol{b}$ の全ての解を表すのに必要な任意定数の個数

$$n - r = n - \operatorname{rank} A$$

を**解の自由度**という．これは基本解の個数に一致している．

以上をまとめて次の定理を得た．

定理 2.4（連立一次方程式の解）

未知数が n 個の連立一次方程式 $A\boldsymbol{x} = \boldsymbol{b}$ において次が成り立つ．

(1)　$\operatorname{rank}[A, \boldsymbol{b}] > \operatorname{rank} A$ のとき $A\boldsymbol{x} = \boldsymbol{b}$ は解をもたない．

(2)　$\operatorname{rank}[A, \boldsymbol{b}] = \operatorname{rank} A = n$ のとき $A\boldsymbol{x} = \boldsymbol{b}$ は唯 1 つの解をもつ．

(3)　$\operatorname{rank}[A, \boldsymbol{b}] = \operatorname{rank} A < n$ のとき $A\boldsymbol{x} = \boldsymbol{b}$ は無限個の解をもち，解の自由度は $n - \operatorname{rank} A$ である．

問 4　係数行列 A が正方行列である連立一次方程式 $A\boldsymbol{x} = \boldsymbol{b}$ が唯 1 つの解をもつことと A が正則であることは同値であることを示せ．

注意 2.7　$[A, \boldsymbol{b}]$ が実行列（有理行列）のときは $[B, \boldsymbol{d}]$ も実行列（有理行列）になる．連立一次方程式の解は $[B, \boldsymbol{d}]$ の列ベクトルと基本ベクトルより構成されるので，実係数の連立一次方程式で，定数項も全て実数ならばその特殊解および基本解も実ベクトルにとれる．また，係数および定数項が全て有理数ならば特殊解および基本解も有理ベクトルにとれる．

$[B, \boldsymbol{d}]$ は $[A, \boldsymbol{b}]$ から計算機を用いて計算できる．従って連立一次方程式の特殊解と基本解の組も計算機を用いて計算できる．

$A\boldsymbol{x}=\boldsymbol{b}$ の基本解は A の階段行列 B から取り出した $\boldsymbol{c}_i$ と $\boldsymbol{e}_i$ から作られており，$\boldsymbol{b}$ によらずに定まっている．特に $\boldsymbol{b}=\boldsymbol{0}$ のとき $\boldsymbol{d}=P\boldsymbol{0}=\boldsymbol{0}$ より，$\boldsymbol{x}_1,\ldots,\boldsymbol{x}_{n-r}$ は

$$A\boldsymbol{x}=\boldsymbol{0}$$

の解になっている．この形の方程式を**同次形**，あるいは**斉次形**の連立一次方程式，または同次（連立）一次方程式，斉次（一次）方程式系などという．

このことを用いて連立一次方程式の解を検算することができる．

問5　$\boldsymbol{x}_1,\ldots,\boldsymbol{x}_s$ が $A\boldsymbol{x}=\boldsymbol{0}$ の解ならば，任意の定数 $t_1,\ldots,t_s$ に対し $\boldsymbol{x}_1t_1+\cdots+\boldsymbol{x}_st_s$ も $A\boldsymbol{x}=\boldsymbol{0}$ の解であり，$\widetilde{\boldsymbol{d}}$ が $A\boldsymbol{x}=\boldsymbol{b}$ の解ならば $\widetilde{\boldsymbol{d}}+\boldsymbol{x}_1t_1+\cdots+\boldsymbol{x}_st_s$ も $A\boldsymbol{x}=\boldsymbol{b}$ の解であることを示せ．

例題 2.7

連立一次方程式 $\begin{cases} x+\ y+\ z+\ w= & 1\\ 3x+4y+\ z+5w= & -1\\ 2x+\ y+4z\qquad = & 6\end{cases}$ を解け．

【解答】　拡大係数行列 $[A,\boldsymbol{b}]$ を作り，掃き出し法により係数行列 A の部分を階段行列 B に変形する：

	x	y	z	w	右辺
$[A,\boldsymbol{b}]=$	1	1	1	1	1
	3	4	1	5	-1
	2	1	4	0	6

基本変形	x	y	z	w	右辺
	1	1	1	1	1
r_2-3r_1	0	1	-2	2	-4
r_3-2r_1	0	-1	2	-2	4

基本変形	x	y	z	w	右辺
r_1-r_2	1	0	3	-1	5
	0	1	-2	2	-4
r_3+r_2	0	0	0	0	0

$$=\begin{bmatrix}\boldsymbol{e}_1 & \boldsymbol{e}_2 & \boldsymbol{c}_1 & \boldsymbol{c}_2 & \boldsymbol{d}'\\ 0&0&0&0&0\end{bmatrix}=[B,\boldsymbol{d}],\ \operatorname{rank}[A,\boldsymbol{b}]=\operatorname{rank}A=2<4=\text{未知数の個数}$$

よって，この方程式は無数の解をもち，解の自由度は $4-2=2$ である．

階段行列 B の軸列でない2つの列と定数項 $\boldsymbol{d}$ の第1, 2行 $\boldsymbol{c}_1$, $\boldsymbol{c}_2$, $\boldsymbol{d}'$ は

$$\boldsymbol{c}_1=\begin{bmatrix}3\\-2\end{bmatrix},\quad \boldsymbol{c}_2=\begin{bmatrix}-1\\2\end{bmatrix},\quad \boldsymbol{d}'=\begin{bmatrix}5\\-4\end{bmatrix}$$

である．このとき一般解は

$$\boldsymbol{x}=\begin{bmatrix}-\boldsymbol{c}_1\\ \boldsymbol{e}_1\end{bmatrix}s+\begin{bmatrix}-\boldsymbol{c}_2\\ \boldsymbol{e}_2\end{bmatrix}t+\begin{bmatrix}\boldsymbol{d}'\\ \boldsymbol{0}\end{bmatrix}=\begin{bmatrix}-3\\2\\1\\0\end{bmatrix}s+\begin{bmatrix}1\\-2\\0\\1\end{bmatrix}t+\begin{bmatrix}5\\-4\\0\\0\end{bmatrix}=\boldsymbol{x}_1s+\boldsymbol{x}_2t+\widetilde{\boldsymbol{d}}$$

なお，定数 s, t は任意なので $-s$, $-t$ に置き換えても解になる．このとき一般解は，

$$\boldsymbol{x} = \begin{bmatrix} \boldsymbol{c}_1 \\ -\boldsymbol{e}_1 \end{bmatrix} s + \begin{bmatrix} \boldsymbol{c}_2 \\ -\boldsymbol{e}_2 \end{bmatrix} t + \begin{bmatrix} \boldsymbol{d}' \\ \boldsymbol{0} \end{bmatrix} = \begin{bmatrix} 3 \\ -2 \\ -1 \\ 0 \end{bmatrix} s + \begin{bmatrix} -1 \\ 2 \\ 0 \\ -1 \end{bmatrix} t + \begin{bmatrix} 5 \\ -4 \\ 0 \\ 0 \end{bmatrix}$$

[検算] 元の方程式に代入して検算する．

特殊解 $\widetilde{\boldsymbol{d}} = {}^t[5\ -4\ 0\ 0]$ は $A\boldsymbol{x} = \boldsymbol{b}$ の解なのでこれに代入する：

$$A\widetilde{\boldsymbol{d}}: \begin{cases} 1\cdot 5 + 1(-4) + 1\cdot 0 + 1\cdot 0 = \ \ 1 \\ 3\cdot 5 + 4(-4) + 1\cdot 0 + 5\cdot 0 = -1 \\ 2\cdot 5 + 1(-4) + 4\cdot 0 + 0\cdot 0 = \ \ 6 \end{cases}, \quad \begin{bmatrix} 1 \\ 3 \\ 2 \end{bmatrix} 5 + \begin{bmatrix} 1 \\ 4 \\ 1 \end{bmatrix} (-4)\,(+\boldsymbol{0}) = \begin{bmatrix} 1 \\ -1 \\ 6 \end{bmatrix} = \boldsymbol{b}$$

基本解

$$\boldsymbol{x}_1 = \begin{bmatrix} -\boldsymbol{c}_1 \\ \boldsymbol{e}_1 \end{bmatrix} = {}^t[-3\ 2\ 1\ 0], \quad \boldsymbol{x}_2 = \begin{bmatrix} -\boldsymbol{c}_2 \\ \boldsymbol{e}_2 \end{bmatrix} = {}^t[1\ -2\ 0\ 1]$$

は $A\boldsymbol{x} = \boldsymbol{0}$ の解なのでこれに代入して，

$$A\boldsymbol{x}_1: \begin{cases} 1\cdot(-3) + 1\cdot 2 + 1\cdot 1 + 1\cdot 0 = 0 \\ 3\cdot(-3) + 4\cdot 2 + 1\cdot 1 + 5\cdot 0 = 0 \\ 2\cdot(-3) + 1\cdot 2 + 4\cdot 1 + 0\cdot 0 = 0 \end{cases}, \quad \begin{bmatrix} 1 \\ 3 \\ 2 \end{bmatrix} (-3) + \begin{bmatrix} 1 \\ 4 \\ 1 \end{bmatrix} 2 + \begin{bmatrix} 1 \\ 1 \\ 4 \end{bmatrix} = \begin{bmatrix} 0 \\ 0 \\ 0 \end{bmatrix}$$

$$A\boldsymbol{x}_2: \begin{cases} 1\cdot 1 + 1\cdot(-2) + 1\cdot 0 + 1\cdot 1 = 0 \\ 3\cdot 1 + 4\cdot(-2) + 1\cdot 0 + 5\cdot 1 = 0 \\ 2\cdot 1 + 1\cdot(-2) + 4\cdot 0 + 0\cdot 1 = 0 \end{cases}, \quad \begin{bmatrix} 1 \\ 3 \\ 2 \end{bmatrix} + \begin{bmatrix} 1 \\ 4 \\ 1 \end{bmatrix} (-2) + \begin{bmatrix} 1 \\ 5 \\ 0 \end{bmatrix} = \begin{bmatrix} 0 \\ 0 \\ 0 \end{bmatrix}$$

より得られた解は正しい．これらを $A\boldsymbol{x} = x_1\boldsymbol{a}_1 + \cdots + x_4\boldsymbol{a}_4$ の様に表すと，

$$\begin{aligned} A\widetilde{\boldsymbol{d}} &= 5\boldsymbol{a}_1 - 4\boldsymbol{a}_2 = \boldsymbol{b} \\ A\boldsymbol{x}_1 &= (-3)\boldsymbol{a}_1 + 2\boldsymbol{a}_2 + \boldsymbol{a}_3 = \boldsymbol{0} & \therefore\ \ \boldsymbol{a}_3 &= 3\boldsymbol{a}_1 - 2\boldsymbol{a}_2 \\ A\boldsymbol{x}_2 &= 1\boldsymbol{a}_1 - 2\boldsymbol{a}_2 + \boldsymbol{a}_4 = \boldsymbol{0} & \therefore\ \ \boldsymbol{a}_4 &= (-1)\boldsymbol{a}_1 + 2\boldsymbol{a}_2 \end{aligned}$$

■

問 6　次の連立一次方程式を解け．

(1) $\begin{cases} x + 2y + 3z = 1 \\ x + 3y + 4z = 1 \\ 2x + 5y + 7z = 2 \end{cases}$　　(2) $\begin{cases} x + 2y + 2z = 0 \\ x - y + z = 2 \\ 3x + 4z = 2 \end{cases}$

例題 2.8

連立一次方程式 $\begin{cases} 3x_2+3x_3-2x_4=-4 \\ x_1+x_2+2x_3+3x_4=2 \\ 2x_1+3x_2+5x_3+5x_4=3 \end{cases}$ を解け．

【解答】 拡大係数行列 $[A,\boldsymbol{b}]$ を作り，掃き出し法により係数行列 A の部分を階段行列 B に変形する．

	x_1	x_2	x_3	x_4	右辺
	0	3	3	−2	−4
$[A,\boldsymbol{b}]=$	1	1	2	3	2
	2	3	5	5	3

基本変形	x_1	x_2	x_3	x_4	右辺
	1	1	2	3	2
$r_1 \leftrightarrow r_2$	0	3	3	−2	−4
	2	3	5	5	3

基本変形	x_1	x_2	x_3	x_4	右辺
	1	1	2	3	2
	0	3	3	−2	−4
r_3-2r_1	0	①	1	−1	−1

第2列の軸として $(3,2)$ 成分を選び，第2行と第3行を入れ替える．

基本変形	x_1	x_2	x_3	x_4	右辺
	1	1	2	3	2
$r_2 \leftrightarrow r_3$	0	①	1	−1	−1
	0	3	3	−2	−4

基本変形	x_1	x_2	x_3	x_4	右辺
r_1-r_2	1	0	1	4	3
	0	1	1	−1	−1
r_3-3r_2	0	0	0	1	−1

基本変形	x_1	x_2	x_3	x_4	右辺
r_1-4r_3	1	0	1	0	7
r_2+r_3	0	1	1	0	−2
	0	0	0	1	−1

$$\text{rank}[A,\boldsymbol{b}]=\text{rank}\,A=3<4=\text{（未知数の個数）}$$

よって，この方程式は無数の解をもち，解の自由度は $4-3=1$ である．解を書き下すために，第3列と第4列を入れ替えて左側を E_3 にする．これは未知数 x_3, x_4 の項の順序を入れ替えることに相当するので

基本変形	x_1	x_2	x_4	x_3	右辺
	1	0	0	1	7
$c_3 \leftrightarrow c_4$	0	1	0	1	−2
	0	0	1	0	−1

$=[\boldsymbol{e}_1\ \ \boldsymbol{e}_2\ \ \boldsymbol{e}_3\ \ \boldsymbol{c}\ \ \boldsymbol{d}]$

t を任意定数，$\boldsymbol{c}={}^t[1\ 1\ 0]$（第4列），$\boldsymbol{d}'=\boldsymbol{d}={}^t[7\ -2\ 1]$（定数項）として，解を階段行列から直接書き下すと

$$\boldsymbol{y}=\begin{bmatrix} y_1 \\ y_2 \\ y_3 \\ y_4 \end{bmatrix}=\begin{bmatrix} x_1 \\ x_2 \\ x_4 \\ x_3 \end{bmatrix}=\begin{bmatrix} -\boldsymbol{c} \\ 1 \end{bmatrix}t+\begin{bmatrix} \boldsymbol{d}' \\ 0 \end{bmatrix}=\begin{bmatrix} -1 \\ -1 \\ 0 \\ 1 \end{bmatrix}t+\begin{bmatrix} 7 \\ -2 \\ -1 \\ 0 \end{bmatrix}\quad (=\boldsymbol{y}_1 t+\widetilde{\boldsymbol{d}'})$$

$$\boldsymbol{x}=\begin{bmatrix} x_1 \\ x_2 \\ x_3 \\ x_4 \end{bmatrix}=\begin{bmatrix} -1 \\ -1 \\ 1 \\ 0 \end{bmatrix}t+\begin{bmatrix} 7 \\ -2 \\ 0 \\ -1 \end{bmatrix}\quad (=\boldsymbol{x}_1 t+\widetilde{\boldsymbol{d}})$$

元の順に戻し，一般解を得た．（基本解 $\boldsymbol{x}_1$ は B の軸列でない列（第3列）$\boldsymbol{c}$ から作られ $\boldsymbol{x}_1$ の第3行の x_3 が1になっている．）

[検算] 特殊解（定数項）$\widetilde{\boldsymbol{d}} = {}^t[7\ -2\ 0\ -1]$ は元の方程式に代入すれば

$$\begin{cases} 0\cdot 7+3\cdot(-2)+3\cdot 0-2(-1)=-4 \\ 1\cdot 7+1\cdot(-2)+2\cdot 0+3(-1)=\ \ 2 \\ 2\cdot 7+3\cdot(-2)+5\cdot 0+5(-1)=\ \ 3 \end{cases},\quad \begin{bmatrix} 0\\1\\2 \end{bmatrix}7+\begin{bmatrix} 3\\1\\3 \end{bmatrix}(-2)+\begin{bmatrix} 3\\2\\5 \end{bmatrix}0+\begin{bmatrix} -2\\3\\5 \end{bmatrix}(-1)=\begin{bmatrix} -4\\2\\3 \end{bmatrix}$$

$(\therefore \boldsymbol{a}_1 7+\boldsymbol{a}_2(-2)+\boldsymbol{a}_3 0+\boldsymbol{a}_4(-1)=\boldsymbol{b},\ \therefore \boldsymbol{b}=\boldsymbol{a}_1 7-\boldsymbol{a}_2 2-\boldsymbol{a}_4.)$

基本解 $\boldsymbol{x}_1 = {}^t[-1\ -1\ 1\ 0]$ は同次方程式 $A\boldsymbol{x}=\boldsymbol{0}$ に代入すれば

$$\begin{cases} 0\cdot(-1)+3\cdot(-1)+3\cdot 1-2\cdot 0=0 \\ 1\cdot(-1)+1\cdot(-1)+2\cdot 1+3\cdot 0=0 \\ 2\cdot(-1)+3\cdot(-1)+5\cdot 1+5\cdot 0=0 \end{cases},\quad \begin{bmatrix} 0\\1\\2 \end{bmatrix}(-1)+\begin{bmatrix} 3\\1\\3 \end{bmatrix}(-1)+\begin{bmatrix} 3\\2\\5 \end{bmatrix}1+\begin{bmatrix} -2\\3\\5 \end{bmatrix}0=\begin{bmatrix} 0\\0\\0 \end{bmatrix}$$

$(\therefore \boldsymbol{a}_1(-1)+\boldsymbol{a}_2(-1)+\boldsymbol{a}_3 1=\boldsymbol{0},\ \therefore \boldsymbol{a}_3=\boldsymbol{a}_1 1+\boldsymbol{a}_2 1.)$

以上より，得られた解が正しいことが分かる．■

問 7　次の連立一次方程式を解け．

(1) $\begin{cases} x+2y = 2 \\ 3x+6y+z=3 \\ -x-2y-z=1 \end{cases}$　　(2) $\begin{cases} x+2y+2z = -3 \\ -x-y+z = 3 \\ y+3z+2w = 4 \end{cases}$

例 2.9　**(単独の方程式)**

未知数が x のみの方程式　(1) 方程式 $ax=b$ の解は，

(i) $a \neq 0$ のとき $x=\frac{b}{a}$.

(ii) $a=b=0$ のとき，任意定数 t に対し $x=t$.

(iii) $a=0,\ b\neq 0$ のとき解なし．

未知数が $x_1,\ldots,x_4$ の方程式

(2) $x_1+ax_2+bx_3+cx_4=d$,　(3) $x_2+bx_3+cx_4=d$

の一般解は

(2) $\begin{bmatrix} d\\0\\0\\0 \end{bmatrix}+\begin{bmatrix} -a\\1\\0\\0 \end{bmatrix}t_1+\begin{bmatrix} -b\\0\\1\\0 \end{bmatrix}t_2+\begin{bmatrix} -c\\0\\0\\1 \end{bmatrix}t_3,$

(3) $\begin{bmatrix} 0\\d\\0\\0 \end{bmatrix}+\begin{bmatrix} 1\\0\\0\\0 \end{bmatrix}t_1+\begin{bmatrix} 0\\-b\\1\\0 \end{bmatrix}t_2+\begin{bmatrix} 0\\-c\\0\\1 \end{bmatrix}t_3$ □

2.5 同次方程式の解と列ベクトルの一次独立性

同次連立一次方程式 $A\boldsymbol{x}=\boldsymbol{0}$ は常に解 $\boldsymbol{x}=\boldsymbol{0}$ をもつ．この解を $A\boldsymbol{x}=\boldsymbol{0}$ の**自明な解**という．一般に，関心があるのは自明でない解 $\boldsymbol{x}\neq\boldsymbol{0}$ をもつ場合である．これについては定理 2.4 により次が成り立つ．

定理 2.5（同次連立一次方程式の解）

未知数が n 個の同次連立一次方程式 $A\boldsymbol{x}=\boldsymbol{0}$ において

(1) $A\boldsymbol{x}=\boldsymbol{0}$ が自明な解のみをもつ $\Leftrightarrow \operatorname{rank} A=n$

(2) $A\boldsymbol{x}=\boldsymbol{0}$ が自明でない解をもつ $\Leftrightarrow \operatorname{rank} A<n$

例題 2.10

同次連立一次方程式 $\begin{cases} x_1+2x_2+x_3+2x_4=0 \\ 3x_1+6x_2+4x_3-x_4=0 \\ 2x_1+4x_2+x_3+11x_4=0 \end{cases}$ を解け．

【解答】 同次方程式の場合は右辺の定数項はどんな行基本変形を行っても常に 0 のままなので，係数行列 A を作り，掃き出し法により階段行列 B に変形すれば十分である．

	x_1	x_2	x_3	x_4
	1	2	1	2
$A=$	3	6	4	-1
	2	4	1	11

基本変形	x_1	x_2	x_3	x_4
	1	2	1	2
r_2-3r_1	0	0	1	-7
r_3-2r_1	0	0	-1	7

基本変形	x_1	x_2	x_3	x_4
r_1-r_2	1	2	0	9
	0	0	1	-7
r_3+r_2	0	0	0	0

$$=\begin{bmatrix} \boldsymbol{e}_1 & \boldsymbol{c}_1 & \boldsymbol{e}_2 & \boldsymbol{c}_2 \\ 0 & 0 & 0 & 0 \end{bmatrix}=B$$

$$\operatorname{rank} A=2<4=（未知数の個数）$$

従って，この方程式は無限個の解をもち，解の自由度は $4-2=2$ である．

解を書き下すために第 2 列と第 3 列を交換すると，

基本変形	x_1	x_3	x_2	x_4
	1	0	2	9
$c_2\leftrightarrow c_3$	0	1	0	-7
	0	0	0	0

$$=\begin{bmatrix} \boldsymbol{e}_1 & \boldsymbol{e}_2 & \boldsymbol{c}_1 & \boldsymbol{c}_2 \\ 0 & 0 & 0 & 0 \end{bmatrix},\quad \boldsymbol{c}_1=\begin{bmatrix} 2 \\ 0 \end{bmatrix},\quad \boldsymbol{c}_2=\begin{bmatrix} 9 \\ -7 \end{bmatrix}$$

$$\boldsymbol{y}=\begin{bmatrix} x_1 \\ x_3 \\ x_2 \\ x_4 \end{bmatrix},\quad \boldsymbol{y}_1=\begin{bmatrix} -\boldsymbol{c}_1 \\ \boldsymbol{e}_1 \end{bmatrix}=\begin{bmatrix} -2 \\ 0 \\ 1 \\ 0 \end{bmatrix},\quad \boldsymbol{y}_2=\begin{bmatrix} -\boldsymbol{c}_2 \\ \boldsymbol{e}_2 \end{bmatrix}=\begin{bmatrix} -9 \\ 7 \\ 0 \\ 1 \end{bmatrix}$$

とおけば，t_1, t_2 を任意定数として $\boldsymbol{y} = \boldsymbol{y}_1 t_1 + \boldsymbol{y}_2 t_2$ より，

$$\boldsymbol{y} = \begin{bmatrix} -2 \\ 0 \\ 1 \\ 0 \end{bmatrix} t_1 + \begin{bmatrix} -9 \\ 7 \\ 0 \\ 1 \end{bmatrix} t_2,\ \boldsymbol{x} = \begin{bmatrix} x_1 \\ x_2 \\ x_3 \\ x_4 \end{bmatrix} = \begin{bmatrix} -2 \\ 1 \\ 0 \\ 0 \end{bmatrix} t_1 + \begin{bmatrix} -9 \\ 0 \\ 7 \\ 1 \end{bmatrix} t_2 = \boldsymbol{x}_1 t_1 + \boldsymbol{x}_2 t_2$$

と解を得る．（基本解 $\boldsymbol{x}_1$，$\boldsymbol{x}_2$ は軸列でない列（第 2 列と第 4 列 $\boldsymbol{c}_1$，$\boldsymbol{c}_2$）から構成され，列番号と同じ行（第 2, 4 行) が 1 になる．）

[検算] $A = [\boldsymbol{a}_1 \ \cdots \ \boldsymbol{a}_4]$ と列ベクトルに分割して表示すれば

$$A\boldsymbol{x}_1 = \boldsymbol{a}_1(-2) + \boldsymbol{a}_2 = \begin{bmatrix} 1 \\ 3 \\ 2 \end{bmatrix} (-2) + \begin{bmatrix} 2 \\ 6 \\ 4 \end{bmatrix} = \boldsymbol{0}, \quad \therefore \quad \boldsymbol{a}_2 = 2\boldsymbol{a}_1,$$

$$A\boldsymbol{x}_2 = \boldsymbol{a}_1(-9) + \boldsymbol{a}_3 7 + \boldsymbol{a}_4 = \begin{bmatrix} 1 \\ 3 \\ 2 \end{bmatrix} (-9) + \begin{bmatrix} 1 \\ 4 \\ 1 \end{bmatrix} 7 + \begin{bmatrix} 2 \\ -1 \\ 11 \end{bmatrix} = \boldsymbol{0},$$

$$\therefore \quad \boldsymbol{a}_4 = 9\boldsymbol{a}_1 - 7\boldsymbol{a}_3$$ ■

問 8　次の同次連立一次方程式を解け．

(1) $\begin{cases} x - 2y + 3z + w = 0 \\ 3x + y - 5z - 4w = 0 \\ -2x + 6y - 9z - 2w = 0 \end{cases}$　　(2) $\begin{cases} x + 2y + z - 3w = 0 \\ 3x + 6y + 4z + 2w = 0 \\ 5x + 10y + 6z - 4w = 0 \end{cases}$

一般にベクトルの組 (平面・空間のベクトルの組でもよい) $\{\boldsymbol{a}_1, \boldsymbol{a}_2, \ldots, \boldsymbol{a}_n\}$ について，$t_1, t_2, \ldots, t_n$ をスカラーとする

$$t_1\boldsymbol{a}_1 + t_2\boldsymbol{a}_2 + \cdots + t_n\boldsymbol{a}_n, \quad \boldsymbol{a}_1 t_1 + \boldsymbol{a}_2 t_2 + \cdots + \boldsymbol{a}_n t_n \tag{2.6}$$

の形のベクトルを $\{\boldsymbol{a}_1, \boldsymbol{a}_2, \ldots, \boldsymbol{a}_n\}$ の**一次結合**，または**線形結合**といい，

$$\boldsymbol{b} = t_1\boldsymbol{a}_1 + t_2\boldsymbol{a}_2 + \cdots + t_n\boldsymbol{a}_n = \boldsymbol{a}_1 t_1 + \boldsymbol{a}_2 t_2 + \cdots + \boldsymbol{a}_n t_n \tag{2.7}$$

のとき，$\boldsymbol{b}$ は $\{\boldsymbol{a}_1, \boldsymbol{a}_2, \ldots, \boldsymbol{a}_n\}$ の一次結合である，または一次結合で表せるという．また，式

$$t_1\boldsymbol{a}_1 + t_2\boldsymbol{a}_2 + \cdots + t_n\boldsymbol{a}_n = \boldsymbol{0}, \quad \boldsymbol{a}_1 t_1 + \boldsymbol{a}_2 t_2 + \cdots + \boldsymbol{a}_n t_n = \boldsymbol{0} \tag{2.8}$$

を**一次関係式**，または**線形関係式**といい，これが成り立つのが $t_1 = t_2 = \cdots = t_n = 0$，従って $\boldsymbol{t} = {}^t[t_1\ t_2\ \cdots\ t_n] = \boldsymbol{0}$ の場合に限るとき，即ち，

$$\boldsymbol{a}_1 t_1 + \boldsymbol{a}_2 t_2 + \cdots + \boldsymbol{a}_n t_n = \boldsymbol{0} \quad \Rightarrow \quad \boldsymbol{t} = {}^t[t_1\ t_2\ \cdots\ t_n] = \boldsymbol{0}$$

が成り立つときベクトルの組 $\{\boldsymbol{a}_1, \boldsymbol{a}_2, \ldots, \boldsymbol{a}_n\}$ は**一次独立**，または**線形独立**で

あるという．また，$\{\boldsymbol{a}_1, \boldsymbol{a}_2, \ldots, \boldsymbol{a}_n\}$ は一次独立でないとき**一次従属**，または**線形従属**であるという．これは一次関係式 (2.8) をみたす $\boldsymbol{t}$ で，$t_1, t_2, \ldots, t_n$ の中で少なくともどれか1つは0でないものが存在する（$\boldsymbol{t} \neq \boldsymbol{0}$ の）場合である．

注意 2.8 用語「線形（線型）」と「一次」(linear) はここでは同義語であり，以後の用語も線形と一次の両方が用いられる．また，一次方程式は線形方程式ともいわれる．

m 次元列ベクトルの n 個の組 $\{\boldsymbol{a}_1, \boldsymbol{a}_2, \ldots, \boldsymbol{a}_n\}$ に対し，$A = [\boldsymbol{a}_1\ \boldsymbol{a}_2\ \cdots\ \boldsymbol{a}_n]$（$m \times n$ 行列）とおくとき，(2.6) 式は

$$(2.6)\quad \boldsymbol{a}_1 t_1 + \boldsymbol{a}_2 t_2 + \cdots + \boldsymbol{a}_n t_n = [\boldsymbol{a}_1\ \cdots\ \boldsymbol{a}_n] \begin{bmatrix} t_1 \\ \vdots \\ t_n \end{bmatrix} = A\boldsymbol{t}$$

と表せる．このとき (2.7), (2.8) 式はそれぞれ

$$(2.7)\quad A\boldsymbol{t} = \boldsymbol{b}, \qquad (2.8)\quad A\boldsymbol{t} = \boldsymbol{0}$$

と表せ，$\boldsymbol{t}$ は方程式 $A\boldsymbol{x} = \boldsymbol{b}$ や $A\boldsymbol{x} = \boldsymbol{0}$ の解になる．（例題 2.7, 2.8 の［検算］参照.）従って定理 2.4, 2.5 より次の定理を得る．

定理 2.6（一次独立性と連立一次方程式）

m 次元列ベクトルの n 個の組 $\{\boldsymbol{a}_1, \boldsymbol{a}_2, \ldots, \boldsymbol{a}_n\}$ に対し $A = [\boldsymbol{a}_1\ \boldsymbol{a}_2\ \cdots\ \boldsymbol{a}_n]$（$m \times n$ 行列）とおくとき，

(1) $\boldsymbol{b}$ が $\{\boldsymbol{a}_1, \boldsymbol{a}_2, \ldots, \boldsymbol{a}_n\}$ の一次結合で表せる $\Leftrightarrow$ $A\boldsymbol{x} = \boldsymbol{b}$ が解をもつ $\Leftrightarrow \operatorname{rank}[A, \boldsymbol{b}] = \operatorname{rank} A$

(2) $\{\boldsymbol{a}_1, \boldsymbol{a}_2, \ldots, \boldsymbol{a}_n\}$ が一次独立 $\Leftrightarrow$ $A\boldsymbol{x} = \boldsymbol{0}$ は自明な解しかもたない $\Leftrightarrow \operatorname{rank} A = n$

(3) $\{\boldsymbol{a}_1, \boldsymbol{a}_2, \ldots, \boldsymbol{a}_n\}$ が一次従属 $\Leftrightarrow$ $A\boldsymbol{x} = \boldsymbol{0}$ は自明でない解をもつ $\Leftrightarrow \operatorname{rank} A < n$

注意 2.9 記号 $\{\boldsymbol{a}_1, \boldsymbol{a}_2, \ldots, \boldsymbol{a}_n\}$ は順序を問題にしないベクトルの組を表す．（$\{\boldsymbol{a}_1, \boldsymbol{a}_2, \ldots, \boldsymbol{a}_n\} = \{\boldsymbol{a}_2, \boldsymbol{a}_1, \ldots, \boldsymbol{a}_n\}$）一次結合の式や一次関係式においてはベクトルの並び順は問題にならないからである．これとは逆に，$[\boldsymbol{a}_1\ \boldsymbol{a}_2\ \cdots\ \boldsymbol{a}_n]$ は順序付けられたベクトルの組を表し，列分割された行列とみなされる．これらは略して，$\boldsymbol{a}_1, \boldsymbol{a}_2, \ldots, \boldsymbol{a}_n$ とも表す．

問 9 m 次元列ベクトルの n 個の組 $\boldsymbol{a}_1, \ldots, \boldsymbol{a}_n$ は $m < n$ ならば常に一次従属であることを示せ.

例題 2.11

次のベクトル $\boldsymbol{b}$ を次の $A = [\boldsymbol{a}_1\ \boldsymbol{a}_2\ \boldsymbol{a}_3\ \boldsymbol{a}_4]$ の一次結合で表せ.

$$\boldsymbol{a}_1 = \begin{bmatrix} 1 \\ 3 \\ 2 \end{bmatrix},\ \boldsymbol{a}_2 = \begin{bmatrix} 1 \\ 4 \\ 1 \end{bmatrix},\ \boldsymbol{a}_3 = \begin{bmatrix} 1 \\ 1 \\ 4 \end{bmatrix},\ \boldsymbol{a}_4 = \begin{bmatrix} 1 \\ 5 \\ 0 \end{bmatrix},\ \boldsymbol{b} = \begin{bmatrix} 1 \\ -1 \\ 6 \end{bmatrix}$$

【解答】 $A\boldsymbol{x} = \boldsymbol{b}$ は 例題 2.7 の方程式であり，特殊解 ${}^t[5\ \ -4\ \ 0\ \ 0]$ を用いて $\boldsymbol{b} = 5\boldsymbol{a}_1 - 4\boldsymbol{a}_2$ と表せる. ■

問 10 次のベクトル $\boldsymbol{b}$ を次の $A = [\boldsymbol{a}_1\ \boldsymbol{a}_2\ \boldsymbol{a}_3]$ の一次結合で表せ.

$$\boldsymbol{a}_1 = \begin{bmatrix} 1 \\ 1 \\ 2 \end{bmatrix},\ \boldsymbol{a}_2 = \begin{bmatrix} 2 \\ 0 \\ 5 \end{bmatrix},\ \boldsymbol{a}_3 = \begin{bmatrix} 3 \\ 8 \\ 3 \end{bmatrix},\ \boldsymbol{b} = \begin{bmatrix} 4 \\ -5 \\ 13 \end{bmatrix}$$

例 2.12 (基本ベクトルの組) n 次元の基本ベクトルの組 $E_n = [\boldsymbol{e}_1\ \cdots\ \boldsymbol{e}_n]$ について，任意の n 次元列ベクトル $\boldsymbol{b} = {}^t[b_1\ \cdots\ b_n]$ は

$$\boldsymbol{b} = E_n\boldsymbol{b} = \boldsymbol{e}_1 b_1 + \cdots + \boldsymbol{e}_n b_n$$

と $\{\boldsymbol{e}_1, \ldots, \boldsymbol{e}_n\}$ の一次結合で表せる．また $E_n\boldsymbol{t} = t_1\boldsymbol{e}_1 + \cdots + t_n\boldsymbol{e}_n = \boldsymbol{0} \Leftrightarrow \boldsymbol{t} = \boldsymbol{0}$ より $\boldsymbol{e}_1, \boldsymbol{e}_2, \ldots, \boldsymbol{e}_n$ は一次独立である．この部分集合 $\boldsymbol{e}_{i_1}, \boldsymbol{e}_{i_2}, \ldots, \boldsymbol{e}_{i_k}$ も同様に一次独立である. □

例 2.13 (基本解) 同次連立一次方程式 $A\boldsymbol{x} = \boldsymbol{0}$ の解は $r = \operatorname{rank} A < n$ のとき

$$\boldsymbol{x} = \boldsymbol{x}_1 t_1 + \cdots + \boldsymbol{x}_{n-r} t_{n-r}$$

と基本解の一次結合で表される.

また，注意 2.6 の様に $X = [\boldsymbol{x}_1\ \cdots\ \boldsymbol{x}_{n-r}]$ の行を並べ替えると

$$X \mapsto Y = [\boldsymbol{y}_1\ \cdots\ \boldsymbol{y}_{n-r}] = \begin{bmatrix} -C \\ E_{n-r} \end{bmatrix} \mapsto \begin{bmatrix} E_{n-r} \\ -C \end{bmatrix}$$

行を並べ替える操作は行交換を繰り返すことで得られ，各列を掃き出せば X の階段行列 $\begin{bmatrix} E_{n-r} \\ O \end{bmatrix}$ が得られる．よって「$\operatorname{rank} X = n - r =$ ベクトルの個数」. 従って定理 2.6 (2) より基本解 $\{\boldsymbol{x}_1, \ldots, \boldsymbol{x}_{n-r}\}$ は一次独立である. □

次に，行列の中の軸列の組は一次独立であることをみる．これにより列ベクトルの組から一次独立なものを選び出すことができ，同時に例題 2.7, 2.8, 2.10 の［検算］で見た様に，軸列でない列は $A\boldsymbol{x} = \boldsymbol{0}$ の基本解を代入して移項することにより軸列の一次結合として一意的に表されることも分かる．

定理 2.7（軸列の組の一次独立性）

m 次元列ベクトルの組 $\boldsymbol{a}_1, \ldots, \boldsymbol{a}_n$ に対し，$A = [\boldsymbol{a}_1 \ \cdots \ \boldsymbol{a}_n]$ （$m \times n$ 行列）とし，A の階段行列を $PA = B = [b_{ij}]$ （P は正則行列），階数を r，軸列を $q_1, q_2, \ldots, q_r$ とする，即ち

$$PA = B = [\boldsymbol{b}_1 \ \cdots \ \boldsymbol{b}_n] = [b_{ij}] = [\ \overset{q_1}{\boldsymbol{e}_1} \ * \ \overset{q_2}{\boldsymbol{e}_2} \ \overset{\cdots}{\cdots} \ \overset{q_r}{\boldsymbol{e}_r} \ \cdots]$$

このとき，A の軸列の組 $\boldsymbol{a}_{q_1}, \boldsymbol{a}_{q_2}, \ldots, \boldsymbol{a}_{q_r}$ （r 個）は一次独立であり，他の列 $\boldsymbol{a}_j$ はこの一次結合として，B の第 j 列 $\boldsymbol{b}_j$ の成分を用いて

$$(*) \quad q_i < j < q_{i+1} \Rightarrow \boldsymbol{a}_j = \boldsymbol{a}_{q_1} b_{1j} + \boldsymbol{a}_{q_2} b_{2j} + \cdots + \boldsymbol{a}_{q_i} b_{ij} = \sum_{k=1}^{i} \boldsymbol{a}_{q_k} b_{kj}$$

（$i = 1, \ldots, r, \ q_{r+1} = n + 1$）と一意的に表される．特に次が成り立つ．

$$\boldsymbol{a}_1, \boldsymbol{a}_2, \ldots, \boldsymbol{a}_n \text{ の中の一次独立なベクトルの組の最大個数} = \operatorname{rank} A$$

【証明】

$$PA = [P\boldsymbol{a}_1 \cdots P\boldsymbol{a}_n] = B = [\boldsymbol{b}_1 \cdots \boldsymbol{b}_n]$$

より $P\boldsymbol{a}_j = \boldsymbol{b}_j$．特に $P\boldsymbol{a}_{q_i} = \boldsymbol{b}_{q_i} = \boldsymbol{e}_i$ が成り立つ．このとき A の軸列から作った行列 $[\boldsymbol{a}_{q_1} \ \cdots \ \boldsymbol{a}_{q_r}]$ に同じ行変形（$= P$ を左から掛ける）を行えば次の形の階段行列になる：

$$P[\boldsymbol{a}_{q_1} \ \boldsymbol{a}_{q_2} \ \cdots \ \boldsymbol{a}_{q_r}] = [P\boldsymbol{a}_{q_1} \ P\boldsymbol{a}_{q_2} \ \cdots \ P\boldsymbol{a}_{q_r}] = [\boldsymbol{e}_1 \ \boldsymbol{e}_2 \ \cdots \ \boldsymbol{e}_r] = \begin{bmatrix} E_r \\ O \end{bmatrix}$$

$\therefore$ $\operatorname{rank}[\boldsymbol{a}_{q_1} \cdots \boldsymbol{a}_{q_r}] = r$ （$=$ 個数）より $\boldsymbol{a}_{q_1}, \ldots, \boldsymbol{a}_{q_r}$ は一次独立（定理 2.6 (2)）．
$q_i < j < q_{i+1}$ のとき，$[\boldsymbol{a}_{q_1} \ \cdots \ \boldsymbol{a}_{q_i} \ \boldsymbol{a}_j]$ は方程式 $\boldsymbol{a}_{q_1} x_1 + \boldsymbol{a}_{q_2} x_2 + \cdots + \boldsymbol{a}_{q_i} x_i = \boldsymbol{a}_j$ の拡大係数行列であり，$\boldsymbol{b}_j$ の i 行目までを $\boldsymbol{b}'_j$ として同じ行変形を行えば

$$P[\boldsymbol{a}_{q_1} \ \cdots \ \boldsymbol{a}_{q_i} \ \boldsymbol{a}_j] = [\boldsymbol{e}_1 \ \cdots \ \boldsymbol{e}_i \ \boldsymbol{b}_j] = \begin{bmatrix} E_i & \boldsymbol{b}'_j \\ O & \boldsymbol{0} \end{bmatrix}$$

（階段行列の定義より $\boldsymbol{b}_j$ の第 $i+1$ 行以下は $\boldsymbol{0}$.）従ってこの方程式は唯 1 つの解 $\boldsymbol{x} = \boldsymbol{b}'_j$ をもち，これを代入すれば $(*)$ $\boldsymbol{a}_{q_1} b_{1j} + \boldsymbol{a}_{q_2} b_{2j} + \cdots + \boldsymbol{a}_{q_i} b_{ij} = \boldsymbol{a}_j$ を得る． ■

注意 2.10 階段行列 B の軸列でない第 j 列 $\boldsymbol{b}_j$ から構成された $A\boldsymbol{x}=\boldsymbol{0}$ の基本解を $A\boldsymbol{x}=\boldsymbol{0}$ に代入すると $-\boldsymbol{a}_{q_1}b_{1j}-\boldsymbol{a}_{q_2}b_{2j}-\cdots-\boldsymbol{a}_{q_i}b_{ij}+\boldsymbol{a}_j=\boldsymbol{0}$ となるので，$\boldsymbol{a}_j$ 以外を移項すれば前定理の式 $(*)$ を得る．（$\boldsymbol{a}_j$ の係数は 1（**注意 2.6**）．）このことは，B の列を並び替えて $\begin{bmatrix} E_r & C \\ O & O \end{bmatrix}$ の形にして解を構成すると見易い．前定理の証明は，解を代入した形に影響を与えない $\boldsymbol{a}_j$ 以外の軸列でない列と，係数が 0 になる $\boldsymbol{a}_j$ より右の軸列を取り除いて考え，一意性の証明の為に $\boldsymbol{a}_j$ を定数項とみなしたものである．

例題 2.14（一次独立なベクトルの組）

次のベクトルの組を左から順に見て一次独立なベクトルの組を選び出し，残りをその一次結合で表せ．

$$\boldsymbol{a}_1=\begin{bmatrix}1\\1\\1\end{bmatrix},\ \boldsymbol{a}_2=\begin{bmatrix}0\\1\\-2\end{bmatrix},\ \boldsymbol{a}_3=\begin{bmatrix}2\\3\\0\end{bmatrix},\ \boldsymbol{a}_4=\begin{bmatrix}3\\1\\0\end{bmatrix},\ \boldsymbol{a}_5=\begin{bmatrix}1\\-4\\4\end{bmatrix}$$

【解答】 $A=[\boldsymbol{a}_1\ \boldsymbol{a}_2\ \boldsymbol{a}_3\ \boldsymbol{a}_4\ \boldsymbol{a}_5]$ とし，掃き出し法により階段行列に変形する：

基本変形	a_1	a_2	a_3	a_4	a_5
	1	0	2	3	1
$A=$	1	1	3	1	−4
	1	−2	0	0	4
	1	0	2	3	1
r_2-r_1	0	1	1	−2	−5
r_3-r_1	0	−2	−2	−3	3
	1	0	2	3	1
	0	1	1	−2	−5
r_3+2r_2	0	0	0	−7	−7
	1	0	2	3	1
	0	1	1	−2	−5
$-\frac{1}{7}r_3$	0	0	0	1	1
r_1-3r_3	1	0	2	0	−2
r_2+2r_3	0	1	1	0	−3
	0	0	0	1	1

定理 2.7 より軸列 $[\boldsymbol{a}_1\ \boldsymbol{a}_2\ \boldsymbol{a}_4]$ は一次独立で，

$$\boldsymbol{a}_3=2\boldsymbol{a}_1+\boldsymbol{a}_2,\quad \boldsymbol{a}_5=-2\boldsymbol{a}_1-3\boldsymbol{a}_2+\boldsymbol{a}_4$$ ■

問 11 次のベクトルの組を左から順に見て一次独立なベクトルの組を選び出し，残りをその一次結合で表せ．

$$\boldsymbol{a}_1=\begin{bmatrix}1\\3\\2\end{bmatrix},\ \boldsymbol{a}_2=\begin{bmatrix}2\\6\\4\end{bmatrix},\ \boldsymbol{a}_3=\begin{bmatrix}0\\2\\1\end{bmatrix},\ \boldsymbol{a}_4=\begin{bmatrix}2\\4\\3\end{bmatrix},\ \boldsymbol{a}_5=\begin{bmatrix}3\\1\\2\end{bmatrix}$$

2.6 逆 行 列

n 次正方行列 A の階段行列を B とする．このとき，基本行列の積である正則行列 P により

$$PA = B \quad (P = P_1 P_2 \cdots P_k \text{ は基本行列 } P_i \text{ の積})$$

と表せた（定理 2.2）．これにより次が成り立つ．

定理 2.8（正則性の判定法）

n 次正方行列 A について次は同値である：

(1) A は正則

(2) $\operatorname{rank} A = n$

(3) A の階段行列 B は単位行列 E_n

【証明】 (1) ⇒ (2)：A が正則ならば積 $B = PA$ も正則．よって B の行ベクトルに $\mathbf{0}$ は含まれない（例 1.11 参照）．よって $\operatorname{rank} A = n$.

(2) ⇒ (3)：$\operatorname{rank} A = \operatorname{rank} B = n$ だから階段行列と階数の定義により B は n 個の基本ベクトル $\boldsymbol{e}_1, \ldots, \boldsymbol{e}_n$ を列ベクトルにもつ．B は n 次なので $B = [\boldsymbol{e}_1 \ \cdots \ \boldsymbol{e}_n] = E_n$.

(3) ⇒ (1)：$PA = B = E$ より，左から P^{-1} を掛けて

$$A = P^{-1}PA = P^{-1}E = P^{-1}$$

よって A は正則で，逆行列は P. ■

P は基本行列の積 $P = P_1 \cdots P_k$ だから，$A = P^{-1}$ は基本行列 P_i の逆行列 P_i^{-1}（これも基本行列）を逆順に掛けたもの $P^{-1} = P_k^{-1} \cdots P_1^{-1}$ になっている．よって次を得た：

定理 2.9

正則行列は基本行列の積で表せる．

定理 2.10

正方行列 A, X について，$AX = E$, $XA = E$ のいずれか一方が成り立てば A, X は正則で，$X = A^{-1}$, $A = X^{-1}$ であり，他方も成り立つ．

【証明】 $AX = E$ の場合：A を正則行列 P により階段行列 $B = PA$ に変形すると $PAX = PE$ より $BX = P$. $P(= BX)$ は正則なので行に $\mathbf{0}$ を含まない．よって $B = E$ でなければならず，A は正則で，$A^{-1} = P = EX = X$ となる．このとき $XA = A^{-1}A = E$. $XA = E$ の場合は X を階段行列に変形すれば同様に成り立つ． ■

逆行列の計算法

一般に，$m \times n$ 行列 A と $m \times \ell$ 行列 C（同じ行数）について，$m \times (n+\ell)$ 行列 $[A, C]$ を行変形し，A を階段行列 $B = PA$（P は正則行列）に変形するとき

$$P[A, C] = [PA, PC] = [B, PC]$$

特に $C = E_m$ とすれば

$$P[A, E_m] = [B, PE_m] = [B, P]$$

より P を得る．定理 2.8 により A が正則行列のときは $B = E$, $P = A^{-1}$.

よって A が正方行列で，$[A, E]$ を行変形することにより $[B, P]$ を得るとき，

正則性の判定法

$B = E$ ならば，A は正則で，$P = A^{-1}$.

$B \neq E$ ならば，A は正則でない．

例題 2.15

$A = \begin{bmatrix} 1 & 3 & 2 \\ 3 & 3 & 1 \\ 5 & 8 & 4 \end{bmatrix}$ が正則であるか調べ，正則ならば逆行列を求めよ．

【解答】

基本変形	A			E			基本行列との積
	1	3	2	1	0	0	
	3	3	1	0	1	0	$[A, E] = A_1$
	5	8	4	0	0	1	
	1	3	2	1	0	0	
$r_2 - 3r_1$	0	−6	−5	−3	1	0	$P_{31}(-5)P_{21}(-3)A_1 = A_2$
$r_3 - 5r_1$	0	−7	−6	−5	0	1	
	1	3	2	1	0	0	
$r_2 - r_3$	0	1	1	2	1	−1	$P_{23}(-1)A_2 = A_3$
	0	−7	−6	−5	0	1	
$r_1 - 3r_2$	1	0	−1	−5	−3	3	
	0	1	1	2	1	−1	$P_{32}(7)P_{12}(-3)A_3 = A_4$
$r_3 + 7r_2$	0	0	1	9	7	−6	
$r_1 + r_3$	1	0	0	4	4	−3	
$r_2 - r_3$	0	1	0	−7	−6	5	$P_{23}(-1)P_{13}(1)A_4 = A_5$
	0	0	1	9	7	−6	

よって A は正則で，逆行列は $A^{-1} = \begin{bmatrix} 4 & 4 & -3 \\ -7 & -6 & 5 \\ 9 & 7 & -6 \end{bmatrix}$ ■

注意 2.11 上の例題 2.15 の A^{-1} および A は基本行列の積として次の様に表せる．

$$A^{-1} = P_{23}(-1)P_{13}(1)P_{32}(7)P_{12}(-3)P_{23}(-1)P_{31}(-5)P_{21}(-3)$$

$$A = (A^{-1})^{-1} = P_{21}(3)P_{31}(5)P_{23}(1)P_{12}(3)P_{32}(-7)P_{13}(-1)P_{23}(1)$$

問 12 次の行列が正則であるか調べ，正則ならば逆行列を求めよ．

(1) $\begin{bmatrix} 1 & 1 & 1 \\ 1 & 1 & 0 \\ 1 & 0 & 1 \end{bmatrix}$ (2) $\begin{bmatrix} 1 & 2 & 3 \\ 2 & 4 & 5 \\ 3 & 5 & 6 \end{bmatrix}$ (3) $\begin{bmatrix} 1 & 2 & 3 \\ 4 & 5 & 6 \\ 7 & 8 & 9 \end{bmatrix}$

同様に，A が正則のときは $[A, C]$ を行変形すれば $[B, PC] = [E, A^{-1}C]$ となり，$A^{-1}C$ が求まる．

例 2.16 例題 2.15 の行列を A，問 12 (3) の行列を C とするとき，$[A, C]$ に例題 2.15 の解答と同じ行変形を行えば $A^{-1}C$ を得る：

$$[A, C] = \left[\begin{array}{ccc:ccc} 1 & 3 & 2 & 1 & 2 & 3 \\ 3 & 3 & 1 & 4 & 5 & 6 \\ 5 & 8 & 4 & 7 & 8 & 9 \end{array}\right] \mapsto \left[\begin{array}{ccc:ccc} 1 & 0 & 0 & -1 & 4 & 9 \\ 0 & 1 & 0 & 4 & -4 & -12 \\ 0 & 0 & 1 & -5 & 5 & 15 \end{array}\right] = [E, PC]$$

$$= [E, A^{-1}C] \quad \square$$

問 13 この計算を実行せよ．また，A^{-1} と C の掛算を行って一致することを確かめよ．

注意 2.12 $A, C = [\boldsymbol{c}_1 \ \cdots \ \boldsymbol{c}_\ell]$ に対し，$AX = C$ となる $n \times \ell$ 行列 $X = [\boldsymbol{x}_1 \ \cdots \ \boldsymbol{x}_\ell]$ を求めることは ℓ 組の方程式 $A\boldsymbol{x}_1 = \boldsymbol{c}_1, \ldots, A\boldsymbol{x}_\ell = \boldsymbol{c}_\ell$ を同時に解くことに相当する．このとき $AX = C$ が解 X をもつための必要十分条件は $\operatorname{rank}[A, C] = \operatorname{rank} A$.

実際, $\operatorname{rank} A = r$, $P[A, C] = [B, PC] = [B, P\boldsymbol{c}_1 \ \cdots \ P\boldsymbol{c}_\ell]$ とするとき, $\operatorname{rank}[A, C] = r$ ならば PC の第 $r+1$ 行目以下は O であり（$[B, PC]$ は階段行列で), 全ての i について $\operatorname{rank}[A, \boldsymbol{c}_i] = r$ となるので定理 2.4 より $A\boldsymbol{x}_i = \boldsymbol{c}_i$ は解をもち，従って $AX = C$ は解をもつ．$\operatorname{rank}[A, C] > r$ ならば PC の第 $r+1$ 行目以下は O でないので，ある $P\boldsymbol{c}_i$ の第 $r+1$ 行目以下は $\mathbf{0}$ でない．このとき $\operatorname{rank}[A, \boldsymbol{c}_i] = \operatorname{rank}[B, P\boldsymbol{c}_i] > r$ なので $A\boldsymbol{x}_i = \boldsymbol{c}_i$ は解をもたず，従って $AX = C$ は解をもたない．

2.7 行列の標準形と階数

列基本変形

行基本変形を繰り返して列の掃き出しを行った様に，列基本変形を繰り返して次の様に行を掃き出すことができる：行列 $A=[a_{ij}]$ において $a_{pq}\neq 0$ のとき，列基本変形

$$c_j-\frac{a_{pj}}{a_{pq}}c_q \quad \left(\text{第 } q \text{ 列を } \frac{a_{pj}}{a_{pq}} \text{ 倍して第 } j \text{ 列から引く}\right)$$

を $j\neq q$ なる各 j について行えば第 p 行の (p,q) 成分以外の成分が 0 になる：

$$\begin{bmatrix} & & * & & \\ a_{p1} & \cdots & a_{pq} & \cdots & a_{pn} \\ & & * & & \end{bmatrix} \xmapsto[c_n-\frac{a_{pn}}{a_{pq}}c_q]{c_1-\frac{a_{p1}}{a_{pq}}c_q \ \cdots} \begin{bmatrix} & & & * & & & \\ 0 & \cdots & 0 & a_{pq} & 0 & \cdots & 0 \\ & & & * & & & \end{bmatrix}$$

この一連の変形を「(p,q) 成分を**軸**にして第 p 行を**掃き出す**」という．

行列の標準形

連立一次方程式の係数行列の変形の様に，$m\times n$ 行列 A を階段行列に変形し，列の順序を並べ替える（= 列交換を繰り返す）と A は次の形に変形できた：

$$\begin{bmatrix} E_r & C \\ O & O \end{bmatrix} \quad (r=\operatorname{rank} A)$$

この行列の $(1,1)$〜(r,r) 成分を軸にして第 1〜r 行を掃き出せば次の形になる：

$$\begin{bmatrix} E_r & O \\ O & O \end{bmatrix}=\begin{bmatrix} E_r & O_{r,n-r} \\ O_{m-r,r} & O_{m-r,n-r} \end{bmatrix}$$

この形の行列を行列 A の**標準形**（詳しくは階数標準形）といい

$$F_{mn}(r)$$

と表す．A の標準形は行と列の基本変形により得られたので，行と列の変形に対応する正則行列 P,Q を左右から掛けることにより得られる．即ち次を得た．

定理 2.11（行列の標準形）

$m\times n$ 行列 A は行と列の基本変形を繰り返すことにより，標準形 $F_{mn}(r)$ に変形できる．特に，正則行列 P, Q が存在して

$$PAQ = F_{mn}(r) = \begin{bmatrix} E_r & O_{r,n-r} \\ O_{m-r,r} & O_{m-r,n-r} \end{bmatrix}, \qquad r = \mathrm{rank}\,A$$

と表せ，次が成り立つ：

$$\mathrm{rank}\,A = A\text{ の標準形に現れる } 1 \text{ の個数}$$

注意 2.13　次の場合もある：

$$F_{mn}(m) = [E_m, O], \quad F_{mn}(n) = \begin{bmatrix} E_n \\ O \end{bmatrix}, \quad F_{nn}(n) = E_n$$

例題 2.17（行列の標準形）

$A = \begin{bmatrix} 1 & 1 & 2 & 3 \\ 2 & 2 & 4 & 6 \\ -2 & -2 & 0 & 2 \end{bmatrix}$ の標準形を求めよ．

【解答】　左側に基本変形を，中央に行列を，右側に基本行列との積を書いた表を作ると

基本変形	行　列	基本行列との積	基本変形	行　列	基本行列との積
	$\begin{matrix} \textcircled{1} & 1 & 2 & 3 \\ 2 & 2 & 4 & 6 \\ -2 & -2 & 0 & 2 \end{matrix}$	$= A$	$r_2 - 2r_1$ $r_3 + 2r_1$	$\begin{matrix} 1 & 1 & 2 & 3 \\ 0 & 0 & 0 & 0 \\ 0 & 0 & \textcircled{4} & 8 \end{matrix}$	$P_{31}(2)P_{21}(-2)A$ $= A_1$
$r_2 \leftrightarrow r_3$	$\begin{matrix} 1 & 1 & 2 & 3 \\ 0 & 0 & \textcircled{4} & 8 \\ 0 & 0 & 0 & 0 \end{matrix}$	$P_{23}A_1 = A_2$	$\frac{1}{4}r_2$	$\begin{matrix} 1 & 1 & 2 & 3 \\ 0 & 0 & \textcircled{1} & 2 \\ 0 & 0 & 0 & 0 \end{matrix}$	$P_2(\frac{1}{4})A_2 = A_3$
$c_2 - c_1$ $c_3 - 2c_1$ $c_4 - 3c_1$	$\begin{matrix} 1 & 0 & 0 & 0 \\ 0 & 0 & 1 & 2 \\ 0 & 0 & 0 & 0 \end{matrix}$	$A_3P_{12}(-1)\times$ $P_{13}(-2)P_{14}(-3)$ $= A_4$	$c_4 - 2c_3$	$\begin{matrix} 1 & 0 & 0 & 0 \\ 0 & 0 & 1 & 0 \\ 0 & 0 & 0 & 0 \end{matrix}$	$A_4P_{34}(-2)$ $= A_5$
$c_2 \leftrightarrow c_3$	$\begin{matrix} 1 & 0 & 0 & 0 \\ 0 & 1 & 0 & 0 \\ 0 & 0 & 0 & 0 \end{matrix}$	A_5P_{23} $= A_6 = F_{34}(2)$			

$$PAQ = F_{34}(2) = \begin{bmatrix} 1 & 0 & 0 & 0 \\ 0 & 1 & 0 & 0 \\ 0 & 0 & 0 & 0 \end{bmatrix}$$

$$P = P_2(\tfrac{1}{4})P_{23}P_{31}(2)P_{21}(-2), \quad Q = P_{12}(-1)P_{13}(-2)P_{14}(-3)P_{34}(-2)P_{23}$$

従って A の標準形は $F_{34}(2)$ となる．なお，A_2 は行階段型の行列であり，標準形はこの段階で分かる．P, Q も求めるときは $\begin{bmatrix} A & E_m \\ E_n & O \end{bmatrix}$ に行と列の基本変形を施せば得られる．■

問 14　次の行列の標準形を求めよ．

(1) $\begin{bmatrix} 1 & 2 & 3 \\ 3 & 4 & 5 \\ 5 & 6 & 7 \end{bmatrix}$　(2) $\begin{bmatrix} 1 & 2 & 3 & 4 \\ 2 & 4 & 5 & 6 \\ 3 & 4 & 6 & 7 \end{bmatrix}$　(3) $\begin{bmatrix} 0 & 1 & 2 \\ 1 & 2 & 3 \\ 2 & 3 & 5 \\ 3 & 5 & 6 \end{bmatrix}$

定理 2.12（標準形と階数の一意性）

$m \times n$ 行列 A の標準形は基本変形の仕方によらず一意的に定まる．特に A の階数 $\mathrm{rank}\, A$ は基本変形の仕方によらず A のみにより一意的に定まる数である．

【証明】　上の定理 2.11 により A の標準形が

$$P_1AQ_1 = F_{mn}(r) = \begin{bmatrix} E_r & O \\ O & O \end{bmatrix}, \quad P_2AQ_2 = F_{mn}(s) = \begin{bmatrix} E_s & O \\ O & O \end{bmatrix}, \quad r \leqq s$$

と 2 通りあるとして，$r = s$ を示す．このとき $P = P_2P_1^{-1}$, $Q = Q_1^{-1}Q_2$ とおけば

$$\begin{aligned} PF_{mn}(r)Q &= P_2P_1^{-1}F_{mn}(r)Q_1^{-1}Q_2 \\ &= P_2P_1^{-1}P_1AQ_1Q_1^{-1}Q_2 = P_2AQ_2 \\ &= F_{mn}(s) \end{aligned}$$

となる．ここで $P, Q, F_{mn}(s)$ を $(1,1)$ ブロックが r 次正方行列になる様に対称に分割する．$r \leqq s$ に注意すれば

$$P = \begin{bmatrix} P_{11} & P_{12} \\ P_{21} & P_{22} \end{bmatrix}, \quad Q = \begin{bmatrix} Q_{11} & Q_{12} \\ Q_{21} & Q_{22} \end{bmatrix}, \quad F_{mn}(s) = \begin{bmatrix} E_r & O \\ O & E' \end{bmatrix}$$

となる．$PF_{mn}(r)Q = F_{mn}(s)$ の左辺は

$$PF_{mn}(r)Q = \begin{bmatrix} P_{11} & P_{12} \\ P_{21} & P_{22} \end{bmatrix} \begin{bmatrix} E_r & O \\ O & O \end{bmatrix} \begin{bmatrix} Q_{11} & Q_{12} \\ Q_{21} & Q_{22} \end{bmatrix} = \begin{bmatrix} P_{11}Q_{11} & P_{11}Q_{12} \\ P_{21}Q_{11} & P_{21}Q_{12} \end{bmatrix}$$

となり，右辺と比較して

$$P_{11}Q_{11} = E_r, \quad P_{21}Q_{11} = O, \quad P_{11}Q_{12} = O, \quad P_{21}Q_{12} = E'$$

を得る．$P_{11}Q_{11} = E_r$ より P_{11}, Q_{11} は正則となり，これより $P_{21} = O, Q_{12} = O$ を得る．このとき $E' = P_{21}Q_{12} = O$ となり，$r = s$ を得る．

以上より A の標準形が一意的に定まり，定理 2.11 より「$\mathrm{rank}\, A = A$ の標準形に現れる 1 の個数」なので階数も一意的に定まる．■

定理 2.11, 2.12 より，階数は次の性質をもつことが分かる．

定理 2.13（階数の基本性質）

(1) $\operatorname{rank} A \leqq A$ の行数，列数

(2) S, T が正則ならば，$\operatorname{rank} SAT = \operatorname{rank} SA = \operatorname{rank} AT = \operatorname{rank} A$

(3) $\operatorname{rank} {}^tA = \operatorname{rank} A$

(4) $\operatorname{rank} AB \leqq \operatorname{rank} A, \quad \operatorname{rank} AB \leqq \operatorname{rank} B$

【証明】 A の標準形を $PAQ = F_{mn}(r)$（P, Q は正則行列）とする．

(1) $r \leqq m, r \leqq n$ より明らか．

(2) $PS^{-1}(SAT)T^{-1}Q = F_{mn}(r)$, $PS^{-1}(SA)Q = F_{mn}(r)$,
$P(AT)T^{-1}Q = F_{mn}(r)$ より SAT, SA, AT が A と同じ標準形をもつことによる．

(3) 両辺の転置をとれば ${}^tQ\,{}^tA\,{}^tP = F_{nm}(r)$ が ${}^tA$ の標準形となるので，

$$\operatorname{rank} {}^tA = r = \operatorname{rank} A$$

(4) (2) より $\operatorname{rank} AB = \operatorname{rank} PAB$, $PAB = (PAQ)(Q^{-1}B) = F_{mn}(r)(Q^{-1}B)$.
$Q^{-1}B$ を r 行目までの B_1 とそれより下の B_2 に分割すれば，

$$PAB = F_{mn}(r)(Q^{-1}B) = \begin{bmatrix} E_r & O \\ O & O \end{bmatrix} \begin{bmatrix} B_1 \\ B_2 \end{bmatrix} = \begin{bmatrix} B_1 \\ O \end{bmatrix},$$

$$\operatorname{rank} \begin{bmatrix} B_1 \\ O \end{bmatrix} \leqq r$$

よって，

$$\operatorname{rank} AB = \operatorname{rank} PAB \leqq r = \operatorname{rank} A$$

後半はこのことと，

$${}^t(AB) = {}^tB\,{}^tA$$

および (3) より，

$$\operatorname{rank} AB = \operatorname{rank} {}^t(AB) = \operatorname{rank} {}^tB\,{}^tA \leqq \operatorname{rank} {}^tB = \operatorname{rank} B$$ ■

問 15 $m \times n$ 行列 A と $n \times m$ 行列 B について次を示せ．

(1) $m > n$ ならば $AB \neq E_m$

(2) $AB = E_m$, $BA = E_n$ ならば $m = n$

問 16 次を示せ．

(1) $\operatorname{rank}[A, A] = \operatorname{rank} A$

(2) $\operatorname{rank} \begin{bmatrix} A \\ A \end{bmatrix} = \operatorname{rank} A$

2.8 補　　足

2.8.1 座標平面上，座標空間内の一次方程式

ここでは係数，定数，解は全て実数の範囲で考え，解 $\boldsymbol{x}$ $(= {}^t[x, y], {}^t[x, y, z])$ は座標平面上や座標空間内の点（の座標）を表すものとする．

座標平面　座標平面上の一次方程式 $ax + by = c$ は**直線の方程式**といわれる．その拡大係数行列は $[a\ b\ c]$ で，その解 $\boldsymbol{x}$ は一般には，$a \neq 0$ のとき

$$b' = \frac{b}{a}, \quad c' = \frac{c}{a}$$

とすると，

$$\boldsymbol{x} = \begin{bmatrix} x \\ y \end{bmatrix} = \begin{bmatrix} c' \\ 0 \end{bmatrix} + t \begin{bmatrix} -b' \\ 1 \end{bmatrix}$$
$$\left(=: \boldsymbol{d} + t\boldsymbol{x}_1,\ \boldsymbol{d} = \begin{bmatrix} c' \\ 0 \end{bmatrix},\ \boldsymbol{x}_1 = \begin{bmatrix} -b' \\ 1 \end{bmatrix} \right)$$

であり，この式は $\boldsymbol{d}$ を通り，$\boldsymbol{x}_1$ に平行な直線を表しており，直線の**ベクトル方程式**，または**パラメーター表示**といわれる．即ち，平面上の一次方程式の解は直線のベクトル方程式を与える．また $a = b = c = 0$ のときは全平面を表し，$a = b = 0, c \neq 0$ のときはこれをみたす点 $\boldsymbol{x}$ はなく，空集合になる．

連立一次方程式 $\begin{cases} a_1x + b_1y = c_1 & \cdots (1) \\ a_2x + b_2y = c_2 & \cdots (2) \end{cases}$, $A = \begin{bmatrix} a_1 & b_1 \\ a_2 & b_2 \end{bmatrix}$, $\boldsymbol{b} = \begin{bmatrix} c_1 \\ c_2 \end{bmatrix}$ について，

$\operatorname{rank} A = 2$, 即ちこれが唯 1 つの解をもつとき，解は 2 つの直線の交点（の座標）を表す．
$\operatorname{rank} A = \operatorname{rank}[A, \boldsymbol{b}] = 1$ のとき，(1), (2) の一方は他方の定数倍であり，同じ直線を表す．
$\operatorname{rank} A = 1 < \operatorname{rank}[A, \boldsymbol{b}] = 2$ のとき，(1), (2) の左辺の一方は他方の定数倍（k 倍）だが，右辺の一方は他方の k 倍ではなく，一般には (1), (2) は平行な直線を表す．

座標空間　座標空間内の一次方程式 $ax + by + cz = d$ の解 $\boldsymbol{x}$ は一般には，$a \neq 0$ のとき

$$b' = -\frac{b}{a}, \quad c' = -\frac{c}{a}, \quad d' = \frac{d}{a}$$

とすると，

$$\boldsymbol{x} = \begin{bmatrix} x \\ y \\ z \end{bmatrix} = \begin{bmatrix} d' \\ 0 \\ 0 \end{bmatrix} + s \begin{bmatrix} b' \\ 1 \\ 0 \end{bmatrix} + t \begin{bmatrix} c' \\ 0 \\ 1 \end{bmatrix} \quad (=: \boldsymbol{d} + s\boldsymbol{x}_1 + t\boldsymbol{x}_2) \tag{2.9}$$

であり，$\boldsymbol{x}$ は点 $\boldsymbol{d}$ を通り，原点 O と点 $\boldsymbol{x}_1, \boldsymbol{x}_2$ の張る平面に平行な平面 P 上にある．

逆に平面 P 上の点は実数の組 (s,t) により $\boldsymbol{d}+s\boldsymbol{x}_1+t\boldsymbol{x}_2$ と一意的に表され，s,t が全ての実数値をとって変わるとき，点 $\boldsymbol{x}$ の全体は平面 P になる．この故に (2.9) 式は**平面のベクトル方程式**，または**パラメーター表示**といわれる．この一次方程式も平面 P を表し，**平面の方程式**といわれる．なお，$a=b=c=0$ で，$d=0$ のときは全空間を表し，$d\neq 0$ のときは空集合を表す．

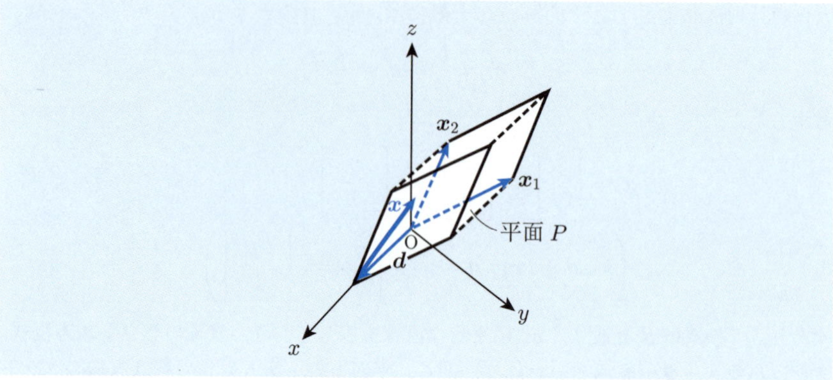

連立方程式

$$\begin{cases} a_1x+b_1y+c_1z=d_1 & \cdots(1) \\ a_2x+b_2y+c_2z=d_2 & \cdots(2) \end{cases},\quad A=\begin{bmatrix} a_1 & b_1 & c_1 \\ a_2 & b_2 & c_2 \end{bmatrix},\quad \boldsymbol{b}=\begin{bmatrix} d_1 \\ d_2 \end{bmatrix}$$

について，

$\operatorname{rank} A=2$，即ち自由度1の解をもつとき，解は (1), (2) の表す2平面の交線を表す．

$\operatorname{rank} A=\operatorname{rank}[A,\boldsymbol{b}]=1$ のとき，一方は他方の定数倍であり一般には同じ平面を表す．

$\operatorname{rank} A=1<\operatorname{rank}[A,\boldsymbol{b}]=2$ のとき，一般には平行な平面を表す．

方程式数が3の場合，係数行列 A の $\operatorname{rank} A=3$ のときは唯1つの解をもち，解は3つの平面の交点を表す．$\operatorname{rank} A<3$ で解がないときは3平面の作る3交線が共有点をもたない場合があり，解をもつときは3交線が一致するなど，いろいろな場合がある．

2.8.2 階段行列の一意性の証明

$A\neq O$ とし，$m\times n$ 行列 A の階段行列が $B=P_1A$, $C=P_2A$ と2通りあるとして $B=C$ を示す．B, C の階数をそれぞれ r, r' $(r\leqq r')$ とし，B の軸列は $s_1,\dots,s_r$, C の軸列は $t_1,\dots,t_{r'}$ とする．このとき C には少なくとも $\boldsymbol{e}_r$ までは含

まれるので,

$$B = P_1A = [\boldsymbol{b}_1\,\boldsymbol{b}_2\,\cdots\,\boldsymbol{b}_n] = [\ \overset{s_1}{\boldsymbol{e}_1}\ *\ \overset{s_2}{\boldsymbol{e}_2}\ \cdots\ \overset{s_r}{\boldsymbol{e}_r}\ \cdots\ ],$$

$$C = P_2A = [\boldsymbol{c}_1\,\boldsymbol{c}_2\,\cdots\,\boldsymbol{c}_n] = [\ \overset{t_1}{\boldsymbol{e}_1}\ *\ \overset{t_2}{\boldsymbol{e}_2}\ \cdots\ \overset{t_r}{\boldsymbol{e}_r}\ \overset{(t_{r'})}{\cdots}\ ]$$

と表せる．$P = P_2P_1^{-1}$ とおけば $PB = (P_2P_1^{-1})(P_1A) = P_2A = C$ より $P\boldsymbol{b}_j = \boldsymbol{c}_j$：

$$PB = [\,\boldsymbol{0}\cdots\boldsymbol{0}\ \overset{s_1}{P\boldsymbol{e}_1} *\ \overset{s_2}{P\boldsymbol{e}_2}\ \cdots\ \overset{s_r}{P\boldsymbol{e}_r}\ \cdots\,] = [\,\boldsymbol{0}\cdots\boldsymbol{0}\ \overset{t_1}{\boldsymbol{e}_1} *\ \overset{t_2}{\boldsymbol{e}_2}\ \cdots\ \overset{t_r}{\boldsymbol{e}_r}\ \cdots\,] = C$$

また，$P = [\boldsymbol{p}_1\cdots\boldsymbol{p}_m]$ とすれば $P\boldsymbol{e}_j = \boldsymbol{p}_j$ で P は正則だから $\boldsymbol{p}_j \neq \boldsymbol{0}$.

(1.1) $s_1 \neq 1,\ 1 \leqq j < s_1$ のとき $\boldsymbol{b}_j = \boldsymbol{0}$ より $\boldsymbol{c}_j = P\boldsymbol{b}_j = P\boldsymbol{0} = \boldsymbol{0}$.

(1.2) $j = s_1 \geqq 1$ のとき $\boldsymbol{b}_{s_1} = \boldsymbol{e}_1$ より $\boldsymbol{c}_{s_1} = P\boldsymbol{b}_{s_1} = P\boldsymbol{e}_1 = \boldsymbol{p}_1 \neq \boldsymbol{0}$.

C は階段行列なので $\boldsymbol{0}$ でない最初の列は第 t_1 列で，それは $\boldsymbol{e}_1$ だから

$$s_1 = t_1,\quad \boldsymbol{c}_{t_1} = \boldsymbol{e}_1,\quad \therefore\ \boldsymbol{p}_1 = \boldsymbol{e}_1,\quad P = [\boldsymbol{e}_1\ *] = \begin{bmatrix} 1 & * \\ \boldsymbol{0} & * \end{bmatrix}$$

(2.1) $B = [b_{ij}]$ は階段行列なので，$s_1 < j < s_2$ のとき $\boldsymbol{b}_j$ の第 2 行目以下は 0，つまり $\boldsymbol{b}_j = \boldsymbol{e}_1b_{1j}$ と表せる．これより $\boldsymbol{c}_j = P(\boldsymbol{e}_1b_{1j}) = (P\boldsymbol{e}_1)b_{1j} = \boldsymbol{e}_1b_{1j} \neq \boldsymbol{e}_2$. $\therefore j < s_2$ のとき $j < t_2$. $\therefore s_2 \leqq t_2$ を得る．$B = P^{-1}C$ なので B と C を入れ替えて同様にすれば $t_2 \leqq s_2$, 合わせて $s_2 = t_2$ を得る．

(2.2) $j = s_2 = t_2$ のとき：

$\boldsymbol{b}_j = \boldsymbol{b}_{s_2} = \boldsymbol{e}_2$, $\boldsymbol{c}_j = \boldsymbol{c}_{t_2} = \boldsymbol{e}_2$ と $\boldsymbol{c}_j = P\boldsymbol{b}_j = P\boldsymbol{e}_2 = \boldsymbol{p}_2$ より

$$s_2 = t_2,\quad \boldsymbol{p}_2 = \boldsymbol{e}_2,\quad \therefore\ P = [\boldsymbol{e}_1\ \boldsymbol{e}_2\ *] = \begin{bmatrix} E_2 & * \\ O & * \end{bmatrix}$$

以下同様にして $t_{k-1} < j < t_k$（$k \leqq r$）のとき，$\boldsymbol{b}_j$ の第 k 行目以下は 0，つまり $\boldsymbol{c}_j = P\boldsymbol{b}_j = P\left(\sum_{i=1}^{k-1}\boldsymbol{e}_ib_{ij}\right) = \sum_{i=1}^{k-1}\boldsymbol{e}_ib_{ij} \neq \boldsymbol{e}_k$ より

$$s_k = t_k,\quad \boldsymbol{p}_k = \boldsymbol{e}_k\quad (k = 3, \ldots, r),\quad P = [\boldsymbol{e}_1\ \cdots\ \boldsymbol{e}_r\ *] = \begin{bmatrix} E_r & P_{12} \\ O & P_{22} \end{bmatrix}$$

を得る．B の第 $r+1$ 行目以下は零行列 O だから B を第 r 行目以上と O に分割して

$$C = PB = \begin{bmatrix} E_r & P_{12} \\ O & P_{22} \end{bmatrix}\begin{bmatrix} B_1 \\ O \end{bmatrix} = \begin{bmatrix} B_1 \\ O \end{bmatrix} = B,\qquad \therefore\ r' = r$$

よって 階段行列および階数の一意性が示された.

2章の問題

□**1** 次の行列の階段行列と階数を求めよ.

(1) $\begin{bmatrix} 1 & 2 & 3 \\ 2 & 1 & -3 \end{bmatrix}$ (2) $\begin{bmatrix} 1 & 2 & 5 \\ 6 & 3 & 3 \\ -4 & 1 & 7 \end{bmatrix}$ (3) $\begin{bmatrix} 2 & 5 & 8 & 1 \\ 3 & -1 & -5 & 2 \\ 1 & 3 & 5 & 1 \end{bmatrix}$

(4) $\begin{bmatrix} 0 & 2 & -5 & -1 \\ 0 & 1 & 1 & 3 \\ 0 & -2 & 3 & -1 \\ 0 & -2 & 7 & 3 \end{bmatrix}$ (5) $\begin{bmatrix} 1 & 2 & -1 & -2 & -1 \\ 2 & 1 & -2 & 0 & 4 \\ 3 & 2 & -3 & -1 & 4 \\ 1 & 0 & -1 & -1 & -2 \end{bmatrix}$ (6) $\begin{bmatrix} 3 & 6 & 4 & 9 & 7 \\ 4 & 8 & 3 & 5 & 6 \\ 3 & 6 & 3 & 6 & 6 \\ 2 & 4 & 1 & 1 & 1 \end{bmatrix}$

□**2** 掃き出し法を用いて次の連立一次方程式を解け.

(1) $\begin{cases} x+4y-3z=-3 \\ 3x+2y+z=1 \\ 2x+3y+2z=5 \end{cases}$ (2) $\begin{cases} x+y+z=1 \\ 2x+4y+6z=8 \end{cases}$

(3) $\begin{cases} x-2y+4z=-3 \\ 2x-4y+8z=-1 \\ x+y+z=0 \end{cases}$ (4) $\begin{cases} x+2y+3z-4w=-1 \\ 2x+4y+7z-4w=1 \\ 3x+6y+11z-4w=3 \end{cases}$

(5) $\begin{cases} x+3y-5z-2w=1 \\ x-2y+5z+w=0 \\ -3x+3y-9z-w=0 \\ -2x-y+w=-1 \end{cases}$

□**3** 掃き出し法を用いて次の同次連立一次方程式を解け.

(1) $\begin{cases} x+y-z=0 \\ 2x+3y=0 \\ 2x+4y+2z=0 \end{cases}$ (2) $\begin{cases} x+2y+3z=0 \\ 2x+4y+5z=0 \\ 3x+5y+7z=0 \end{cases}$

(3) $\begin{cases} x+2y+3z=0 \\ 2x+4y+6z=0 \\ 3x+6y+9z=0 \end{cases}$ (4) $\begin{cases} x+2y+3z+4w=0 \\ y+z+w=0 \\ -x+z+w=0 \end{cases}$

(5) $\begin{cases} 9x+10y+11z+12w=0 \\ 5x+6y+7z+8w=0 \\ x+4y+9z+16w=0 \\ x+2y+3z+4w=0 \end{cases}$

□**4** (1) $\begin{bmatrix} 7 \\ 5 \\ 3 \end{bmatrix}$ を $\begin{bmatrix} 1 \\ 2 \\ 2 \end{bmatrix}$, $\begin{bmatrix} 4 \\ -1 \\ -3 \end{bmatrix}$ の一次結合として表せ.

(2) $\begin{bmatrix} -3 \\ 1 \\ 2 \\ 2 \end{bmatrix}$ を $\begin{bmatrix} 1 \\ 2 \\ -1 \\ 3 \end{bmatrix}$, $\begin{bmatrix} 0 \\ 1 \\ 1 \\ -1 \end{bmatrix}$, $\begin{bmatrix} 2 \\ 2 \\ 0 \\ -1 \end{bmatrix}$ の一次結合として表せ.

□ **5** 次のベクトルの組は一次独立かどうかを判定せよ.

(1) $\begin{bmatrix} 1 \\ 2 \\ 3 \end{bmatrix}, \begin{bmatrix} 4 \\ -1 \\ -3 \end{bmatrix}, \begin{bmatrix} 3 \\ 1 \\ 3 \end{bmatrix}$ (2) $\begin{bmatrix} 1 \\ 2 \\ 3 \end{bmatrix}, \begin{bmatrix} 1 \\ -1 \\ -3 \end{bmatrix}, \begin{bmatrix} -3 \\ -2 \\ -1 \end{bmatrix}$

(3) $\begin{bmatrix} 1 \\ 2 \\ 3 \\ 5 \end{bmatrix}, \begin{bmatrix} 1 \\ 3 \\ 4 \\ 6 \end{bmatrix}, \begin{bmatrix} -3 \\ 5 \\ 2 \\ -4 \end{bmatrix}$

□ **6** 次のベクトルの組 $\boldsymbol{a}_1, \ldots, \boldsymbol{a}_5$ を左から順に見て一次独立なベクトルの組を 1 組選び出し，残りのベクトルをその一次結合で表せ.

(1) $\boldsymbol{a}_1 = \begin{bmatrix} 1 \\ 2 \\ 2 \end{bmatrix}, \boldsymbol{a}_2 = \begin{bmatrix} 2 \\ 3 \\ 1 \end{bmatrix}, \boldsymbol{a}_3 = \begin{bmatrix} -1 \\ 0 \\ 4 \end{bmatrix}, \boldsymbol{a}_4 = \begin{bmatrix} 3 \\ 4 \\ 0 \end{bmatrix}, \boldsymbol{a}_5 = \begin{bmatrix} 1 \\ 5 \\ -2 \end{bmatrix}$

(2) $\boldsymbol{a}_1 = \begin{bmatrix} 1 \\ 1 \\ 2 \\ 1 \end{bmatrix}, \boldsymbol{a}_2 = \begin{bmatrix} 2 \\ 0 \\ 3 \\ 3 \end{bmatrix}, \boldsymbol{a}_3 = \begin{bmatrix} 2 \\ -4 \\ 1 \\ 5 \end{bmatrix}, \boldsymbol{a}_4 = \begin{bmatrix} 3 \\ 1 \\ 5 \\ 4 \end{bmatrix}, \boldsymbol{a}_5 = \begin{bmatrix} 8 \\ -2 \\ 11 \\ 13 \end{bmatrix}$

□ **7** 次の行列の逆行列を求めよ.

(1) $\begin{bmatrix} 5 & 6 \\ 6 & 7 \end{bmatrix}$ (2) $\begin{bmatrix} -1 & 0 & 3 \\ 0 & 1 & 0 \\ 2 & 1 & -5 \end{bmatrix}$ (3) $\begin{bmatrix} 1 & 1 & -1 \\ 2 & 3 & -1 \\ 2 & 1 & -2 \end{bmatrix}$

(4) $\begin{bmatrix} 3 & 5 & 8 \\ -2 & -3 & -5 \\ 4 & 2 & 5 \end{bmatrix}$ (5) $\begin{bmatrix} 1 & 2 & 3 & 4 \\ 2 & 3 & 4 & 5 \\ 0 & 0 & 5 & 6 \\ 0 & 0 & 6 & 7 \end{bmatrix}$ (6) $\begin{bmatrix} 1 & 2 & -1 \\ 2 & -2 & 1 \\ 3 & 1 & 0 \end{bmatrix}$

□ **8** 次の行列 A, B に対し，$A^{-1}B$ を求めよ.

$$A = \begin{bmatrix} 1 & 2 & 3 \\ -2 & -3 & -5 \\ 5 & 4 & 8 \end{bmatrix}, \quad B = \begin{bmatrix} 1 & 2 & 1 \\ -1 & -3 & -1 \\ 1 & 2 & 2 \end{bmatrix}$$

□ **9** 次の行列 A を階段行列にする正則行列 P と階段行列 $B = PA$ を求めよ.

(1) $\begin{bmatrix} 1 & 2 & 3 \\ 2 & 3 & 4 \end{bmatrix}$ (2) $\begin{bmatrix} 1 & 2 & 3 & 4 \\ 1 & 3 & 5 & 7 \\ 2 & 2 & 1 & 1 \end{bmatrix}$ (3) $\begin{bmatrix} 2 & 5 & -6 & -7 & 7 \\ 3 & 6 & -6 & -8 & 7 \\ -2 & -4 & 4 & 5 & -5 \end{bmatrix}$

□ **10** 次の行列の標準形と階数を求めよ.

(1) $\begin{bmatrix} 1 & 2 & 3 \\ 4 & 5 & 6 \\ 7 & 8 & 9 \end{bmatrix}$ (2) $\begin{bmatrix} 1 & 2 & 3 & 4 \\ 4 & 5 & 6 & 7 \\ 7 & 8 & 9 & 10 \\ 10 & 11 & 12 & 13 \end{bmatrix}$ (3) $\begin{bmatrix} 12.3 & 23.4 & 34.5 \\ 23.1 & 34.2 & 45.3 \\ 31.2 & 42.3 & 53.4 \end{bmatrix}$

□ **11** 次の行列の階数を A の階数 $\operatorname{rank} A$ を用いて表せ.

(1) $\begin{bmatrix} A \\ -A \end{bmatrix}$ (2) $\begin{bmatrix} A & A \\ A & A \end{bmatrix}$ (3) $\begin{bmatrix} A & A \\ O & A \end{bmatrix}$

□ **12** 次の行列の階数を求めよ.

(1) $\begin{bmatrix} 2 & 8 & 5 & 1 \\ 1 & 3 & 2 & 0 \\ 5 & 3 & 4 & a \end{bmatrix}$ (2) $\begin{bmatrix} 1 & 1 & 1 \\ a & 1 & 1 \\ a & a & 1 \end{bmatrix}$ (3) $\begin{bmatrix} 1 & a & a \\ a & 1 & a \\ a & a & 1 \end{bmatrix}$

□ **13** 次の連立一次方程式を解け.

(1) $\begin{cases} x + 2y - z + 3w = -3 \\ 2x + 3y + 4w = -2 \\ 2x + y + 4z = a \end{cases}$ (2) $\begin{cases} x + y - 3w = 0 \\ 2x + y - z - 5w = 1 \\ x + 2y + 2z - 3w = -2 \\ 2x - 2z + aw = b \end{cases}$

(3) $\begin{cases} x - y - 3z - 2w = -2 \\ x + y + z = 0 \\ x + 2y + 3z + w = b \\ -2x - y + aw = 1 \end{cases}$ (4) $\begin{cases} x + y - z = 1 \\ 2x + y + az = 1 \\ 3x + ay + z = 2 \end{cases}$

(5) $\begin{cases} x + y + z - w = 1 \\ -x - 2y - 2z + 2w = -2 \\ 2x - 2y - z + aw = -1 \\ 3x - 3y + az - w = -2 \end{cases}$ (6) $\begin{cases} x + y + z = 1 \\ x + y + az = b \\ ax + by + z = 1 \end{cases}$

□ **14** 次の行列が正則かどうかを判定し, 正則であれば逆行列を求めよ.

(1) $\begin{bmatrix} 11 & 9 \\ 9 & 11 \end{bmatrix}$ (2) $\begin{bmatrix} \sqrt{2}+1 & -1 \\ 2 & \sqrt{2}-1 \end{bmatrix}$ (3) $\begin{bmatrix} 2 & -7 & 11 \\ 5 & -16 & 25 \\ -8 & 26 & -41 \end{bmatrix}$

(4) $\begin{bmatrix} 0 & 0 & 1 \\ 0 & 1 & a \\ 1 & b & c \end{bmatrix}$ (5) $\begin{bmatrix} 1 & a & a^2 & a^3 \\ 0 & 1 & 2a & 3a^2 \\ 0 & 0 & 1 & 3a \\ 0 & 0 & 0 & 1 \end{bmatrix}$ (6) $\begin{bmatrix} -19 & 50 & -70 & 58 \\ 20 & -49 & 70 & -61 \\ 20 & -50 & 71 & -61 \\ 21 & -49 & 71 & -64 \end{bmatrix}$

(7) $\begin{bmatrix} 1 & 1 & a \\ 1 & a & 1 \\ a & 1 & 1 \end{bmatrix}$

□ **15** n 次正方行列 A について，次は同値であることを示せ．

(1) A は正則である． (2) 方程式 $A\boldsymbol{x} = \boldsymbol{0}$ は自明な解 $\boldsymbol{x} = \boldsymbol{0}$ のみをもつ．

(3) 任意の n 次元列ベクトル $\boldsymbol{b}$ に対し，方程式 $A\boldsymbol{x} = \boldsymbol{b}$ は唯 1 つの解をもつ．

□ **16** A, B を同じ型の行列とするとき，次を示せ．

(1) $\mathrm{rank}[A, 2A+B] = \mathrm{rank}[A, B]$ (2) $\mathrm{rank}[A, B, 3A-2B] = \mathrm{rank}[A, B]$

(3) $\mathrm{rank}\begin{bmatrix} A & 2A+3B \\ O & B \end{bmatrix} = \mathrm{rank}\begin{bmatrix} A & O \\ O & B \end{bmatrix} = \mathrm{rank}\, A + \mathrm{rank}\, B$

□ **17** $m \times n$ 行列 A において $\mathrm{rank}\, A < m$ ならば，A を係数行列とする連立一次方程式 $A\boldsymbol{x} = \boldsymbol{b}$ が解をもたない様な m 次元列ベクトル $\boldsymbol{b}$ が存在することを示せ．

□ **18** $m \times n$ 行列 $A = [\boldsymbol{a}_1\ \boldsymbol{a}_2\ \cdots\ \boldsymbol{a}_n]$ は $m \leqq n$ かつ $\mathrm{rank}\, A = m$ のとき，A の列ベクトル $\boldsymbol{a}_{i_1}, \ldots, \boldsymbol{a}_{i_m}$ をうまく選べば $A' = [\boldsymbol{a}_{i_1}\ \cdots\ \boldsymbol{a}_{i_m}]$ が正則になることを示せ．

□ **19** A を $m \times n$ 行列とするとき，次は同値であることを示せ．

(1) $\mathrm{rank}\, A \leqq r$

(2) $A = BC$ となる $m \times r$ 行列 B と $r \times n$ 行列 C が存在する．

□ **20** $m \times n$ 行列 A に対し，$AXA = A$ をみたす $n \times m$ 行列 X を A の**一般逆行列**という．このとき次を示せ．

(1) $m \times n$ 行列 A の一般逆行列 X は存在する．（但し，一意的とは限らない．）

(2) 任意の n 次元列ベクトル $\boldsymbol{y}$ に対し，$(E_n - XA)\boldsymbol{y}$ は $A\boldsymbol{x} = \boldsymbol{0}$ の解である．

(3) 方程式 $A\boldsymbol{x} = \boldsymbol{b}$ が解をもつとき，$X\boldsymbol{b}$ は 1 つの解である．

(4) (3) のとき，$A\boldsymbol{x} = \boldsymbol{b}$ の任意の解 $\boldsymbol{x}_0$ について $\boldsymbol{x}_0 = X\boldsymbol{b} + (E_n - XA)\boldsymbol{x}_0$ が成り立つ．（即ち，任意の解 $\boldsymbol{x}_0$ はある $\boldsymbol{y}$ により $\boldsymbol{x}_0 = X\boldsymbol{b} + (E - XA)\boldsymbol{y}$ と表せることになる．）

第3章

行　列　式

本章で述べる行列式は，正方行列が正則かどうかが判定できる式である．正則行列の逆行列や，正則行列を係数行列とする連立一次方程式の解は，行列式を用いて表せる．行列式の値は，行列式の性質，特に基本変形に対する変化を調べることにより，基本変形や掃き出しを用いて計算することができる．また，2 次や 3 次の行列式の図形的意味を考察し，空間ベクトルの外積にも言及する．行列式には応用上有用なものが多いが，その一部を補足で述べる．

3.1 行列式の定義

この章では行列は全て（n 次）正方行列とする．

2 次，3 次の行列式

2 次行列 $A = \begin{bmatrix} a & b \\ c & d \end{bmatrix}$ に対し，$ad-bc$ を A の**行列式**（determinant）といい，

$$\begin{vmatrix} a & b \\ c & d \end{vmatrix}, \quad \det\begin{bmatrix} a & b \\ c & d \end{bmatrix}, \quad |A|, \quad \det A, \quad |\boldsymbol{a}_1\ \boldsymbol{a}_2|, \quad \det\begin{bmatrix} \boldsymbol{a}^1 \\ \boldsymbol{a}^2 \end{bmatrix}$$

などと，記号 $|\quad|$ や det を用いて表す（2 次の行列式という）．

$|A| = ad - bc \neq 0$ のとき A は正則で，逆行列 A^{-1} が

$$A^{-1} = \frac{1}{|A|}\begin{bmatrix} d & -b \\ -c & a \end{bmatrix}$$

で与えられることは，AA^{-1}, $A^{-1}A$ に上式を代入して計算すれば E になることにより確かめられる．

$$|A| = 0$$

のときは A は正則でない．

$|A| \neq 0$ のとき，連立一次方程式 $A\boldsymbol{x} = \boldsymbol{b}$ は唯 1 つの解 $\boldsymbol{x} = A^{-1}\boldsymbol{b}$ をもち，$\boldsymbol{x} = {}^t[x\ y]$, $\boldsymbol{b} = {}^t[e\ f]$ として $A^{-1}\boldsymbol{b}$ を計算すれば，

$$x = \frac{de - bf}{|A|} = \frac{1}{|A|}\begin{vmatrix} e & b \\ f & d \end{vmatrix} = \frac{\det[\boldsymbol{b}\ \boldsymbol{a}_2]}{|A|},$$
$$y = \frac{-ce + af}{|A|} = \frac{1}{|A|}\begin{vmatrix} a & e \\ c & f \end{vmatrix} = \frac{\det[\boldsymbol{a}_1\ \boldsymbol{b}]}{|A|}$$

となり，解も行列式を用いて表されることが分かる．（**クラメルの公式**という．）

注意 3.1 この章では一般の n 次正方行列 A の行列式 $|A|$ を定義し，$|A| \neq 0$ のとき A が逆行列をもち，$A\boldsymbol{x} = \boldsymbol{b}$ の解が行列式を用いて表されることが示される．このことが行列式を考える動機にもなっている．

1 次，3 次正方行列 $A = [a_{ij}]$ の行列式 $\det A$（$= |A|$）は，比較のため 2 次の行列式と並べて書くと，

$$
\begin{aligned}
\det A = \det[a_{11}] \qquad\qquad &= a_{11}, \\
\det A = \begin{vmatrix} a_{11} & a_{12} \\ a_{21} & a_{22} \end{vmatrix} \qquad &= a_{11}a_{22} - a_{12}a_{21}, \\
\det A = \begin{vmatrix} a_{11} & a_{12} & a_{13} \\ a_{21} & a_{22} & a_{23} \\ a_{31} & a_{32} & a_{33} \end{vmatrix} &= a_{11}a_{22}a_{33} - a_{11}a_{23}a_{32} + a_{12}a_{23}a_{31} \\
&\quad - a_{12}a_{21}a_{33} + a_{13}a_{21}a_{32} - a_{13}a_{22}a_{31}
\end{aligned}
\tag{3.1}
$$

と定義される．ここで，項は行添え字（＝左添え字）が 1, 2, 3 の順に並ぶ様に配列している．（青色で表示している．）このとき，列添え字（＝右添え字）は 1, 2, 3 の順列全てにわたっている．即ち，A の行列式は

$$\det A = \sum_{(p_1 \cdots p_n)} \pm a_{1p_1} \cdots a_{np_n}$$

の形をもっている．ここで，和は $1, 2, \ldots, n$ を全て並べる順列（**置換**という）全体にわたってとる（$n!$ 項の和）．（$1! = 1$, $2! = 2$, $3! = 6$）

問 1　次の行列式の値を求めよ．

(1) $\begin{vmatrix} 1 & 2 \\ 3 & 4 \end{vmatrix}$　(2) $\begin{vmatrix} 5 & 4 \\ 3 & 2 \end{vmatrix}$　(3) $\begin{vmatrix} \cos\theta & -\sin\theta \\ \sin\theta & \cos\theta \end{vmatrix}$　(4) $\begin{vmatrix} 2 & 5 & 6 \\ 0 & 3 & 2 \\ 0 & 4 & 1 \end{vmatrix}$

このことを一般化して，$\pm$ の符号を定めて行列式を定義するが，符号は置換により定まるので，まず置換の符号を定める．

置換の転倒数と符号

異なる n 個のものを全て一列に並べる順列を n 次の**置換**（permutation）という．異なる n 個のものは自然数 $1, 2, \ldots, n$ に対応付けられるので，n 次の置換はここでは $1, 2, \ldots, n$ の順列として，

$$\boldsymbol{p} = (p_1\, p_2\, \cdots\, p_n) \quad (1 \leqq p_1, p_2, \ldots, p_n \leqq n)$$

と表す．（空白で区切る．）1, 2, 3 次の置換を全て列挙すると

1 次：(1)（$1! = 1$ 個），

2 次：(1 2)，(2 1)（$2! = 2$ 個），

3 次：(1 2 3)，(1 3 2)，(2 3 1)，(2 1 3)，(3 1 2)，(3 2 1)（$3! = 6$ 個）

置換 $(1\,2 \cdots n)$ を $\mathbf{1}_n$ で表し，**単位置換**，または**恒等置換**という．置換はこ

の並び順を基本と考える．

n 次の置換 $\boldsymbol{p} = (p_1\, p_2\, \cdots\, p_n)$ において，

$$i < j \quad だが \quad p_i > p_j \qquad （左にある数の方が右の数より大きい）$$

となる様な組 (p_i, p_j)（転倒対（つい）ということにする）の個数を**置換 $\boldsymbol{p}$ の転倒数**といい，本書では $t(\boldsymbol{p})$ や $t(p_1\, p_2\, \cdots\, p_n)$ と表す．

転倒数が偶数である置換を**偶置換**，奇数である置換を**奇置換**という．

また，$(-1)^{t(\boldsymbol{p})}$ を**置換 $\boldsymbol{p}$ の符号**（signature）といい，$\operatorname{sgn}\boldsymbol{p}$, $\varepsilon(\boldsymbol{p})$ や，$\varepsilon(p_1\, p_2\, \cdots\, p_n)$ と表す．即ち

$$\operatorname{sgn}\boldsymbol{p} = \varepsilon(\boldsymbol{p}) = \varepsilon(p_1\, p_2\, \cdots\, p_n) = (-1)^{t(\boldsymbol{p})} = \begin{cases} +1 & \boldsymbol{p}\text{ は偶置換} \\ -1 & \boldsymbol{p}\text{ は奇置換} \end{cases} \tag{3.2}$$

単位置換 $\mathbf{1}_n$ の転倒数は 0 なので，符号は +1 であり，偶置換である．

例 3.1　4 次の置換 $\boldsymbol{p} = (3\,2\,4\,1)$ において，転倒対は $(3,2), (3,1), (2,1), (4,1)$ で，転倒数は 4，符号は $(-1)^4 = +1$ である．□

1, 2, 3 次の置換については転倒数，符号が次の表の様になる．

置換	転倒数	符号
(1)	0	+1

置換	転倒数	符号	置換	転倒数	符号
(1 2)	0	+1	(2 1)	1	−1

置換	転倒対	転倒数	符号	置換	転倒対	転倒数	符号
(1 2 3)	なし	0	+1	(1 3 2)	(3, 2)	1	−1
(2 3 1)	(2, 1), (3, 1)	2	+1	(2 1 3)	(2, 1)	1	−1
(3 1 2)	(3, 1), (3, 2)	2	+1	(3 2 1)	(3, 2), (3, 1), (2, 1)	3	−1

問 2　6 次の置換 $(5\,4\,2\,3\,6\,1)$ の転倒数を求めよ．

行列式の定義

n 次正方行列 $A = [a_{ij}]$ の行列式（**n 次の行列式**という）$\det A = |A|$ を

$$\det A = |A| = \sum_{\boldsymbol{p}=(p_1\,\cdots\,p_n)} (\operatorname{sgn}\boldsymbol{p})\, a_{1p_1}\, a_{2p_2} \cdots a_{np_n} \tag{3.3}$$

（n 次の置換 $\boldsymbol{p} = (p_1\, \cdots\, p_n)$ 全てにわたる $n!$ 項の和）

と定義する．各項は各行，各列から 1 つずつ成分を取り出して掛け合わせ，符号を付けたものである．行列式はまた次の様に成分で表したり，行や列に分割して表す：

$$\begin{vmatrix} a_{11} & \cdots & a_{1n} \\ \vdots & \ddots & \vdots \\ a_{n1} & \cdots & a_{nn} \end{vmatrix}, \ \det\begin{bmatrix} \boldsymbol{a}^1 \\ \vdots \\ \boldsymbol{a}^n \end{bmatrix}, \ \begin{vmatrix} \boldsymbol{a}^1 \\ \vdots \\ \boldsymbol{a}^n \end{vmatrix}, \ \det\big[\boldsymbol{a}_1 \ \cdots \ \boldsymbol{a}_n\big], \ \big|\boldsymbol{a}_1 \ \cdots \ \boldsymbol{a}_n\big|$$

注意 3.2 行列式の定義より，複素行列，実行列，有理行列，整数行列の行列式の値はそれぞれ複素数，実数，有理数，整数になる．A の複素共役行列 $\overline{A}$ の行列式は A の行列式 $\det A$ の複素共役に等しい．即ち，$\det\overline{A} = \overline{\det A}$．($|\overline{A}| = \overline{|A|}$.)

問 3 $\det\overline{A} = \overline{\det A}$ を示せ．

$n = 1, 2, 3$ のときは置換の符号が以前の行列式の定義式 (3.1) に現れる符号と一致しているので，行列式の定義式 (3.1) と (3.3) は一致している．

問 4 このことを確かめよ．

成分に 0 が多い場合は行列式の定義から直接計算できる．

例題 3.2

次の等式を示せ：$\begin{vmatrix} a & 0 & 0 & b \\ 0 & c & d & 0 \\ e & 0 & 0 & f \\ 0 & g & h & 0 \end{vmatrix} = -acfh + adfg + bceh - bdeg$

【解答】

左辺 $= \varepsilon(1\,2\,4\,3)acfh + \varepsilon(1\,3\,4\,2)adfg + \varepsilon(4\,2\,1\,3)bceh + \varepsilon(4\,3\,1\,2)bdeg =$ 右辺
(他の項は全て 0 を含むので 0 になる.) ■

例題 3.3

対角行列の行列式は対角成分の積になることを示せ．

$$|A| = \begin{vmatrix} a_{11} & & O \\ & \ddots & \\ O & & a_{nn} \end{vmatrix} = a_{11}a_{22}\cdots a_{nn}, \quad 特に\ |E| = 1, \quad |O| = 0$$

【解答】 置換 $\boldsymbol{p} = (p_1 \ \cdots \ p_n)$ が $\boldsymbol{p} \neq \boldsymbol{1}_n$ のとき，$i \neq p_i$ となる i がある．このとき $a_{ip_i} = 0$ なのでこれを含む項は全て 0．よって $\boldsymbol{p} = \boldsymbol{1}_n$ の項のみ残り，$\varepsilon(\boldsymbol{1}_n) = 1$ より右辺になる． ■

例題 3.4

n 次の行列式について，次の等式が成り立つことを示せ．

(1)　$|cA| = c^n |A|$

(2)　$\begin{vmatrix} & & 1 \\ & \iddots & \\ 1 & & \end{vmatrix} = (-1)^{\frac{n(n-1)}{2}} = \begin{cases} 1 & (n = 4m, \quad 4m+1) \\ -1 & (n = 4m+2, \ 4m+3) \end{cases}$

【解答】　(1)　
$$\begin{aligned} |cA| &= \sum \varepsilon(\boldsymbol{p})(ca_{1p_1})\cdots(ca_{np_n}) \\ &= c^n \sum \varepsilon(\boldsymbol{p}) a_{1p_1} \cdots a_{np_n} \\ &= c^n |A| \end{aligned}$$

(2)　左辺 $= \varepsilon(n\ n-1\ \cdots\ 1)\, 1^n$.（これ以外の項は全て 0.）$\boldsymbol{p} = (n\ n-1\ \cdots\ 1)$ の転倒数 $t(\boldsymbol{p})$ を数えると，n より右にある数は全て n より小さいのでその個数は $(n-1)$ 個，$n-1$ より右にあるのは $(n-2)$ 個，$\cdots$ より，

$$t(\boldsymbol{p}) = (n-1) + (n-2) + \cdots + 1 = \frac{n(n-1)}{2}$$

$$\therefore\quad 左辺 = \varepsilon(\boldsymbol{p}) = (-1)^{t(\boldsymbol{p})} = (-1)^{\frac{n(n-1)}{2}} = 右辺$$ ■

例 3.5　**(サラス (Sarrus) の公式)**　3 次の行列式を符号が正の項と負の項に分けると：

$$\begin{aligned} |A| = a_{11}a_{22}a_{33} + a_{12}a_{23}a_{31} + a_{13}a_{21}a_{32} \\ - a_{12}a_{21}a_{33} - a_{13}a_{22}a_{31} - a_{11}a_{23}a_{32} \end{aligned}$$

この並び方は：

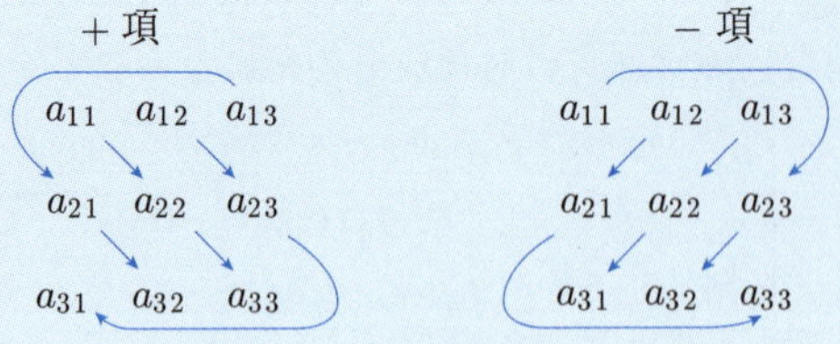

□

問 5 次の行列式の値を求めよ.

(1) $\begin{vmatrix} 1 & 2 & 3 \\ 4 & 5 & 6 \\ 7 & 8 & 9 \end{vmatrix}$ (2) $\begin{vmatrix} 1 & 2 & 3 \\ 3 & 4 & 5 \\ 5 & 6 & 8 \end{vmatrix}$ (3) $\begin{vmatrix} a & 1 & 1 \\ 1 & a & 1 \\ 1 & 1 & a \end{vmatrix}$

注意 3.3 n 次の行列式の項数は $n!$ であり, $4! = 24$, $5! = 120$, $10! = 3628800$, $15! \fallingdotseq 1.3 \times 10^{12}$, $20! \fallingdotseq 2.4 \times 10^{18}$ なので, 定義式に基づいて手計算で求めるには 4 次の行列式でも大変であり, 計算機を用いても次数が少し高くなるだけで急速に計算が困難になる.

そこで, 行列式の性質を調べ, その性質を利用してうまく計算する必要があり, 特に基本変形に対して行列式がどう変化するかを調べることにする. よく使う操作として, 2 つの行を入れ替えたり, 下にある行を第 1 行にもっていく操作があるが, その準備としてこれらに対応する置換の符号の変化を調べておく.

n 次の置換 $\boldsymbol{p} = (p_1\, p_2\, \ldots\, p_n)$ は $1, 2, \ldots, n$ を $p_1, p_2, \ldots, p_n$ に移す関数 (写像, 変換ともいう) と考えられる. 即ち,

$$\boldsymbol{p}(1) = p_1, \quad \boldsymbol{p}(2) = p_2, \quad \ldots, \quad \boldsymbol{p}(n) = p_n$$

置換は $\boldsymbol{p} = \begin{pmatrix} 1 & 2 & \cdots & n \\ p_1 & p_2 & \cdots & p_n \end{pmatrix}$ と表すことがある. この場合, 上下の対応のみが問題であり, 列の並び順は上の行が $1, 2, \ldots, n$ になる必要はない. 従って, 例えば

$$\begin{pmatrix} 1\,2\,3 \\ 3\,2\,1 \end{pmatrix} = \begin{pmatrix} 1\,3\,2 \\ 3\,1\,2 \end{pmatrix} = \begin{pmatrix} 3\,2\,1 \\ 1\,2\,3 \end{pmatrix} = \cdots$$

(上の行を $\boldsymbol{1}_n = (1 \cdots n)$ にしたときの下の行が順列としての記法 $(p_1 \cdots p_n)$ である.)

2 つの置換 $\boldsymbol{p}$, $\boldsymbol{q}$ の合成関数 (合成写像) を $\boldsymbol{p}$, $\boldsymbol{q}$ の**合成**, あるいは**積**といい, $\boldsymbol{qp}$ と表す. 即ち,

$$(\boldsymbol{qp})(i) = \boldsymbol{q}\bigl(\boldsymbol{p}(i)\bigr) = \boldsymbol{q}(p_i) \quad (i = 1, \ldots, n)$$

また, $\boldsymbol{p}$ の逆関数 (逆写像) を**逆置換**といい $\boldsymbol{p}^{-1}$ と表す:

$$\boldsymbol{p}^{-1} = \begin{pmatrix} p_1 & p_2 & \cdots & p_n \\ 1 & 2 & \cdots & n \end{pmatrix}$$

置換は $1, 2, \ldots, n$ を $p_1, p_2, \ldots, p_n$ に並べ替える操作とも考えられる.

- 単位置換（恒等置換）$\mathbf{1}_n$ はなにも動かさない置換で，$\boldsymbol{p}\mathbf{1}_n = \boldsymbol{p} = \mathbf{1}_n\boldsymbol{p}$.
- i と j $(i \neq j)$ を入れ換え，他のものを動かさない置換を**互換**といい，(i, j) で表す．$\boldsymbol{t} = (i, j)$ とすると，$\boldsymbol{t}(i) = j$, $\boldsymbol{t}(j) = i$ であり，$k \neq i, j$ のとき $\boldsymbol{t}(k) = k$ である．また，$(i, j) = (j, i) = (i, j)^{-1}$．積 $\boldsymbol{pt} = \boldsymbol{p}(i, j)$ は

$$(\boldsymbol{pt})(i) = \boldsymbol{p}\big(\boldsymbol{t}(i)\big) = \boldsymbol{p}(j) = p_j, \quad (\boldsymbol{pt})(j) = \boldsymbol{p}(i) = p_i$$

より $\boldsymbol{p}$ の，p_i（順列 $\boldsymbol{p}$ の i 番目）と p_j（j 番目）を入れ換えた置換になる．
- 特に $j = i + 1$ のとき，$(i, i+1)$ を**隣接互換**といい，ここでは $\boldsymbol{t}_i$ と表す．隣接互換の転倒数は 1，符号は (-1) である．即ち，$\operatorname{sgn} \boldsymbol{t}_i = \varepsilon(\boldsymbol{t}_i) = -1$.
- 一般に，n までの相異なる自然数の列 $i_1, \ldots, i_k$ に対し，$\boldsymbol{p}(i_\ell) = i_{\ell+1}$ $(\ell < k)$, $\boldsymbol{p}(i_k) = i_1$ で他は動かさない置換 $\boldsymbol{p}$ を**巡回置換**といい，$(i_1, i_2, \ldots, i_k)$ と「,」で区切って表す．ここでは連続した数による巡回置換

$$\boldsymbol{t} = (i, i+1, \ldots, j) = \begin{pmatrix} \cdots & i & i+1 & \cdots & j-1 & j & \cdots \\ \cdots & i+1 & i+2 & \cdots & j & i & \cdots \end{pmatrix} \quad (i < j)$$

と逆置換 $\boldsymbol{t}^{-1}$ を考える．$\boldsymbol{t}$ は i から j の間を回す置換である．（$j = i+1$ のときは隣接互換 $(i, i+1)$.）$\boldsymbol{t}^{-1}$ は

$$\begin{aligned} \boldsymbol{t}^{-1} &= \begin{pmatrix} \cdots & i+1 & i+2 & \cdots & j & i & \cdots \\ \cdots & i & i+1 & \cdots & j-1 & j & \cdots \end{pmatrix} \\ &= \begin{pmatrix} \cdots & i & i+1 & \cdots & j & \cdots \\ \cdots & j & i & \cdots & j-1 & \cdots \end{pmatrix} = (j, \ldots, i) \end{aligned}$$

より逆順の巡回置換 $(j, j-1, \ldots, i)$ になる．置換 $\boldsymbol{p} = (p_1 \ \cdots \ p_n)$ に対し，

$$\boldsymbol{pt} = \begin{pmatrix} \cdots & i & i+1 & \cdots & j-1 & j & \cdots \\ \cdots & p_{i+1} & p_{i+2} & \cdots & p_j & p_i & \cdots \end{pmatrix},$$

$$\boldsymbol{pt}^{-1} = \begin{pmatrix} \cdots & i & i+1 & \cdots & j & \cdots \\ \cdots & p_j & p_i & \cdots & p_{j-1} & \cdots \end{pmatrix}$$

より，$\boldsymbol{pt}$ は $\boldsymbol{p}$ の i 番目 p_i を j 番目に移し，$i+1$ 番目から j 番目を 1 つ前に移した置換，即ち，i 番目から j 番目までを回した置換で，$\boldsymbol{pt}^{-1}$ は j 番目 p_j を i 番目に移し，i 番目から $j-1$ 番目を 1 つ後に移した（逆に回した）置換である．

補題 3.1（互換，巡回置換と符号）

置換 $\boldsymbol{p} = (p_1\, p_2\, \cdots\, p_n)$ に対し，

(1) p_i と p_{i+1} を入れ換える（隣接互換 $\boldsymbol{t}_i$ を右から掛ける）と符号が変わる．

$$\begin{aligned}\varepsilon(\boldsymbol{p}\boldsymbol{t}_i) &= \varepsilon(\cdots\, p_{i+1}\, p_i\, \cdots) \\ &= (-1)\varepsilon(\boldsymbol{p}) \quad (= \varepsilon(\boldsymbol{p})\varepsilon(\boldsymbol{t}_i))\end{aligned}$$

(2) 巡回置換 $\boldsymbol{t} = (i, i+1, \ldots, j)$ とその逆置換 $\boldsymbol{t}^{-1}$ は

$$\begin{aligned}\boldsymbol{t} &= (i, i+1)\cdots(j-1, j) = \boldsymbol{t}_i\boldsymbol{t}_{i+1}\cdots\boldsymbol{t}_{j-1}, \\ \boldsymbol{t}^{-1} &= \boldsymbol{t}_{j-1}\cdots\boldsymbol{t}_{i+1}\boldsymbol{t}_i\end{aligned}$$

と $(j-i)$ 個の隣接互換の積で表せる．$\boldsymbol{pt}, \boldsymbol{pt}^{-1}$ の符号 $\varepsilon(\boldsymbol{pt}), \varepsilon(\boldsymbol{pt}^{-1})$ は

$$\begin{aligned}\varepsilon(\boldsymbol{pt}) &= \varepsilon(\cdots\, p_{i+1}\, \ldots\, p_j\, p_i\, \cdots) \\ &= (-1)^{j-i}\varepsilon(\boldsymbol{p}) \quad (= \varepsilon(\boldsymbol{p})\varepsilon(\boldsymbol{t})) \\ \varepsilon(\boldsymbol{pt}^{-1}) &= \varepsilon(\cdots\, p_j\, p_i\, \ldots\, p_{j-1}\, \cdots) \\ &= (-1)^{j-i}\varepsilon(\boldsymbol{p}) \quad (= \varepsilon(\boldsymbol{p})\varepsilon(\boldsymbol{t}^{-1}))\end{aligned}$$

特に，巡回置換 $\boldsymbol{t} = (i, i+1, \ldots, j)$, $\boldsymbol{t}^{-1}$ の符号はともに $(-1)^{j-i}$.

(3) p_i と p_j を入れ換える（互換 (i, j) を掛ける）と符号が変わる．

$$\begin{aligned}\varepsilon\big(\boldsymbol{p}(i, j)\big) &= \varepsilon(\cdots\, p_j\, \cdots\, p_i\, \cdots) \\ &= (-1)\varepsilon(\boldsymbol{p}) \quad (= \varepsilon(\boldsymbol{p})\varepsilon\big((i, j)\big))\end{aligned}$$

特に，互換の符号は (-1).

【証明】 置換 $\boldsymbol{p}$ に (1), (2), (3) の互換や巡回置換を右から掛けたものを $\boldsymbol{p}'$ とする．

(1) $p_i < p_{i+1}$ のとき，(p_{i+1}, p_i) が転倒し $\boldsymbol{p}'$ の転倒数は 1 増える．（$t(\boldsymbol{p}) + 1$.）
$p_i > p_{i+1}$ のとき，(p_i, p_{i+1}) の転倒が解消されて $\boldsymbol{p}'$ の転倒数は 1 減る．（$t(\boldsymbol{p}) - 1$.）
$\boldsymbol{t}_i = (i, i+1)$ の転倒数は 1，符号は (-1) なので，いずれの場合も

$$\begin{aligned}\varepsilon(\boldsymbol{p}') &= (-1)^{t(\boldsymbol{p}')} = (-1)^{t(\boldsymbol{p})\pm 1} \\ &= (-1)^{t(\boldsymbol{p})}(-1)^{\pm 1} = (-1)\varepsilon(\boldsymbol{p}) \\ &= \varepsilon(\boldsymbol{p})\varepsilon(\boldsymbol{t}_i)\end{aligned}$$

(2) 前半：$\boldsymbol{t}_i\boldsymbol{t}_{i+1}\cdots\boldsymbol{t}_{j-1}=\mathbf{1}_n(i,i+1)\cdots(j-1,j)$ は $\mathbf{1}_n=(1\,2\cdots\,n)$ の i 番目と $i+1$ 番目，$i+1$ 番目と $i+2$ 番目，$\cdots$，$j-1$ 番目と j 番目をこの順に入れ換えたものなので $(\cdots\,i+1\,\cdots\,j\,i\,\cdots)=\boldsymbol{t}$ になる．

$\boldsymbol{t}^{-1}$ については $\boldsymbol{t}_i^{-1}=(i+1,i)=\boldsymbol{t}_i$ より，逆順に掛ければ

$$\boldsymbol{t}^{-1}=(\boldsymbol{t}_i\cdots\boldsymbol{t}_{j-1})^{-1}=\boldsymbol{t}_{j-1}^{-1}\cdots\boldsymbol{t}_i^{-1}=\boldsymbol{t}_{j-1}\cdots\boldsymbol{t}_i$$

後半：(1) を繰り返し用いることにより，

$$\begin{aligned}\varepsilon(\boldsymbol{pt})&=\varepsilon\big((\boldsymbol{pt}_i\cdots\boldsymbol{t}_{j-2})\boldsymbol{t}_{j-1}\big)=(-1)\varepsilon(\boldsymbol{pt}_i\cdots\boldsymbol{t}_{j-2})\\&=\cdots=(-1)^{j-i}\varepsilon(\boldsymbol{p})\end{aligned}$$

特に $\boldsymbol{p}=\mathbf{1}_n$ のとき $\mathbf{1}_n\boldsymbol{t}=\boldsymbol{t}$, $\varepsilon(\mathbf{1}_n)=1$ より $\varepsilon(\boldsymbol{t})=(-1)^{j-i}$．即ち，巡回置換 $\boldsymbol{t}=(i,i+1,\ldots,j)$ の符号は $(-1)^{j-i}$．$\varepsilon(\boldsymbol{pt}^{-1})$, $\varepsilon(\boldsymbol{t}^{-1})$ も同様．

(3) 前半：互換 (i,j) は巡回置換 $\boldsymbol{t}=(i,\ldots,j)$ と $\boldsymbol{t}'=(i,\ldots,j-1)^{-1}$ の積 $\boldsymbol{tt}'$ として表される．実際，$\boldsymbol{t}$ の i 番目から $j-1$ 番目までを逆順に回すと

$$\begin{aligned}\boldsymbol{tt}'&=\begin{pmatrix}\cdots & i & i+1 & \cdots & j-1 & j & \cdots\\ \cdots & i+1 & i+2 & \cdots & j & i & \cdots\end{pmatrix}\boldsymbol{t}'\\&=\begin{pmatrix}\cdots & i & i+1 & \cdots & j-1 & j & \cdots\\ \cdots & j & i+1 & \cdots & j-1 & i & \cdots\end{pmatrix}=(i,j)\end{aligned}$$

（$\boldsymbol{t}$ の $j-1$ 番目が i 番目にきて i 番目から $j-2$ 番目までが 1 つ後に移る．）

後半：(2) より

$$\begin{aligned}\varepsilon(\boldsymbol{p}')&=\varepsilon\big((\boldsymbol{pt})\boldsymbol{t}'\big)=\varepsilon(\boldsymbol{pt})(-1)^{j-i-1}=(-1)^{j-i-1}(-1)^{j-i}\varepsilon(\boldsymbol{p})\\&=(-1)^{2(j-i)-1}\varepsilon(\boldsymbol{p})=(-1)\varepsilon(\boldsymbol{p})\end{aligned}$$

特に $\boldsymbol{p}=\mathbf{1}_n$ とすれば，互換の符号

$$\varepsilon\big((i,j)\big)=(-1)$$

を得る． ■

注意 3.4 この補題は，互換や巡回置換 $\boldsymbol{t}$ について $\varepsilon(\boldsymbol{pt})=\varepsilon(\boldsymbol{p})\varepsilon(\boldsymbol{t})$ が成り立つことを述べている．実は，一般に置換は互換の積で表せ，$\boldsymbol{t}$ が一般の置換のときもこの式が成り立つ．(3.6.3 項参照)

3.2 行列式の性質

まず n 次正方行列 A を行分割して行に関する性質を調べる．A の第 i 行 $\boldsymbol{a}^i$ のみを $\boldsymbol{b}$ に置き換えた行列を $A_i(\boldsymbol{b})$，A の第 i 行 $\boldsymbol{a}^i$ と第 j 行 $\boldsymbol{a}^j$ をそれぞれ $\boldsymbol{b}$, $\boldsymbol{c}$ に置き換えた行列を $A_{ij}(\boldsymbol{b},\boldsymbol{c})$ とする．

$$A=\begin{vmatrix}\vdots\\ \boldsymbol{a}^i\\ \vdots\\ \boldsymbol{a}^j\\ \vdots\end{vmatrix},\quad A_i(\boldsymbol{b})=\begin{vmatrix}\vdots\\ \boldsymbol{b}\\ \vdots\\ \boldsymbol{a}^j\\ \vdots\end{vmatrix},\quad A_{ij}(\boldsymbol{b},\boldsymbol{c})=\begin{vmatrix}\vdots\\ \boldsymbol{b}\\ \vdots\\ \boldsymbol{c}\\ \vdots\end{vmatrix},\quad \begin{pmatrix}A_i(\boldsymbol{a}^i) & =A\\ A_{ij}(\boldsymbol{a}^i,\boldsymbol{a}^j) & =A\\ A_{ij}(\boldsymbol{b},\boldsymbol{a}^j) & =A_i(\boldsymbol{b})\end{pmatrix}$$

（$\vdots$ の部分は A と同じ）

定理 3.2（行列式の基本的性質）

(I) **多重線形性（n 重線形性）**　正方行列 A のある行 $\boldsymbol{a}^i$ が

(1)　$\boldsymbol{a}^i=\boldsymbol{b}+\boldsymbol{c}$ のとき，$|A|=|A_i(\boldsymbol{a}^i)|=|A_i(\boldsymbol{b})|+|A_i(\boldsymbol{c})|$

（1 つの行が行ベクトルの和であれば行列式は和に分かれる.）

(2)　$\boldsymbol{a}^i=s\boldsymbol{b}$ のとき，$|A|=|A_i(\boldsymbol{a}^i)|=s|A_i(\boldsymbol{b})|$

（1 つの行を定数倍（s 倍）すれば行列式の値も定数倍（s 倍）になる.）

即ち

$$(1)\ |A|=\begin{vmatrix}\vdots\\ \boldsymbol{b}+\boldsymbol{c}\\ \vdots\end{vmatrix}=\begin{vmatrix}\vdots\\ \boldsymbol{b}\\ \vdots\end{vmatrix}+\begin{vmatrix}\vdots\\ \boldsymbol{c}\\ \vdots\end{vmatrix},\qquad (2)\ |A|=\begin{vmatrix}\vdots\\ s\boldsymbol{b}\\ \vdots\end{vmatrix}=s\begin{vmatrix}\vdots\\ \boldsymbol{b}\\ \vdots\end{vmatrix}$$

((1), (2) の性質を線形性という．各行について線形なので，多重（n 重）線形性という.）

(II) **交代性**　正方行列 A の 2 つの行 $\boldsymbol{a}^i$ と $\boldsymbol{a}^j$ を入れ替える（行の互換を行う）と符号が変わる：$|A|=|A_{ij}(\boldsymbol{a}^i,\boldsymbol{a}^j)|=-|A_{ij}(\boldsymbol{a}^j,\boldsymbol{a}^i)|$，即ち

$$|A|=\begin{vmatrix}\vdots\\ \boldsymbol{a}^i\\ \vdots\\ \boldsymbol{a}^j\\ \vdots\end{vmatrix}=-\begin{vmatrix}\vdots\\ \boldsymbol{a}^j\\ \vdots\\ \boldsymbol{a}^i\\ \vdots\end{vmatrix}=-\left|A_{ij}(\boldsymbol{a}^j,\boldsymbol{a}^i)\right|$$

(III) **正規性**　単位行列 E の行列式の値は 1 である．($|E|=1$)

多重線形性，交代性，正規性の 3 つが行列式の最も基本的な性質である．

【証明】 (I) （多重線形性）$\boldsymbol{b} = [b_{i1} \ \cdots \ b_{in}]$, $\boldsymbol{c} = [c_{i1} \ \cdots \ c_{in}]$ とすると，

(I-1)
$$
\begin{aligned}
|A| &= \sum_{\boldsymbol{p}} \varepsilon(\boldsymbol{p}) \cdots a_{ip_i} \cdots = \sum \varepsilon(\boldsymbol{p}) \cdots (b_{ip_i} + c_{ip_i}) \cdots \\
&= \sum \varepsilon(\boldsymbol{p}) \cdots b_{ip_i} \cdots + \sum \varepsilon(\boldsymbol{p}) \cdots c_{ip_i} \cdots \\
&= |A_i(\boldsymbol{b})| + |A_i(\boldsymbol{c})| = \text{右辺}
\end{aligned}
$$

(I-2)
$$
\begin{aligned}
|A| &= \sum_{\boldsymbol{p}} \varepsilon(\boldsymbol{p}) \cdots a_{ip_i} \cdots = \sum \varepsilon(\boldsymbol{p}) \cdots (sb_{ip_i}) \cdots \\
&= s\left(\sum \varepsilon(\boldsymbol{p}) \cdots b_{ip_i} \cdots\right) = s|A_i(\boldsymbol{b})| = \text{右辺}
\end{aligned}
$$

(II) （交代性）補題 3.1 (3) より互換を行うと符号が変わる，即ち
$\varepsilon(\boldsymbol{p}) = \varepsilon(\cdots p_i \cdots p_j \cdots) = -\varepsilon(\cdots p_j \cdots p_i \cdots) = -\varepsilon(\boldsymbol{pt})$ （$\boldsymbol{t} = (i, j)$）より

$$
\begin{aligned}
|A| &= \sum_{\boldsymbol{p}} \varepsilon(\cdots p_i \cdots p_j \cdots)(\cdots a_{ip_i} \cdots a_{jp_j} \cdots) \\
&= (-1) \sum_{\boldsymbol{p}} \varepsilon(\cdots p_j \cdots p_i \cdots)(\cdots a_{ip_j} \cdots a_{jp_i} \cdots) \\
&= (-1) \sum_{\boldsymbol{pt}} \varepsilon(\cdots p_j \cdots p_i \cdots)(\cdots a_{jp_j} \cdots a_{ip_i} \cdots) \\
&= -\left|A_{ij}(\boldsymbol{a}^j, \boldsymbol{a}^i)\right| = \text{右辺}
\end{aligned}
$$

（$\boldsymbol{p}$ が n 次の置換全体を動くとき，$\boldsymbol{pt}$ も n 次の置換全体を動く.）

(III) は例題 3.3 による. ■

注意 3.5 A のある行 $\boldsymbol{a}^i$ が

$$
\boldsymbol{a}^i = \sum_{k=1}^{r} s_k \boldsymbol{b}_k
$$

と一次結合で表されているとき，行列式 $|A|$ は定理 3.2 の線形性 (1), (2) を繰り返し用いれば，

$$
\begin{vmatrix} \vdots \\ \displaystyle\sum_{k=1}^{r} s_k \boldsymbol{b}_k \\ \vdots \end{vmatrix}
\underset{(1)}{=}
\begin{vmatrix} \vdots \\ \displaystyle\sum_{k=1}^{r-1} s_k \boldsymbol{b}_k \\ \vdots \end{vmatrix}
+
\begin{vmatrix} \vdots \\ s_r \boldsymbol{b}_r \\ \vdots \end{vmatrix}
\underset{(1)}{=} \cdots \underset{(1)}{=}
\sum_{k=1}^{r} \begin{vmatrix} \vdots \\ s_k \boldsymbol{b}_k \\ \vdots \end{vmatrix}
\underset{(2)}{=}
\sum_{k=1}^{r} s_k \begin{vmatrix} \vdots \\ \boldsymbol{b}_k \\ \vdots \end{vmatrix}
$$

となり，行列式の一次結合に等しい.

系 3.3

A の第 i 行を第 1 行に移し，第 1〜$(i-1)$ 行を第 2〜i 行に移した（1 つずつ下にずらした）行列を A' とするとき，

$$|A| = (-1)^{i-1}|A'|$$

【証明】 A' は A の行に巡回置換 $(i, i-1, \ldots, 1)$ を行った行列であり，これは隣接互換を $(i-1)$ 回繰り返せば得られるので交代性（定理 3.2 (II)）より系が成り立つ．■

例 3.6 (1)
$$\begin{vmatrix} 1 & 2 & 3 \\ 3 & 4 & 5 \\ 5 & 6 & 8 \end{vmatrix} = \begin{vmatrix} 1 & 2 & 0 \\ 3 & 4 & 5 \\ 5 & 6 & 8 \end{vmatrix} + \begin{vmatrix} 0 & 0 & 3 \\ 3 & 4 & 5 \\ 5 & 6 & 8 \end{vmatrix}$$
$$= \begin{vmatrix} 1 & 0 & 0 \\ 3 & 4 & 5 \\ 5 & 6 & 8 \end{vmatrix} + \begin{vmatrix} 0 & 2 & 0 \\ 3 & 4 & 5 \\ 5 & 6 & 8 \end{vmatrix} + \begin{vmatrix} 0 & 0 & 3 \\ 3 & 4 & 5 \\ 5 & 6 & 8 \end{vmatrix}$$
$$([1\,2\,3] = [1\,2\,0] + [0\,0\,3] = [1\,0\,0] + [0\,2\,0] + [0\,0\,3])$$

(2)
$$\begin{vmatrix} 2 & 4 & 6 \\ 6 & 8 & 10 \\ 5 & 6 & 8 \end{vmatrix} = 2\begin{vmatrix} 1 & 2 & 3 \\ 6 & 8 & 10 \\ 5 & 6 & 8 \end{vmatrix} = 4\begin{vmatrix} 1 & 2 & 3 \\ 3 & 4 & 5 \\ 5 & 6 & 8 \end{vmatrix}$$

(3)
$$\begin{vmatrix} 1 & 2 & 3 \\ 3 & 4 & 5 \\ 5 & 6 & 8 \end{vmatrix} = -\begin{vmatrix} 1 & 2 & 3 \\ 5 & 6 & 8 \\ 3 & 4 & 5 \end{vmatrix} = \begin{vmatrix} 5 & 6 & 8 \\ 1 & 2 & 3 \\ 3 & 4 & 5 \end{vmatrix}$$
□

行列式の行に対する性質

行列式の基本的性質より以下の種々の性質が導かれる．

定理 3.4（値が 0 になる行列式）

次の正方行列 A の行列式の値は 0 になる：

(1) ある行の成分が全て 0.

$$\boldsymbol{a}^i = \boldsymbol{0} \quad \Rightarrow \quad |A| = |A_i(\boldsymbol{0})| = 0$$

(2) ある 2 つの行が等しい．

$$\boldsymbol{a}^i = \boldsymbol{a}^j,\ i \neq j \quad \Rightarrow \quad |A| = |A_{ij}(\boldsymbol{a}^i, \boldsymbol{a}^i)| = 0$$

(3) ある行が他の行に比例している．

$$\boldsymbol{a}^j = s\boldsymbol{a}^i,\ i \neq j \quad \Rightarrow \quad |A| = |A_{ij}(\boldsymbol{a}^i, s\boldsymbol{a}^i)| = 0$$

((1), (2) は (3) において，それぞれ $s=0$, $s=1$ とした特別な場合である.)

【証明】 (1) 多重線形性（定理 3.2 (I)）(2) において，$s=0$, $\boldsymbol{a}^i=0\boldsymbol{0}$ とすればよい：即ち

$$|A|=\left|A_i(\boldsymbol{a}^i)\right|=\left|A_i(0\boldsymbol{0})\right|=0\left|A_i(\boldsymbol{0})\right|=0$$

(2) $\boldsymbol{a}^i=\boldsymbol{a}^j$ よりこの 2 つの行を入れ換えても行列および行列式の値は変わらない. 一方，交代性（定理 3.2 (II)）(2 つの行を入れ換えると行列式の値は (-1) 倍）より

$$\begin{aligned}|A|&=\left|A_{ij}(\boldsymbol{a}^i,\boldsymbol{a}^j)\right|\\&=-\left|A_{ij}(\boldsymbol{a}^j,\boldsymbol{a}^i)\right|\\&=-|A|\end{aligned}$$

となり $|A|=0$ を得る.（(1), (2) は行列式の定義から直接導くこともできる.）

(3) $\boldsymbol{a}^j=s\boldsymbol{a}^i$ なので，多重線形性（定理 3.2 (I) (2)）と定理 3.4 (2) を用いて，

$$\begin{aligned}|A|&=\left|A_{ij}(\boldsymbol{a}^i,\boldsymbol{a}^j)\right|\\&=\left|A_{ij}(\boldsymbol{a}^i,s\boldsymbol{a}^i)\right|\\&=s\left|A_{ij}(\boldsymbol{a}^i,\boldsymbol{a}^i)\right|=0\end{aligned}$$

■

例 3.7 定理 3.4 より (1) $\begin{vmatrix}0&0&0\\3&4&5\\5&6&8\end{vmatrix}=0$, (2) $\begin{vmatrix}1&2&3\\1&2&3\\5&6&8\end{vmatrix}=0$, (3) $\begin{vmatrix}1&2&3\\3&6&9\\5&6&8\end{vmatrix}=0$

□

定理 3.5（行基本変形と行列式）

[R1] ある行を s 倍すると行列式の値も s 倍になる. （記号：sr_i）

[R2] ある行に他の行の s 倍を加えても行列式の値は変わらない.

（記号：r_i+sr_j）

[R3] 2 つの行を入れ替えると行列式の値は (-1) 倍になる.

（記号：$r_i\leftrightarrow r_j$）

【証明】 **[R1]** は多重線形性（定理 3.2 (I)）(2), **[R3]** は交代性（定理 3.2 (II)）である. **[R2]**: A は r_i+sr_j により $\boldsymbol{a}^i$ を $\boldsymbol{a}^i+s\boldsymbol{a}^j$ に変えた行列 $A_{ij}(\boldsymbol{a}^i+s\boldsymbol{a}^j,\,\boldsymbol{a}^j)$ になるので，多重線形性（定理 3.2 (I)）(1) と直前の定理 3.4 (3) により，

$$\begin{aligned}\left|A_{ij}(\boldsymbol{a}^i+s\boldsymbol{a}^j,\,\boldsymbol{a}^j)\right|&=\left|A_{ij}(\boldsymbol{a}^i,\,\boldsymbol{a}^j)\right|+\left|A_{ij}(s\boldsymbol{a}^j,\,\boldsymbol{a}^j)\right|\\&=\left|A_{ij}(\boldsymbol{a}^i,\,\boldsymbol{a}^j)\right|+0=|A|\end{aligned}$$

■

この定理の特に [**R2**] により，ある列を掃き出しても行列式の値は変化しないことが分かった．掃き出された行列の行列式には次の定理が有効である．

定理 3.6（次数低下法 I）

行列の第 1 列や最下行が掃き出されているとき

$$\begin{vmatrix} a_{11} & a_{12} & \cdots & a_{1n} \\ 0 & a_{22} & \cdots & a_{2n} \\ \vdots & \vdots & \ddots & \vdots \\ 0 & a_{n2} & \cdots & a_{nn} \end{vmatrix} = a_{11} \begin{vmatrix} a_{22} & \cdots & a_{2n} \\ \vdots & \ddots & \vdots \\ a_{n2} & \cdots & a_{nn} \end{vmatrix} \quad \left(\begin{vmatrix} a_{11} & * \\ \mathbf{0} & A' \end{vmatrix} = a_{11}\,|A'| \right) \tag{3.4}$$

$$\begin{vmatrix} a_{11} & \cdots & a_{1,n-1} & a_{1,n} \\ \vdots & \ddots & \vdots & \vdots \\ a_{n-1,1} & \cdots & a_{n-1,n-1} & a_{n-1,n} \\ 0 & \cdots & 0 & a_{nn} \end{vmatrix} = \begin{vmatrix} a_{11} & \cdots & a_{1,n-1} \\ \vdots & \ddots & \vdots \\ a_{n-1,1} & \cdots & a_{n-1,n-1} \end{vmatrix} a_{nn}$$

$$\left(\begin{vmatrix} A'' & * \\ \mathbf{0} & a_{nn} \end{vmatrix} = |A''|\,a_{nn} \right) \tag{3.5}$$

【証明】 まず，下の (3.5) 式を示す．この左辺では $a_{n,1} = \cdots = a_{n,n-1} = 0$ なので $|A| = \sum_{\boldsymbol{p}} \varepsilon(\boldsymbol{p}) a_{1p_1} \cdots a_{np_n}$ の中の $p_n = n$ 以外の項は 0．即ち $\boldsymbol{p} = (p_1 \ \cdots \ p_{n-1}\ n)$ となる項のみ残り，これは $1, \ldots, n-1$ の置換 $\boldsymbol{p}' = (p_1 \ \cdots \ p_{n-1})$ とみなせ，$\varepsilon(\boldsymbol{p}) = \varepsilon(\boldsymbol{p}')$．和は $n-1$ 次の置換全体にわたってとることになる．よって，

$$\begin{aligned} 左辺 &= \sum_{\boldsymbol{p}=(p_1 \ \cdots \ p_{n-1}\ n)} \varepsilon(\boldsymbol{p})\, a_{1p_1} \cdots a_{n-1,p_{n-1}}\, a_{nn} \\ &= \left(\sum_{\boldsymbol{p}'=(p_1 \cdots p_{n-1})} \varepsilon(\boldsymbol{p}')\, a_{1p_1} \cdots a_{n-1,p_{n-1}} \right) a_{nn} = |A''| a_{nn} = 右辺 \end{aligned}$$

(3.4) 式も同様に，左辺では $a_{21} = \cdots = a_{n1} = 0$ なので $a_{1p_1} \cdots a_{np_n}$ の中で a_{11} 以外の a_{i1} を含む項は 0．即ち，$i \geqq 2$ ならば $p_i \geqq 2$ となり $\boldsymbol{p} = (1\, p_2 \ \cdots \ p_n)$ の項しか残らない．この $\boldsymbol{p}$ は $2, \ldots, n$ の置換 $\boldsymbol{p}' = (p_2 \ \cdots \ p_n)$ とみなせ，$\boldsymbol{p}$ と $\boldsymbol{p}'$ の転倒数は同じなので $\varepsilon(\boldsymbol{p}) = \varepsilon(\boldsymbol{p}')$．和は $2, \ldots, n$ の $(n-1)$ 次の置換全体にわたる．よって，

$$|A| = \sum_{\boldsymbol{p}=(1\, p_2\, \ldots\, p_n)} \varepsilon(\boldsymbol{p}) a_{11} a_{2p_2} \cdots a_{np_n} = a_{11} \left(\sum_{\boldsymbol{p}'=(p_2\, \ldots\, p_n)} \varepsilon(\boldsymbol{p}') a_{2p_2} \cdots a_{np_n} \right)$$

$$= 右辺$$

■

例 3.8（**上三角行列**） 上三角行列の行列式の値は対角成分の積に等しい：

$$|A| = \begin{vmatrix} a_{11} & \cdots & a_{1n} \\ & \ddots & \vdots \\ O & & a_{nn} \end{vmatrix} = a_{11} \cdots a_{nn} \tag{3.6}$$

実際，(3.4) または (3.5) 式を繰返し用いて帰納的に得られる．同様に，

$$\left|\begin{array}{ccc:c} a_{11} & & * & \\ & \ddots & & * \\ O & & a_{kk} & \\ \hdashline & O & & A' \end{array}\right| = a_{11} \cdots a_{kk}\,|A'|, \quad \left|\begin{array}{c:ccc} A'' & & * & \\ \hdashline & a_{kk} & & * \\ O & & \ddots & \\ & O & & a_{nn} \end{array}\right| = |A''|\,a_{kk} \cdots a_{nn} \tag{3.7}$$

$a_{11} = \cdots = a_{kk} = 1$, $a_{kk} = \cdots = a_{nn} = 1$ の場合，特に単位行列のとき，

$$\begin{vmatrix} E & C \\ O & A' \end{vmatrix} = |A'|, \quad \begin{vmatrix} A'' & C \\ O & E \end{vmatrix} = |A''| \tag{3.8}$$

□

注意 3.6 掃き出しと次数低下法を用いれば（3 次も含め）次数の大きな行列式の値の計算もできる．即ち，第 1 列を掃き出し，(1, 1) 成分が 0 なら行交換，あるいは行の巡回置換を行い（このときは符号の変化に注意する），次数低下法により (1, 1) 成分を行列式の外に出し，これを繰り返して 2 次または 1 次の行列式に帰着すればよい．（列基本変形に対する性質を用いたり次数低下法を一般化すると，より計算が容易になる．次節参照.）

以下では sr_i' は第 i 行から s を括り出す記号とする．

例 3.9

(1) $$\begin{vmatrix} 1 & 2 & 0 & 2 \\ -1 & 1 & 3 & 1 \\ 2 & 2 & 1 & 2 \\ -2 & -1 & 2 & -2 \end{vmatrix} \overset{\substack{r_2+r_1 \\ r_3-2r_1 \\ r_4+2r_1}}{=} \begin{vmatrix} 1 & 2 & 0 & 2 \\ 0 & 3 & 3 & 3 \\ 0 & -2 & 1 & -2 \\ 0 & 3 & 2 & 2 \end{vmatrix} \underset{(3.4)}{=} 1 \begin{vmatrix} 3 & 3 & 3 \\ -2 & 1 & -2 \\ 3 & 2 & 2 \end{vmatrix}$$

$$\overset{3r_1'}{=} 3 \begin{vmatrix} 1 & 1 & 1 \\ -2 & 1 & -2 \\ 3 & 2 & 2 \end{vmatrix} \overset{\substack{r_2+2r_1 \\ r_3-3r_1}}{=} 3 \begin{vmatrix} 1 & 1 & 1 \\ 0 & 3 & 0 \\ 0 & -1 & -1 \end{vmatrix} \underset{(3.4)}{=} 3 \cdot 1 \begin{vmatrix} 3 & 0 \\ -1 & -1 \end{vmatrix}$$

$$= 3\{3 \cdot (-1) - 0 \cdot (-1)\} = -9$$

(2) $\begin{vmatrix} 100 & 101 & 102 \\ 101 & 102 & 103 \\ 102 & 102 & 100 \end{vmatrix} \overset{\substack{r_2 - r_1 \\ r_3 - r_1}}{=} \begin{vmatrix} 100 & 101 & 102 \\ 1 & 1 & 1 \\ 2 & 1 & -2 \end{vmatrix}$

$$\overset{\substack{r_1 - 100r_2 \\ r_3 - 2r_2}}{=} \begin{vmatrix} 0 & 1 & 2 \\ 1 & 1 & 1 \\ 0 & -1 & -4 \end{vmatrix} \overset{r_1 \leftrightarrow r_2}{=} -\begin{vmatrix} 1 & 1 & 1 \\ 0 & 1 & 2 \\ 0 & -1 & -4 \end{vmatrix}$$

$$\underset{(3.4)}{=} -\begin{vmatrix} 1 & 2 \\ -1 & -4 \end{vmatrix} \overset{r_2 + r_1}{=} -\begin{vmatrix} 1 & 2 \\ 0 & -2 \end{vmatrix}$$

$$= -1 \cdot (-2) = 2$$

(3) $|A| = \begin{vmatrix} 1 & 2 & 3 & 4 \\ 2 & 2 & 4 & 3 \\ 2 & 4 & 5 & 1 \\ 4 & 8 & 7 & 9 \end{vmatrix} \overset{\substack{r_2 - 2r_1 \\ r_3 - 2r_1 \\ r_4 - 4r_1}}{=} \begin{vmatrix} 1 & 2 & 3 & 4 \\ 0 & -2 & -2 & -5 \\ 0 & 0 & -1 & -7 \\ 0 & 0 & -5 & -7 \end{vmatrix}$

$$\underset{(3.7)}{=} 1 \cdot (-2) \begin{vmatrix} -1 & -7 \\ -5 & -7 \end{vmatrix} \overset{\substack{-r_1' \\ -r_2'}}{=} (-2) \cdot (-1)^2 \begin{vmatrix} 1 & 7 \\ 5 & 7 \end{vmatrix}$$

$$\overset{r_2 - 5r_1}{=} -2 \begin{vmatrix} 1 & 7 \\ 0 & -28 \end{vmatrix} = 56$$

□

問 6 次の行列式の値を求めよ．

(1) $\begin{vmatrix} 1 & 2 & 3 & 4 \\ 2 & 2 & 4 & 3 \\ 2 & 3 & 4 & 5 \\ 4 & 8 & 7 & 9 \end{vmatrix}$ (2) $\begin{vmatrix} -2 & 1 & 2 & -1 \\ 4 & 1 & -1 & -1 \\ 2 & 0 & 1 & 3 \\ -2 & -1 & 1 & 2 \end{vmatrix}$

3.3　積と転置行列の行列式

行列 A は，基本行列の積である正則行列 P' により階段行列 $B = P'A$ に変形できた（行簡約化定理（定理 2.2））．$P = P'^{-1}$ とおくと，$A = P'^{-1}B = PB$ であり，P は基本行列の積 $P_1P_2\cdots P_k$ で表せた（定理 2.9）．このことを利用して，積や転置行列の行列式を調べることができる．

補題 3.7（基本行列と行列式）

(1)　基本行列について，$|P_i(s)| = s \neq 0$, $|P_{ij}(s)| = 1$, $|P_{ij}| = -1$.

(2)　P が基本行列，B が任意の行列のとき，$|PB| = |P||B|$.

(3)　P が正則行列，B が任意の行列のとき，$|PB| = |P||B|$.

【証明】　(1) $|E| = 1$ であり，基本行列は E に行基本変形を施して得られるので定理 3.5 [**R1**], [**R2**], [**R3**] より (1) を得る．

(2) これも定理 3.5 [**R1**], [**R2**], [**R3**] より得られる．$P = P_i(s)$ のとき，左辺は [**R1**] より $s|B|$．右辺は (1) より $s|B|$．よって左辺＝右辺．他も同様．

(3) 正則行列 P は $P = P_1P_2\cdots P_k$ と基本行列の積で表せる．そこで (2) を繰り返し用いて

$$|PB| = |P_1P_2\cdots P_kB| = |P_1||P_2\cdots P_kB| = \cdots = |P_1||P_2|\cdots|P_k||B| \qquad (3.9)$$

特に $B = E$ のとき $|E| = 1$ より $|P| = |PE| = |P_1||P_2|\cdots|P_k|$．(3.9) 式に代入して

$$|PB| = |P_1||P_2|\cdots|P_k||B| = |P||B|$$

■

定理 3.8（積の行列式）

任意の n 次正方行列 A, B に対し，

$$|AB| = |A||B|$$

【証明】　A が正則のときは，上の補題 3.7 (3) で $P = A$ とすればよい．A が正則でないとき，A は，A の階段行列 C と正則行列 P を用いて $A = PC$ と表せ，C の最下行は $\mathbf{0}$ なので（定理 2.8），$C = \begin{bmatrix} C' \\ \mathbf{0} \end{bmatrix}$ と表せる．行に $\mathbf{0}$ を含む行列式の値は 0 なので（定理 3.4 (1)），$|A| = |PC| = |P||C|$（補題 3.7 (3)）より，

$$|A| = |P||C| = |P|\begin{vmatrix} C' \\ \mathbf{0} \end{vmatrix} = 0, \quad |CB| = \left|\begin{bmatrix} C' \\ \mathbf{0} \end{bmatrix} B\right| = \begin{vmatrix} C'B \\ \mathbf{0}B \end{vmatrix} = \begin{vmatrix} C'B \\ \mathbf{0} \end{vmatrix} = 0$$

$$\therefore \quad |A||B| = 0|B| = 0, \quad |AB| = |PCB| = |P||CB| = |P|0 = 0$$

よって $|AB| = 0 = |A||B|$ となり，いずれの場合も定理が成り立つ． ■

問 7 正則行列 P に対し，$|P^{-1}AP| = |A|$ を示せ．

定理 3.9（正則性と行列式）

正方行列 A が正則である必要十分条件は

$$|A| \neq 0$$

である．また，このとき，

$$|A^{-1}| = \frac{1}{|A|} = |A|^{-1}$$

【証明】 上の定理 3.8 により，A が正則ならば $|A||A^{-1}| = |AA^{-1}| = |E| = 1$ より $|A| \neq 0, |A^{-1}| = \frac{1}{|A|} = |A|^{-1}$

「A が正則でないならば $|A| = 0$」となることは上の定理 3.8 の証明中で示した．この対偶は「$|A| \neq 0$ ならば A は正則」なので上と合わせて定理が成り立つ． ■

この定理と定理 2.8 の対偶，および定理 2.5 を合わせると次を得る．

系 3.10（非正則性の同値条件）

n 次正方行列 A に対し次は同値である：

(1) $|A| = 0$ (2) A は正則でない (3) $\mathrm{rank}\, A < n$

(4) 同次方程式 $A\boldsymbol{x} = \mathbf{0}$ は自明でない解をもつ

例 3.10 $A = \begin{bmatrix} a & 1 & 1 \\ 1 & a & 1 \\ 1 & 1 & a \end{bmatrix}$ は，$|A| = a^3 - 3a + 2 = (a-1)^2(a+2)$ より，$a \neq 1, -2$ のとき正則で，$\mathrm{rank}\, A = 3$ である．また，$a = 1$ のとき $\mathrm{rank}\, A = 1$，$a = -2$ のとき $\mathrm{rank}\, A = 2$ であることも，a に $1, -2$ を代入して計算すれば分かる． □

問 8 次の行列が正則でないときの x の値と階数を求めよ．

(1) $\begin{bmatrix} 2 & x \\ 1 & 3 \end{bmatrix}$ (2) $\begin{bmatrix} x & 1 & 0 \\ 1 & x & 1 \\ 0 & 1 & x \end{bmatrix}$ (3) $\begin{bmatrix} -1 & 1 & x \\ 1 & x & 1 \\ x & 1 & -1 \end{bmatrix}$

次に転置行列の行列式と元の行列の行列式の値が同じであることを示す.

補題 3.11（基本行列の転置不変性）

基本行列 P に対し，$|{}^tP| = |P|$

【証明】 ${}^tP_i(s) = P_i(s), {}^tP_{ij} = P_{ij}$ と, ${}^tP_{ij}(s) = P_{ji}(s)$ より $|{}^tP_{ij}(s)| = |P_{ji}(s)| = 1 = |P_{ij}(s)|$（補題 3.7 (1)）による. ■

定理 3.12（転置不変性）

正方行列 A に対し

$$|{}^tA| = |A|$$

【証明】 A が正則ならば $A = P_1P_2\cdots P_k$ と基本行列の積で表されるので

$$\begin{aligned}|{}^tA| &= \left|{}^t(P_1P_2\cdots P_k)\right| = |{}^tP_k\cdots{}^tP_2\,{}^tP_1| = |{}^tP_k|\cdots|{}^tP_2||{}^tP_1| \\ &= |P_k|\cdots|P_2||P_1| = |P_1||P_2|\cdots|P_k| = |P_1P_2\cdots P_k| = |A|\end{aligned}$$

A が正則でないときは ${}^tA$ も正則でないので $|{}^tA| = 0 = |A|$. ■

この定理により，行に対する性質は列に対しても成立することが分かる．実際，${}^tA$ に行に関する性質を適用し，再び転置をとって元に戻せばよい.

定理 3.13（列に関する基本的性質）

(I) **多重線形性**　正方行列 A のある列 $\boldsymbol{a}_j$ が

(1)　$\boldsymbol{a}_j = \boldsymbol{a}' + \boldsymbol{a}''$ のとき,

$$\begin{aligned}\det[\boldsymbol{a}_1\cdots\boldsymbol{a}_j\cdots\boldsymbol{a}_n] &= \det\left[\boldsymbol{a}_1\cdots(\boldsymbol{a}'+\boldsymbol{a}'')\cdots\boldsymbol{a}_n\right] \\ &= \det[\boldsymbol{a}_1\cdots\boldsymbol{a}'\cdots\boldsymbol{a}_n] + \det[\boldsymbol{a}_1\cdots\boldsymbol{a}''\cdots\boldsymbol{a}_n]\end{aligned}$$

(2)　$\boldsymbol{a}_j = s\boldsymbol{a}'$ のとき,

$$\det[\boldsymbol{a}_1\cdots\boldsymbol{a}_j\cdots\boldsymbol{a}_n] = \det[\boldsymbol{a}_1\cdots s\boldsymbol{a}'\cdots\boldsymbol{a}_n] = s\det[\boldsymbol{a}_1\cdots\boldsymbol{a}'\cdots\boldsymbol{a}_n]$$

(II) **交代性**　正方行列 A の 2 つの列 $\boldsymbol{a}_i, \boldsymbol{a}_j$（$i \neq j$）を入れ替えると行列式の値は (-1) 倍になる：

$$\det[\boldsymbol{a}_1\cdots\overset{i}{\boldsymbol{a}_i}\cdots\overset{j}{\boldsymbol{a}_j}\cdots\boldsymbol{a}_n] = (-1)\det[\boldsymbol{a}_1\cdots\overset{i}{\boldsymbol{a}_j}\cdots\overset{j}{\boldsymbol{a}_i}\cdots\boldsymbol{a}_n]$$

【証明】 例えば (I-2) については，定理 3.2 (I-2)（行に関する多重線形性）を用いて, $A = [\boldsymbol{a}_1\cdots\boldsymbol{a}_j\cdots\boldsymbol{a}_n]$, $\boldsymbol{a}_j = s\boldsymbol{a}'$ のとき

$$|A| \underset{\substack{\text{定理}\\3.12}}{=} |{}^tA| = \begin{bmatrix} \vdots \\ {}^t\boldsymbol{a}_j \\ \vdots \end{bmatrix} = \begin{bmatrix} \vdots \\ s\,{}^t\boldsymbol{a}' \\ \vdots \end{bmatrix}$$

$$\underset{\substack{\text{定理 3.2}\\(\text{I-2})}}{=} s \begin{bmatrix} \vdots \\ {}^t\boldsymbol{a}' \\ \vdots \end{bmatrix} \underset{\substack{\text{定理}\\3.12}}{=} s \det[\cdots\ \boldsymbol{a}'\ \cdots] = \text{右辺}$$

を得る．他も同様．■

系 3.14

A の第 j 列を第 1 列に移し，第 1〜$(j-1)$ 列を第 2〜j 列に移した（1 つずつ右にずらした）行列を A' とするとき $|A| = (-1)^{j-1}|A'|$．即ち，

$$\det[\boldsymbol{a}_1 \cdots \boldsymbol{a}_{j-1}\ \boldsymbol{a}_j \cdots \boldsymbol{a}_n] = (-1)^{j-1} \det[\boldsymbol{a}_j\ \boldsymbol{a}_1 \cdots \boldsymbol{a}_{j-1}\ \boldsymbol{a}_{j+1} \cdots \boldsymbol{a}_n]$$

例 3.11 (1) $\begin{vmatrix} 1 & 2 & 3 \\ 3 & 4 & 5 \\ 5 & 6 & 8 \end{vmatrix} = \begin{vmatrix} 1 & 3 & 5 \\ 2 & 4 & 6 \\ 3 & 5 & 8 \end{vmatrix}$

(2) $\begin{vmatrix} 1 & 2 & 3 \\ 3 & 4 & 5 \\ 5 & 6 & 8 \end{vmatrix} = 2\begin{vmatrix} 1 & 1 & 3 \\ 3 & 2 & 5 \\ 5 & 3 & 8 \end{vmatrix}$

(3) $\begin{vmatrix} 1 & 2 & 3 \\ 3 & 4 & 5 \\ 5 & 6 & 8 \end{vmatrix} = \begin{vmatrix} 1 & 2 & 3 \\ 3 & 4 & 5 \\ 0 & 6 & 8 \end{vmatrix} + \begin{vmatrix} 0 & 2 & 3 \\ 0 & 4 & 5 \\ 5 & 6 & 8 \end{vmatrix} = \begin{vmatrix} 1 & 2 & 3 \\ 0 & 4 & 5 \\ 0 & 6 & 8 \end{vmatrix} + \begin{vmatrix} 0 & 2 & 3 \\ 3 & 4 & 5 \\ 0 & 6 & 8 \end{vmatrix} + \begin{vmatrix} 0 & 2 & 3 \\ 0 & 4 & 5 \\ 5 & 6 & 8 \end{vmatrix}$

(4) $\begin{vmatrix} 1 & 2 & 3 \\ 3 & 4 & 5 \\ 5 & 6 & 8 \end{vmatrix} = -\begin{vmatrix} 2 & 1 & 3 \\ 4 & 3 & 5 \\ 6 & 5 & 8 \end{vmatrix} = \begin{vmatrix} 2 & 3 & 1 \\ 4 & 5 & 3 \\ 6 & 8 & 5 \end{vmatrix}$ □

以下の定理や例なども同様に示せる．

定理 3.15

次の正方行列 A の行列式の値は 0 になる：

(1) ある列の成分が全て 0．（$\boldsymbol{a}_j = \boldsymbol{0} \Rightarrow |A| = 0$）

(2) ある 2 つの列が等しい．（$\boldsymbol{a}_i = \boldsymbol{a}_j,\ i \neq j \Rightarrow |A| = 0$）

(3) ある列が他の列の定数倍に等しい．（$\boldsymbol{a}_i = s\boldsymbol{a}_j,\ i \neq j \Rightarrow |A| = 0$）

定理 3.16（列基本変形と行列式）

[C1] ある列を s 倍すると行列式の値も s 倍になる. （記号：sc_j）

[C2] ある列に他の列の s 倍を加えても行列式の値は変わらない.
（記号：$c_i + sc_j$）

[C3] 2 つの列を入れ替えると行列式の値は (-1) 倍になる.
（記号：$c_i \leftrightarrow c_j$）

例 3.12 (1) $\begin{vmatrix} 1 & 0 & 3 \\ 3 & 0 & 5 \\ 5 & 0 & 8 \end{vmatrix} = 0$ (2) $\begin{vmatrix} 1 & 1 & 3 \\ 3 & 3 & 5 \\ 5 & 5 & 8 \end{vmatrix} = 0$ (3) $\begin{vmatrix} 1 & 2 & 3 \\ 3 & 6 & 5 \\ 5 & 10 & 8 \end{vmatrix} = 0$

(4) $\begin{vmatrix} 1 & 2 & 3 \\ 3 & 4 & 5 \\ 5 & 6 & 8 \end{vmatrix} \overset{2c_2'}{=} 2\begin{vmatrix} 1 & 1 & 3 \\ 3 & 2 & 5 \\ 5 & 3 & 8 \end{vmatrix} \overset{\substack{c_1 - c_2 \\ c_3 - 3c_2}}{=} 2\begin{vmatrix} 0 & 1 & 0 \\ 1 & 2 & -1 \\ 2 & 3 & -1 \end{vmatrix}$

（sc_j' は第 j 列から s を括り出す記号とする.） □

定理 3.17（次数低下法 II）

$$\begin{vmatrix} a_{11} & 0 & \cdots & 0 \\ a_{21} & a_{22} & \cdots & a_{2n} \\ \vdots & \vdots & \ddots & \vdots \\ a_{n1} & a_{n2} & \cdots & a_{nn} \end{vmatrix} = a_{11} \begin{vmatrix} a_{22} & \cdots & a_{2n} \\ \vdots & \ddots & \vdots \\ a_{n2} & \cdots & a_{nn} \end{vmatrix} \quad \left(\begin{vmatrix} a_{11} & \mathbf{0} \\ * & A' \end{vmatrix} = a_{11}|A'| \right) \tag{3.10}$$

$$\begin{vmatrix} a_{11} & \cdots & a_{1\,n-1} & 0 \\ \vdots & \ddots & \vdots & \vdots \\ a_{n-1\,1} & \cdots & a_{n-1\,n-1} & 0 \\ a_{n1} & \cdots & a_{n\,n-1} & a_{nn} \end{vmatrix} = \begin{vmatrix} a_{11} & \cdots & a_{1\,n-1} \\ \vdots & \ddots & \vdots \\ a_{n-1\,1} & \cdots & a_{n-1\,n-1} \end{vmatrix} a_{nn}$$

$$\left(\begin{vmatrix} A'' & \mathbf{0} \\ * & a_{nn} \end{vmatrix} = |A''|a_{nn} \right) \tag{3.11}$$

例 3.13（下三角行列の行列式）

$$\begin{vmatrix} a_{11} & & O \\ \vdots & \ddots & \\ a_{n1} & \cdots & a_{nn} \end{vmatrix} = a_{11} \cdots a_{nn}, \quad \begin{vmatrix} E & O \\ C & A' \end{vmatrix} = |A'|, \quad \begin{vmatrix} A'' & O \\ C & E \end{vmatrix} = |A''| \tag{3.12}$$

□

次数低下法 I, II（定理 3.6, 3.17）を一般化すると，

定理 3.18（次数低下法（一般形））

正方行列 $A=[a_{ij}]$ に対し，

$$\begin{vmatrix} A_1 & \mathbf{0} & A_2 \\ * & a_{ij} & * \\ A_3 & \mathbf{0} & A_4 \end{vmatrix} = (-1)^{i+j} a_{ij} \begin{vmatrix} A_1 & A_2 \\ A_3 & A_4 \end{vmatrix} = \begin{vmatrix} A_1 & * & A_2 \\ \mathbf{0} & a_{ij} & \mathbf{0} \\ A_3 & * & A_4 \end{vmatrix}$$

【証明】 左辺 = 中辺 を示す．左辺の第 i 行を第 1 行に移し，第 1 行から第 $i-1$ 行を 1 つ下にずらす巡回置換を行うと，その符号は $(-1)^{i-1}$ 倍になる（系 3.3）．同様に列に対して第 j 列を第 1 列に移す巡回置換を行うと $(-1)^{j-1}$ 倍になる（系 3.14）．このとき $(-1)^{i+j-2}=(-1)^{i+j}$ と次数低下法 I（定理 3.6 (3.4) 式）より中辺に等しいことが分かる．即ち

$$\begin{aligned}\begin{vmatrix} A_1 & \mathbf{0} & A_2 \\ * & a_{ij} & * \\ A_3 & \mathbf{0} & A_4 \end{vmatrix} &= (-1)^{i-1} \begin{vmatrix} * & a_{ij} & * \\ A_1 & \mathbf{0} & A_2 \\ A_3 & \mathbf{0} & A_4 \end{vmatrix} \\ &= (-1)^{(i-1)+(j-1)} \begin{vmatrix} a_{ij} & * & * \\ \mathbf{0} & A_1 & A_2 \\ \mathbf{0} & A_3 & A_4 \end{vmatrix} \\ &= (-1)^{i+j} a_{ij} \begin{vmatrix} A_1 & A_2 \\ A_3 & A_4 \end{vmatrix}\end{aligned}$$

右辺 = 中辺 も同様．（$*$ と $\mathbf{0}$ が入れ替わるので，次数低下法 II（定理 3.17 (3.10) 式）を用いる．）■

例 3.14

$$\begin{aligned}\begin{vmatrix} 1 & 2 & 0 & 4 \\ 2 & 2 & 3 & 3 \\ 2 & 4 & 0 & 1 \\ 4 & 6 & 0 & 5 \end{vmatrix} &= (-1)^{2+3}\, 3 \begin{vmatrix} 1 & 2 & 4 \\ 2 & 4 & 1 \\ 4 & 6 & 5 \end{vmatrix} \\ &= \begin{vmatrix} 1 & 2 & 3 & 4 \\ 0 & 0 & 3 & 0 \\ 2 & 4 & 2 & 1 \\ 4 & 6 & 1 & 5 \end{vmatrix}\end{aligned}$$

□

行列の余因子

定理 3.18 で $A_{ij} = \begin{bmatrix} A_1 & A_2 \\ A_3 & A_4 \end{bmatrix}$ は A から第 i 行と第 j 列を除いた行列であり，A の第 (i,j) **小行列**という．また，その行列式 $|A_{ij}|$ を第 (i,j) **小行列式**といい，それに符号 $(-1)^{i+j}$ を掛けた $(-1)^{i+j}|A_{ij}|$ を A の第 (i,j) **余因子**という．これを $\widetilde{a_{ij}}$ と表すとき

$$\widetilde{a_{ij}} = (-1)^{i+j}|A_{ij}| = (-1)^{i+j}\begin{vmatrix} A_1 & A_2 \\ A_3 & A_4 \end{vmatrix} \tag{3.13}$$

であり，定理 3.18 は次の様に表せる：

$$\begin{vmatrix} A_1 & \mathbf{0} & A_2 \\ * & a_{ij} & * \\ A_3 & \mathbf{0} & A_4 \end{vmatrix} = a_{ij}\widetilde{a_{ij}} = \begin{vmatrix} A_1 & * & A_2 \\ \mathbf{0} & a_{ij} & \mathbf{0} \\ A_3 & * & A_4 \end{vmatrix} \tag{3.14}$$

第 (i,j) 余因子に付ける符号 $(-1)^{i+j}$ を $\pm$ で表すと：

$$\begin{bmatrix} + & - & + & \cdots \\ - & + & - & \cdots \\ + & - & + & \cdots \\ \vdots & \vdots & \vdots & \ddots \end{bmatrix}$$

例 3.15　**(2 次行列の余因子)**　$A = \begin{bmatrix} a & b \\ c & d \end{bmatrix}$ の余因子は，

$$\begin{aligned} \widetilde{a_{11}} &= (-1)^{1+1}d = d, & \widetilde{a_{12}} &= (-1)^{1+2}c = -c, \\ \widetilde{a_{21}} &= (-1)^{2+1}b = -b, & \widetilde{a_{22}} &= (-1)^{2+2}a = a \end{aligned}$$

□

例 3.16　$A = \begin{bmatrix} 1 & 2 & 3 \\ 2 & -3 & 5 \\ 3 & -1 & 6 \end{bmatrix}$ の $(2,3)$ 余因子 $\widetilde{a_{23}}$ は，

$$\widetilde{a_{23}} = (-1)^{2+3}\begin{vmatrix} 1 & 2 \\ 3 & -1 \end{vmatrix} = (-1)\begin{vmatrix} 1 & 2 \\ 0 & -7 \end{vmatrix} = 7$$

□

問 9　例 3.16 の行列 A の $(1,2)$ 余因子，$(2,2)$ 余因子，$(3,2)$ 余因子を求めよ．

行列式の計算例

行列式の値の計算では，掃き出しが一番簡単そうな行または列を選んで掃き出しを行い，次数低下法の一般形（定理 3.18）を用いて次数を下げることを繰り返して 2 次（3 次）以下の行列式に帰着すれば良い．（なお，次節の行列式の展開や補足で述べる分割行列の行列式の性質を用いると計算が容易になることもある．）

例 3.17　（(3,3) 成分と (2,3) 成分を用いて掃き出しと次数低下を行う．）

$$\begin{vmatrix} 4 & -1 & 0 & 3 \\ 4 & 2 & 2 & 4 \\ 0 & 2 & 2 & 2 \\ -1 & 3 & 0 & 2 \end{vmatrix} \overset{r_2 - r_3}{=} \begin{vmatrix} 4 & -1 & 0 & 3 \\ 4 & 0 & 0 & 2 \\ 0 & 2 & 2 & 2 \\ -1 & 3 & 0 & 2 \end{vmatrix}$$

$$\underset{\text{定理 } 3.18}{=} (-1)^{3+3}\, 2 \begin{vmatrix} 4 & -1 & 3 \\ 4 & 0 & 2 \\ -1 & 3 & 2 \end{vmatrix}$$

$$\overset{c_1 - 2c_3}{=} 2 \begin{vmatrix} -2 & -1 & 3 \\ 0 & 0 & 2 \\ -5 & 3 & 2 \end{vmatrix}$$

$$\underset{\text{定理 } 3.18}{=} 2(-1)^{2+3}\, 2 \begin{vmatrix} -2 & -1 \\ -5 & 3 \end{vmatrix}$$

$$= -4 \cdot (-6 - 5) = 44$$

□

例 3.18　対角成分が a，他の成分が b の n 次行列式 D_n の値を求める：

第 2〜n 列を第 1 列に加え，第 1 列を掃き出すと：

$$D_n := \begin{vmatrix} a & b & b & \cdots & b \\ b & a & b & \cdots & b \\ b & b & a & \cdots & b \\ \vdots & \vdots & \vdots & \ddots & b \\ b & b & b & \cdots & a \end{vmatrix} \underset{(2 \leqq j \leqq n)}{\overset{c_1 + c_j}{=}} \begin{vmatrix} a+(n-1)b & b & b & \cdots & b \\ a+(n-1)b & a & b & \cdots & b \\ a+(n-1)b & b & a & \cdots & b \\ \vdots & \vdots & \vdots & \ddots & b \\ a+(n-1)b & b & b & \cdots & a \end{vmatrix}$$

$$\underset{(2 \leqq i \leqq n)}{\overset{r_i - r_1}{=}} \begin{vmatrix} a+(n-1)b & b & b & \cdots & b \\ 0 & a-b & 0 & \cdots & 0 \\ 0 & 0 & a-b & \ddots & \vdots \\ \vdots & \vdots & \ddots & \ddots & 0 \\ 0 & 0 & \cdots & 0 & a-b \end{vmatrix}$$

$$\underset{(3.6)}{=} \{a+(n-1)b\}(a-b)^{n-1}$$

□

3.4 行列式の展開

行列式の展開

行列 $A=[a_{ij}]$ の第1行 $\boldsymbol{a}^1=[a_{11}\ a_{12}\ \cdots\ a_{1n}]$ は

$$\boldsymbol{a}^1=[a_{11}\ 0\cdots 0]+[0\ a_{12}\ 0\cdots 0]+\cdots+[0\cdots 0\ a_{1n}]$$

と展開され，第1行に対する線形性（定理 3.2 (I-1)）を A の行列式に適用すると，次数低下法の一般形の (3.14) 式より次が成り立つ.

$$|A|=\begin{vmatrix} a_{11} & 0 & \cdots & 0 \\ a_{21} & a_{22} & \cdots & a_{2n} \\ \vdots & \vdots & \ddots & \vdots \\ a_{n1} & a_{n2} & \cdots & a_{nn} \end{vmatrix}+\begin{vmatrix} 0 & a_{12} & \cdots & 0 \\ a_{21} & a_{22} & \cdots & a_{2n} \\ \vdots & \vdots & \ddots & \vdots \\ a_{n1} & a_{n2} & \cdots & a_{nn} \end{vmatrix}+\cdots+\begin{vmatrix} 0 & 0 & \cdots & a_{1n} \\ a_{21} & a_{22} & \cdots & a_{2n} \\ \vdots & \vdots & \ddots & \vdots \\ a_{n1} & a_{n2} & \cdots & a_{nn} \end{vmatrix}$$

$$=a_{11}\widetilde{a_{11}}+a_{12}\widetilde{a_{12}}+\cdots+a_{1n}\widetilde{a_{1n}}=\sum_{j=1}^{n}a_{1j}\widetilde{a_{1j}}$$

同様にして次の一般的な展開式が得られる：

定理 3.19（行列式の余因子展開）

n 次正方行列 A に対し次が成立する.

(1) （第 i 行に関する余因子展開） $|A|=\sum_{j=1}^{n}a_{ij}\widetilde{a_{ij}}\quad(i=1,\ldots,n)$

(2) （第 j 列に関する余因子展開） $|A|=\sum_{i=1}^{n}a_{ij}\widetilde{a_{ij}}\quad(j=1,\ldots,n)$

ある行，またはある列に0の多い行列式の値を計算する場合は余因子展開を用いると有効なことが多い.

例 3.19（余因子展開を併用する例）

$$\begin{vmatrix} x & 1 & 1 & 0 \\ 1 & x-1 & 0 & -1 \\ -2 & -1 & x-2 & 1 \\ 1 & 1 & 1 & x-1 \end{vmatrix}\overset{c_3-c_2}{=}\begin{vmatrix} x & 1 & 0 & 0 \\ 1 & x-1 & 1-x & -1 \\ -2 & -1 & x-1 & 1 \\ 1 & 1 & 0 & x-1 \end{vmatrix}$$

$$\underset{\text{第1行で展開}}{=}x\begin{vmatrix} x-1 & 1-x & -1 \\ -1 & x-1 & 1 \\ 1 & 0 & x-1 \end{vmatrix}+(-1)^{1+2}1\begin{vmatrix} 1 & 1-x & -1 \\ -2 & x-1 & 1 \\ 1 & 0 & x-1 \end{vmatrix}$$

$$\overset{r_1+r_2}{=} x\begin{vmatrix} x-2 & 0 & 0 \\ -1 & x-1 & 1 \\ 1 & 0 & x-1 \end{vmatrix} - \begin{vmatrix} -1 & 0 & 0 \\ -2 & x-1 & 1 \\ 1 & 0 & x-1 \end{vmatrix}$$

$$= x(x-2)\begin{vmatrix} x-1 & 1 \\ 0 & x-1 \end{vmatrix} - (-1)\begin{vmatrix} x-1 & 1 \\ 0 & x-1 \end{vmatrix}$$

$$= (x^2-2x+1)(x-1)^2 = (x-1)^4$$

□

例 3.20 **(3 重対角行列)** （対角成分とその両隣の成分以外の成分が 0 の行列）

対角成分が a，対角成分の隣の成分が b, c,（$a_{i,i-1}=b$, $a_{i,i+1}=c$）他の成分が 0 の n 次の行列式 D_n の漸化式を求める：

$$D_1 = a, \quad D_2 = \begin{vmatrix} a & c \\ b & a \end{vmatrix} = a^2 - bc$$

D_n（$n \geqq 3$）の第 1 列で展開し，第 2 項の次数を下げると：

$$D_3 = \begin{vmatrix} a & c & 0 \\ b & a & c \\ 0 & b & a \end{vmatrix} = a\begin{vmatrix} a & c \\ b & a \end{vmatrix} + (-1)^{2+1}b\begin{vmatrix} c & 0 \\ b & a \end{vmatrix}$$

$$= aD_2 - bca = aD_2 - bcD_1,$$

$$D_4 = \begin{vmatrix} a & c & 0 & 0 \\ b & a & c & 0 \\ 0 & b & a & c \\ 0 & 0 & b & a \end{vmatrix} = aD_3 + (-1)^{2+1}b\begin{vmatrix} c & 0 & 0 \\ b & a & c \\ 0 & b & a \end{vmatrix} = aD_3 - bc\begin{vmatrix} a & c \\ b & a \end{vmatrix}$$

$$= aD_3 - bcD_2,$$

$$D_n = \begin{vmatrix} a & c & & & \\ b & a & c & & \\ & b & a & \ddots & \\ & & \ddots & \ddots & c \\ & & & b & a \end{vmatrix} = aD_{n-1} - b\begin{vmatrix} c & & & & \\ b & a & c & & \\ & b & a & \ddots & \\ & & \ddots & \ddots & c \\ & & & b & a \end{vmatrix}$$

$$= aD_{n-1} - bcD_{n-2}$$

（$D_0 = 1$, $D_{-1} = 0$ として $n \geqq 1$ で成立） □

余因子行列

余因子 $\widetilde{a_{ij}}$ を並べた行列 $[\widetilde{a_{ij}}]$ の**転置行列**を**余因子行列**といい，$\widetilde{A}$ と表す：

$$\widetilde{A} = {}^t[\widetilde{a_{ij}}], \quad (\widetilde{A})_{ij} = \widetilde{a_{ji}}$$

このとき，上の余因子展開（定理 3.19）より

$$(A\widetilde{A})_{ii} = \sum_{j=1}^{n} a_{ij}(\widetilde{A})_{ji} = \sum_{j=1}^{n} a_{ij}\widetilde{a_{ij}} = |A|,$$

$$(\widetilde{A}A)_{jj} = \sum_{i=1}^{n}(\widetilde{A})_{ji}a_{ij} = \sum_{i=1}^{n}\widetilde{a_{ij}}a_{ij} = |A|$$

一方 $i \neq j$ のとき A の第 i 行を $\boldsymbol{x} = [x_1\, x_2\, \cdots\, x_n]$ に置き換えた行列 $A_i(\boldsymbol{x}) = A_{ij}(\boldsymbol{x}, \boldsymbol{a}^j)$ に定理 3.19 (1) を（$\sum$ の添え字 j を k に替えて）適用すると

$$\left|A_i(\boldsymbol{x})\right| = \left|A_{ij}(\boldsymbol{x}, \boldsymbol{a}^j)\right| = \sum_{k=1}^{n} x_k\widetilde{a_{ik}}$$

であり，$\boldsymbol{x} = \boldsymbol{a}^j = [\cdots\ a_{jk}\ \cdots]$ のとき $|A_i(\boldsymbol{a}^j)| = |A_{ij}(\boldsymbol{a}^j, \boldsymbol{a}^j)| = 0$．従って

$$0 = \left|A_i(\boldsymbol{a}^j)\right| = \sum_{k=1}^{n} a_{jk}\widetilde{a_{ik}} = \sum_{k=1}^{n} a_{jk}(\widetilde{A})_{ki} = (A\widetilde{A})_{ji}$$

同様に $i \neq j$ のとき，$(\widetilde{A}A)_{ij} = 0$．よって定理 3.19 と合わせて，

$$(A\widetilde{A})_{ij} = |A|\delta_{ij}, \quad (\widetilde{A}A)_{ij} = |A|\delta_{ij}$$

これより，

定理 3.20（余因子行列と逆行列）

n 次正方行列 A に対し

$$A\widetilde{A} = |A|E_n, \quad \widetilde{A}A = |A|E_n$$

特に A が正則のとき，

$$A^{-1} = \frac{1}{|A|}\widetilde{A} = |A|^{-1}\widetilde{A}$$

【証明】 前半は上で示した．A が正則のときは，$|A| \neq 0$（定理 3.9）より，$X = |A|^{-1}\widetilde{A}$ とおけば，$AX = A(|A|^{-1}\widetilde{A}) = |A|^{-1}(A\widetilde{A}) = |A|^{-1}(|A|E) = E$．同様に，$XA = E$ が示せ，$X = |A|^{-1}\widetilde{A}$ が A の逆行列になる． ■

例 3.21（**2 次行列の余因子行列と逆行列**） $A = \begin{bmatrix} a & b \\ c & d \end{bmatrix}$ の余因子と余因子行列は **例 3.15** より，

$$\widetilde{a_{11}} = d, \quad \widetilde{a_{12}} = -c, \quad \widetilde{a_{21}} = -b, \quad \widetilde{a_{22}} = a, \qquad \widetilde{A} = \begin{bmatrix} \widetilde{a_{11}} & \widetilde{a_{21}} \\ \widetilde{a_{12}} & \widetilde{a_{22}} \end{bmatrix} = \begin{bmatrix} d & -b \\ -c & a \end{bmatrix}$$

A が正則のとき $|A| = ad - bc \neq 0$ より，

$$A^{-1} = \frac{1}{|A|}\widetilde{A} = \frac{1}{ad-bc}\begin{bmatrix} d & -b \\ -c & a \end{bmatrix}$$ □

未知数の個数と方程式の個数が一致し，係数行列が正則な連立一次方程式の唯 1 組の解を行列式を用いて表す方法がある．

定理 3.21（**クラメル**（Cramer）**の公式**）

未知数の個数と方程式の個数がともに n の連立一次方程式

$$A\boldsymbol{x} = \boldsymbol{b}, \quad A = [\boldsymbol{a}_1\ \boldsymbol{a}_2\ \cdots\ \boldsymbol{a}_n], \quad \boldsymbol{x} = {}^t[x_1\ x_2\ \cdots\ x_n]$$

は A が正則ならば，その唯 1 組の解は次式で与えられる：

$$x_1 = \frac{|\boldsymbol{b}\,\boldsymbol{a}_2\ \cdots\ \boldsymbol{a}_n|}{|A|},\ x_2 = \frac{|\boldsymbol{a}_1\,\boldsymbol{b}\,\boldsymbol{a}_3\ \cdots\ \boldsymbol{a}_n|}{|A|}, \ldots,\ x_n = \frac{|\boldsymbol{a}_1\ \cdots\ \boldsymbol{a}_{n-1}\,\boldsymbol{b}|}{|A|}$$

【証明】 $\boldsymbol{b} = A\boldsymbol{x} = \sum_{j=1}^{n} \boldsymbol{a}_j x_j$ と $|\boldsymbol{a}_j\ \boldsymbol{a}_2\ \cdots\ \boldsymbol{a}_n| = 0$（$j \geqq 2$）より

$$\begin{aligned} |\boldsymbol{b}\,\boldsymbol{a}_2 \cdots \boldsymbol{a}_n| &= \left|\sum_{j=1}^{n} \boldsymbol{a}_j x_j, \boldsymbol{a}_2 \cdots \boldsymbol{a}_n\right| = \sum_{j=1}^{n} x_j |\boldsymbol{a}_j\ \boldsymbol{a}_2 \cdots \boldsymbol{a}_n| \\ &= x_1 |\boldsymbol{a}_1\ \boldsymbol{a}_2 \cdots \boldsymbol{a}_n| \\ &= x_1 |A| \end{aligned}$$

A が正則なので $|A| \neq 0$ より

$$x_1 = \frac{|\boldsymbol{b}\,\boldsymbol{a}_2\ \cdots\ \boldsymbol{a}_n|}{|A|}$$

他も同様にして $x_i = \dfrac{|\boldsymbol{a}_1\ \cdots\ \overset{i}{\boldsymbol{b}} \cdots\ \boldsymbol{a}_n|}{|A|}$ を得る． ■

例 3.22 **(クラメルの公式)** a, b, c が互いに異なるとき，連立一次方程式

$$\begin{cases} x + \quad y + \quad z = 1 \\ ax + \ by + \ cz = d \\ a^2x + b^2y + c^2z = d^2 \end{cases} \quad \left(A = \begin{bmatrix} 1 & 1 & 1 \\ a & b & c \\ a^2 & b^2 & c^2 \end{bmatrix},\ \boldsymbol{d} = \begin{bmatrix} 1 \\ d \\ d^2 \end{bmatrix},\ A\boldsymbol{x} = \boldsymbol{d} \right)$$

の解は $|A| = (a-b)(b-c)(c-a)$ とクラメルの公式により

$$x = \frac{(d-b)(b-c)(c-d)}{(a-b)(b-c)(c-a)},$$
$$y = \frac{(a-d)(d-c)(c-a)}{(a-b)(b-c)(c-a)},$$
$$z = \frac{(a-b)(b-d)(d-a)}{(a-b)(b-c)(c-a)}$$

(x, y, z の分子は，$|A|$ の a, b, c をそれぞれ d に置き換えたもの.) □

注意 3.7 **例 3.22** の行列式 $|A|$ は補足の **例 3.24** で述べるヴァンデルモンドの行列式であり，その値

$$\Delta(a,b,c) = (a-b)(b-c)(c-a) \quad \text{(差積という)}$$

を用いて

$$x = \frac{\Delta(d,b,c)}{\Delta(a,b,c)}, \quad y = \frac{\Delta(a,d,c)}{\Delta(a,b,c)}, \quad z = \frac{\Delta(a,b,d)}{\Delta(a,b,c)}$$

と表せる.

注意 3.8 余因子行列を用いた逆行列の表示やクラメルの公式は，文字を含んだり配列が規則的な行列式や方程式の解の公式を作るなど理論上有効であるが，3 次以上の行列の逆行列や方程式の解を求める数値計算には掃き出し法などの方が容易であることが多い.

3.5 行列式と図形

2 次，3 次の実行列の行列式には幾何学的意味を与えることができる．以下，列ベクトルは座標平面，座標空間のベクトルと考え，原点 O を始点とする有向線分（またはその終点となる点）とみなす．

2 次の行列式

平面のベクトル $\boldsymbol{a} = \begin{bmatrix} a \\ c \end{bmatrix}, \boldsymbol{b} = \begin{bmatrix} b \\ d \end{bmatrix}$ に対し，行列式 $\det[\boldsymbol{a}\,\boldsymbol{b}] = \begin{vmatrix} a & b \\ c & d \end{vmatrix} = ad - bc$ の絶対値は $\boldsymbol{a}, \boldsymbol{b}$ を 2 辺とする平行四辺形の面積 S に等しい．証明は例えば，$\boldsymbol{a}, \boldsymbol{b}$ のなす角を θ $(0 \leqq \theta \leqq \pi)$，$\boldsymbol{a}$ の長さ（大きさ）$\sqrt{a^2 + c^2}$ を $\|\boldsymbol{a}\|$，$\boldsymbol{a}, \boldsymbol{b}$ の**内積** $ab + cd = \|\boldsymbol{a}\|\,\|\boldsymbol{b}\| \cos\theta$ を $(\boldsymbol{a}, \boldsymbol{b})$ と書くと，$S = \|\boldsymbol{a}\|\,\|\boldsymbol{b}\| \sin\theta$ より

$$
\begin{aligned}
S^2 &= \|\boldsymbol{a}\|^2\,\|\boldsymbol{b}\|^2 \sin^2\theta = \|\boldsymbol{a}\|^2\,\|\boldsymbol{b}\|^2 (1 - \cos^2\theta) = \|\boldsymbol{a}\|^2\,\|\boldsymbol{b}\|^2 - (\boldsymbol{a}, \boldsymbol{b})^2 \\
&= (a^2 + c^2)(b^2 + d^2) - (ab + cd)^2 = (ad - bc)^2, \quad \therefore \quad S = |ad - bc|
\end{aligned}
$$

（$\boldsymbol{a}, \boldsymbol{b}$ が一直線上にあれば，この平行四辺形はつぶれており面積は 0 と考える．）従って 2 次の行列式の値は $\boldsymbol{a}, \boldsymbol{b}$ の作る平行四辺形の**符号付き面積**を表している．符号は，基本ベクトル $\boldsymbol{e}_1, \boldsymbol{e}_2$ に対し

$$
|\boldsymbol{e}_1\,\boldsymbol{e}_2| = |E| = 1, \quad |\boldsymbol{e}_2\,\boldsymbol{e}_1| = -1
$$

であり，一般には角 θ を $-\pi < \theta \leqq \pi$ の範囲で考え，$\boldsymbol{a}$ から $\boldsymbol{b}$ に向かって回る向きが，$\boldsymbol{e}_1$ から $\boldsymbol{e}_2$ に向かって回る向きと同じ（通常反時計回り）なら θ には正の符号を，逆向き（通常時計回り）なら θ には負の符号を付けると $\det[\boldsymbol{a}\,\boldsymbol{b}] = \|\boldsymbol{a}\|\,\|\boldsymbol{b}\| \sin\theta$ になる．

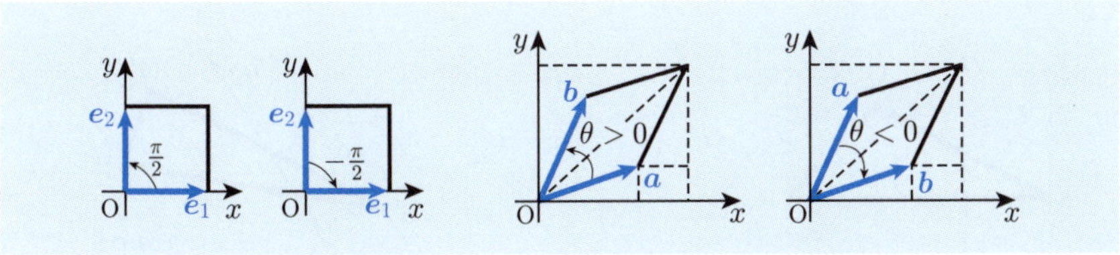

そこで，$\boldsymbol{a}, \boldsymbol{b}$ の作る平行四辺形には向きが付いていると考え，行列式の値が正のときは表向きで面積も正，負のときは裏向きで負の面積をもつ，と考える．このとき次がいえたことになる．

2次の行列式と符号付き面積

行列式 $\det[\boldsymbol{a}\,\boldsymbol{b}] = \begin{vmatrix} a & b \\ c & d \end{vmatrix}$ の値は $\boldsymbol{a}$, $\boldsymbol{b}$ の作る平行四辺形の符号付き面積に等しい.

一次変換と行列式

（関数と同じで）一般に，集合 X の各元 x に集合 Y の元 y を1つずつ対応させる規則 f を X から Y への**写像**といい，y を $f(x)$ や $y = f(x)$ などと表す．$f(x)$ を x の f による**像**という．また，X を f の**定義域**，Y を f の**値域**といい，写像 f はこれらを明示して

$$f\colon X \to Y$$

とも表す．$X = Y$ のときは f を**変換**ともいう．（なお，値が数のときは関数といわれ，そうでないときは写像といわれることが多い.）

n 次正方行列 A は n 次元ベクトル $\boldsymbol{x}$ に $A\boldsymbol{x}$ を対応させる写像 $f(\boldsymbol{x}) = A\boldsymbol{x}$ を定める．この f を行列 A の定める**一次変換**，または**線形変換**といい，A を f の**表現行列**という．2次，3次の実行列の定める一次変換は座標平面上や座標空間内の点の移動と考えられる．例えば，

$$A = [\boldsymbol{a}\,\boldsymbol{b}] = \begin{bmatrix} a & b \\ c & d \end{bmatrix}, \quad \boldsymbol{x} = \begin{bmatrix} x \\ y \end{bmatrix}$$

に対し，

$$\begin{bmatrix} x' \\ y' \end{bmatrix} = A\boldsymbol{x} = [\boldsymbol{a}\,\boldsymbol{b}]\begin{bmatrix} x \\ y \end{bmatrix} = \boldsymbol{a}x + \boldsymbol{b}y = \begin{bmatrix} ax + by \\ cx + dy \end{bmatrix}$$

だから，f は平面上の点 $\mathrm{P}(x, y)$ を点 $\mathrm{P}'(ax+by, cx+dy)$ に移すと考えられる．

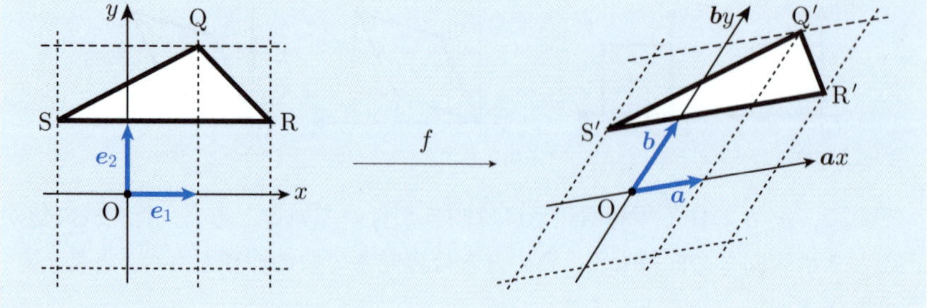

ここで，$f(\boldsymbol{e}_1) = \boldsymbol{a}$, $f(\boldsymbol{e}_2) = \boldsymbol{b}$ であり，$\boldsymbol{e}_1, \boldsymbol{e}_2$ の作る単位正方形を $\boldsymbol{a}, \boldsymbol{b}$ の作る平行四辺形に移す．その面積の比は（単位正方形の面積が 1 なので）$|\det A|$ に等しく，$\det A < 0$ のとき平行四辺形は裏返る．このことは平面上のどんな図形に対しても成り立つ．即ち，

一次変換と行列式

行列式 $|A| = \det[\boldsymbol{a}\,\boldsymbol{b}] = \begin{vmatrix} a & b \\ c & d \end{vmatrix}$ の値は行列 A の表す一次変換によって移る図形の符号付き面積の比を表す．

なお，x 軸，y 軸，原点に関する対称移動，原点を中心とする角 θ の回転移動，原点を中心とする相似比 k の相似変換は全て一次変換であり，それらの表現行列はそれぞれ次で与えられる：

$$\begin{bmatrix} 1 & 0 \\ 0 & -1 \end{bmatrix}, \begin{bmatrix} -1 & 0 \\ 0 & 1 \end{bmatrix}, \begin{bmatrix} -1 & 0 \\ 0 & -1 \end{bmatrix},$$

$$\begin{bmatrix} \cos\theta & -\sin\theta \\ \sin\theta & \cos\theta \end{bmatrix}, \begin{bmatrix} k & 0 \\ 0 & k \end{bmatrix}$$

空間ベクトルの外積と行列式

空間の 2 つのベクトル $\boldsymbol{a} = {}^t[a_1\ a_2\ a_3]$, $\boldsymbol{b} = {}^t[b_1\ b_2\ b_3]$ に対し，$\boldsymbol{a}, \boldsymbol{b}$ の**外積**，または**ベクトル積**といわれる空間ベクトル $\boldsymbol{a} \times \boldsymbol{b}$ が成分を用いて次の様に定められる：($\boldsymbol{e}_1, \boldsymbol{e}_2, \boldsymbol{e}_3$ は文字と考え，右辺を展開すれば第 3 辺になる．)

$$\begin{aligned} \boldsymbol{a} \times \boldsymbol{b} &= \begin{bmatrix} a_2b_3 - a_3b_2 \\ a_3b_1 - a_1b_3 \\ a_1b_2 - a_2b_1 \end{bmatrix} \\ &= \begin{vmatrix} a_2 & b_2 \\ a_3 & b_3 \end{vmatrix} \boldsymbol{e}_1 + \begin{vmatrix} a_3 & b_3 \\ a_1 & b_1 \end{vmatrix} \boldsymbol{e}_2 + \begin{vmatrix} a_1 & b_1 \\ a_2 & b_2 \end{vmatrix} \boldsymbol{e}_3 \\ &= \begin{vmatrix} a_1 & b_1 & \boldsymbol{e}_1 \\ a_2 & b_2 & \boldsymbol{e}_2 \\ a_3 & b_3 & \boldsymbol{e}_3 \end{vmatrix} \end{aligned}$$

$\boldsymbol{a}, \boldsymbol{b}$ のなす角を θ ($0 \leqq \theta \leqq \pi$)，$\boldsymbol{a}, \boldsymbol{b}$ の内積を

$$(\boldsymbol{a}, \boldsymbol{b}) = a_1b_1 + a_2b_2 + a_3b_3 = \|\boldsymbol{a}\|\,\|\boldsymbol{b}\| \cos\theta$$

とするとき，$\boldsymbol{a}\times\boldsymbol{b}$ の長さ（大きさ）$\|\boldsymbol{a}\times\boldsymbol{b}\|$ は，

$$\begin{aligned}\|\boldsymbol{a}\times\boldsymbol{b}\|^2 &= (a_2b_3-a_3b_2)^2+(a_3b_1-a_1b_3)^2+(a_1b_2-a_2b_1)^2\\ &= (a_1^2+a_2^2+a_3^2)(b_1^2+b_2^2+b_3^2)-(a_1b_1+a_2b_2+a_3b_3)^2\\ &= \|\boldsymbol{a}\|^2\|\boldsymbol{b}\|^2-(\boldsymbol{a},\boldsymbol{b})^2=\|\boldsymbol{a}\|^2\|\boldsymbol{b}\|^2\sin^2\theta,\\ &\therefore\quad \|\boldsymbol{a}\times\boldsymbol{b}\|=\|\boldsymbol{a}\|\|\boldsymbol{b}\|\sin\theta\end{aligned}$$

より $\boldsymbol{a}$, $\boldsymbol{b}$ の作る平行四辺形の面積に等しい．また，$\boldsymbol{a}\times\boldsymbol{b}$ と空間ベクトル $\boldsymbol{c}={}^t[c_1\,c_2\,c_3]$ の内積は

$$\begin{aligned}(\boldsymbol{a}\times\boldsymbol{b},\boldsymbol{c}) &= \begin{vmatrix}a_2 & b_2\\ a_3 & b_3\end{vmatrix}c_1+\begin{vmatrix}a_3 & b_3\\ a_1 & b_1\end{vmatrix}c_2+\begin{vmatrix}a_1 & b_1\\ a_2 & b_2\end{vmatrix}c_3\\ &= \begin{vmatrix}a_1 & b_1 & c_1\\ a_2 & b_2 & c_2\\ a_3 & b_3 & c_3\end{vmatrix}\\ &= \det[\boldsymbol{a}\,\boldsymbol{b}\,\boldsymbol{c}]\end{aligned}$$

特に，$\boldsymbol{c}=\boldsymbol{a},\boldsymbol{b}$ とおけば $|\boldsymbol{a}\,\boldsymbol{b}\,\boldsymbol{a}|=0$ などより

$$(\boldsymbol{a}\times\boldsymbol{b},\boldsymbol{a})=(\boldsymbol{a}\times\boldsymbol{b},\boldsymbol{b})=0$$

即ち $\boldsymbol{a}\times\boldsymbol{b}$ は $\boldsymbol{a}$, $\boldsymbol{b}$ に直交している．なお，

$$\det[\boldsymbol{a}\,\boldsymbol{b}\,\boldsymbol{a}\times\boldsymbol{b}]=(\boldsymbol{a}\times\boldsymbol{b},\boldsymbol{a}\times\boldsymbol{b})=\|\boldsymbol{a}\times\boldsymbol{b}\|^2\geqq 0$$

であり，$\boldsymbol{a}$, $\boldsymbol{b}$ が一直線上にあれば $\boldsymbol{a}\times\boldsymbol{b}=\boldsymbol{0}$ になる．

$\boldsymbol{a}$, $\boldsymbol{b}$, $\boldsymbol{c}$ がそれぞれ右手の親指，人差し指，中指の上にあるとき ベクトルの組 $[\boldsymbol{a}\,\boldsymbol{b}\,\boldsymbol{c}]$ を右手系という．基本ベクトルの組 $[\boldsymbol{e}_1\,\boldsymbol{e}_2\,\boldsymbol{e}_3]$ が右手系のとき，座標系も右手系という．$\boldsymbol{a}=\boldsymbol{e}_1={}^t[1\,0\,0]$, $\boldsymbol{b}=\boldsymbol{e}_2={}^t[0\,1\,0]$ のとき $\boldsymbol{a}\times\boldsymbol{b}=\boldsymbol{e}_1\times\boldsymbol{e}_2={}^t[0\,0\,1]=\boldsymbol{e}_3$ で，$[\boldsymbol{e}_1\,\boldsymbol{e}_2\,\boldsymbol{e}_3]$ が右手系のとき $[\boldsymbol{a}\,\boldsymbol{b}\,\boldsymbol{a}\times\boldsymbol{b}]$ も右手系になる．

空間ベクトルの外積

$\boldsymbol{a}$, $\boldsymbol{b}$ の外積 $\boldsymbol{a}\times\boldsymbol{b}$ は，$\boldsymbol{a}$, $\boldsymbol{b}$ に直交し，その長さ $\|\boldsymbol{a}\times\boldsymbol{b}\|$ は $\boldsymbol{a}$, $\boldsymbol{b}$ の作る平行四辺形の面積に等しく，右手系の座標系では $[\boldsymbol{a}\,\boldsymbol{b}\,\boldsymbol{a}\times\boldsymbol{b}]$ も右手系になる．

一般の空間ベクトル $\boldsymbol{c}$ に対し，$\boldsymbol{a}\times\boldsymbol{b}$ と $\boldsymbol{c}$ のなす角を φ とすれば $(\boldsymbol{a}\times\boldsymbol{b},\boldsymbol{c}) = \|\boldsymbol{a}\times\boldsymbol{b}\|\,\|\boldsymbol{c}\|\cos\varphi$ で，$\|\boldsymbol{c}\|\,|\cos\varphi|$ は $\boldsymbol{a}$, $\boldsymbol{b}$ の作る平行四辺形からの高さになる．従って $\|\boldsymbol{a}\times\boldsymbol{b}\|\,\|\boldsymbol{c}\|\cos\varphi = (\boldsymbol{a}\times\boldsymbol{b},\boldsymbol{c}) = \det[\boldsymbol{a}\,\boldsymbol{b}\,\boldsymbol{c}]$ は $\boldsymbol{a}$, $\boldsymbol{b}$, $\boldsymbol{c}$ の作る平行六面体の符号付き体積になる．$\det[\boldsymbol{a}\,\boldsymbol{b}\,\boldsymbol{c}] > 0$ のとき，$\cos\varphi > 0$ より $\boldsymbol{c}$ は $\boldsymbol{a}$, $\boldsymbol{b}$ の作る平面に関し $\boldsymbol{a}\times\boldsymbol{b}$ と同じ側にあるので $[\boldsymbol{a}\,\boldsymbol{b}\,\boldsymbol{c}]$ は右手系になり，逆に $\det[\boldsymbol{a}\,\boldsymbol{b}\,\boldsymbol{c}] < 0$ のとき $[\boldsymbol{a}\,\boldsymbol{b}\,\boldsymbol{c}]$ は左手系になる．（このとき図形は裏向きで負の体積をもつと考える．）

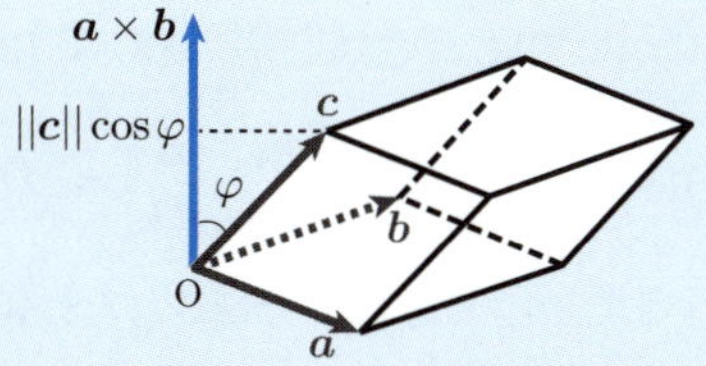

3 次の行列式

$\det[\boldsymbol{a}\,\boldsymbol{b}\,\boldsymbol{c}] = (\boldsymbol{a}\times\boldsymbol{b},\boldsymbol{c})$ は $\boldsymbol{a}$, $\boldsymbol{b}$, $\boldsymbol{c}$ の作る平行六面体の符号付き体積に等しく，その符号は右手系の座標系では，$[\boldsymbol{a}\,\boldsymbol{b}\,\boldsymbol{c}]$ が右手系のとき正，左手系のとき負になる．

なお，$(\boldsymbol{a}\times\boldsymbol{b},\boldsymbol{c})$ は $\boldsymbol{a}$, $\boldsymbol{b}$, $\boldsymbol{c}$ の**スカラー三重積**ともいわれる．

3 次の行列 $A = [\boldsymbol{a}\,\boldsymbol{b}\,\boldsymbol{c}]$ の定める一次変換 $f(\boldsymbol{x}) = A\boldsymbol{x}$ は $f(\boldsymbol{e}_1) = \boldsymbol{a}$, $f(\boldsymbol{e}_2) = \boldsymbol{b}$, $f(\boldsymbol{e}_3) = \boldsymbol{c}$ であり，$\boldsymbol{e}_1$, $\boldsymbol{e}_2$, $\boldsymbol{e}_3$ の作る単位立方体を $\boldsymbol{a}$, $\boldsymbol{b}$, $\boldsymbol{c}$ の作る平行六面体に移す．その体積の比は $|\det A|$ に等しく，$\det A < 0$ のときは右手系を左手系に移す．このことは空間のどんな図形に対しても成り立つ．即ち，

一次変換と 3 次の行列式

行列式 $|A| = \det[\boldsymbol{a}\,\boldsymbol{b}\,\boldsymbol{c}]$ の値は行列 A の表す一次変換によって移る図形の符号付き体積の比を表す．

注意 3.9 一次変換と行列式の関係は微分積分学における重積分の変数変換で用いられる．

3.6 補　　足

3.6.1 分割された行列の行列式

分割された行列についても，「基本行列」，「基本変形」およびその行列式を考えることができる．ここで，基本行列 $P_i(c)$ の $c \neq 0$ に相当する行列は正則行列とし，$P_{ij}(c)$ における c に相当する行列は任意の行列で良いと考える．

ここでは簡単のため，2×2 の形に分割された行列の「基本行列」，「基本変形」およびその行列式について述べる．（一般にはさらに分割すれば良い．）

以下，A, D は m 次，n 次の正方行列，B は (m, n) 型，C は (n, m) 型行列とする．分割された行列の行列式については，次数低下法（(3.8), (3.12) 式）により，

$$\begin{vmatrix} A & B \\ O & E_n \end{vmatrix} = |A| = \begin{vmatrix} A & O \\ C & E_n \end{vmatrix}, \quad \begin{vmatrix} E_m & B \\ O & D \end{vmatrix} = |D| = \begin{vmatrix} E_m & O \\ C & D \end{vmatrix}$$

これらの中で，特に次の行列式の中の行列を，分割された行列の「基本行列」と考える．

$$(1) \quad \begin{vmatrix} P & O \\ O & E_n \end{vmatrix} = |P|, \begin{vmatrix} E_m & O \\ O & Q \end{vmatrix} = |Q|, \qquad (2) \quad \begin{vmatrix} E_m & R \\ O & E_n \end{vmatrix} = 1 = \begin{vmatrix} E_m & O \\ S & E_n \end{vmatrix}$$

ここで，P は m 次，Q は n 次の正則行列，R は (m, n) 型，S は (n, m) 型の行列である．(1) の行列式を掛けると，行列式の積は積の行列式に等しいので

$$|P|\begin{vmatrix} A & B \\ C & D \end{vmatrix} = \begin{vmatrix} P & O \\ O & E_n \end{vmatrix}\begin{vmatrix} A & B \\ C & D \end{vmatrix} = \left|\begin{bmatrix} P & O \\ O & E_n \end{bmatrix}\begin{bmatrix} A & B \\ C & D \end{bmatrix}\right| = \begin{vmatrix} PA & PB \\ C & D \end{vmatrix}$$

（「第 1 行」を P 倍すると行列式は $|P|$ 倍になる．）

(2) の中の行列を左から掛けると

$$\begin{bmatrix} E_m & R \\ O & E_n \end{bmatrix}\begin{bmatrix} A & B \\ C & D \end{bmatrix} = \begin{bmatrix} A + RC & B + RD \\ C & D \end{bmatrix}$$

積の行列式は行列式の積に等しく，次式の中辺第 1 項の行列式の値は 1 より，

$$\begin{vmatrix} A & B \\ C & D \end{vmatrix} = \begin{vmatrix} E_m & R \\ O & E_n \end{vmatrix}\begin{vmatrix} A & B \\ C & D \end{vmatrix} = \begin{vmatrix} A + RC & B + RD \\ C & D \end{vmatrix}$$

（即ち，「第 1 行」に「第 2 行」の行列倍を加えても行列式の値は変化しない．）

即ち，分割された行列の行列式においてもブロック型の基本変形に対し通常の行列式に対する基本変形と同様の変化をする．また，ブロック三角行列の行列式については，

$$|A||D| = |D||A| = \begin{vmatrix} E_m & O \\ O & D \end{vmatrix}\begin{vmatrix} A & B \\ O & E_n \end{vmatrix} = \begin{vmatrix} A & B \\ O & D \end{vmatrix}$$

同様にして，

$$\begin{vmatrix} A & O \\ C & D \end{vmatrix} = \begin{vmatrix} A & O \\ O & E_n \end{vmatrix} \begin{vmatrix} E_m & O \\ C & D \end{vmatrix} = |A||D|$$

（ブロック三角行列の行列式の値は対角成分の行列式の積になる.）

行交換，列交換については，行ベクトルや列ベクトルに分割して考える．列について書くと，下の式では，$\boldsymbol{b}_1$ を第 1 列に移す巡回置換（m 回隣接互換）により，符号が $(-1)^m$ 倍になり，これを n 回繰り返すので $(-1)^{mn}$ 倍になる．即ち，

$$\begin{aligned} |\boldsymbol{a}_1 \cdots \boldsymbol{a}_m,\ \boldsymbol{b}_1 \cdots \boldsymbol{b}_n| &= (-1)^m |\boldsymbol{b}_1, \boldsymbol{a}_1 \cdots \boldsymbol{a}_m, \boldsymbol{b}_2 \cdots \boldsymbol{b}_n| = \cdots \\ &= (-1)^{mn} |\boldsymbol{b}_1 \ \cdots \boldsymbol{b}_n, \boldsymbol{a}_1, \cdots \boldsymbol{a}_m| \end{aligned}$$

行についても同様にすることにより，合わせて

$$\begin{vmatrix} A & B \\ C & D \end{vmatrix} = (-1)^{mn} \begin{vmatrix} C & D \\ A & B \end{vmatrix}, \quad \begin{vmatrix} A & B \\ C & D \end{vmatrix} = (-1)^{mn} \begin{vmatrix} B & A \\ D & C \end{vmatrix}$$

上述以外の行と列の「基本変形」についても同様にして次を得る：

$$\begin{vmatrix} A & B \\ C & D \end{vmatrix} = \begin{vmatrix} A & B \\ SA+C & SB+D \end{vmatrix},$$

$$\begin{vmatrix} A & B \\ C & D \end{vmatrix} = \begin{vmatrix} A & AR+B \\ C & CR+D \end{vmatrix},$$

$$\begin{vmatrix} A & B \\ C & D \end{vmatrix} = \begin{vmatrix} A+BS & B \\ C+DS & D \end{vmatrix}$$

$$\begin{vmatrix} A & B \\ QC & QD \end{vmatrix} = |Q| \begin{vmatrix} A & B \\ C & D \end{vmatrix},$$

$$\begin{vmatrix} A & BQ \\ C & DQ \end{vmatrix} = \begin{vmatrix} A & B \\ C & D \end{vmatrix} |Q|,$$

$$\begin{vmatrix} A & B \\ C & D \end{vmatrix} |P| = \begin{vmatrix} AP & B \\ CP & D \end{vmatrix}$$

特に A, B, C, D が n 次正方行列のとき，スカラー s をスカラー行列 sE と考えると，

$$\begin{aligned} \begin{vmatrix} A & B \\ C & D \end{vmatrix} &= \begin{vmatrix} A+sC & B+sD \\ C & D \end{vmatrix} = \begin{vmatrix} A & B \\ sA+C & sB+D \end{vmatrix} = \begin{vmatrix} A & sA+B \\ C & sC+D \end{vmatrix} \\ &= \begin{vmatrix} A+sB & B \\ C+sD & D \end{vmatrix} \end{aligned}$$

3.6.2 行列式とその応用

例 3.23 **(直線，平面の方程式)**

直線の方程式 座標平面上の異なる2点 (a_1, b_1), (a_2, b_2) を通る直線の方程式 $px + qy + r = 0$（$(p, q) \neq (0, 0) = \mathbf{0}$）は

$$\begin{cases} px \ + qy \ + r = 0 \\ pa_1 \ + qb_1 + r = 0 \\ pa_2 \ + qb_2 + r = 0 \end{cases}, \quad \therefore \quad \begin{bmatrix} x & y & 1 \\ a_1 & b_1 & 1 \\ a_2 & b_2 & 1 \end{bmatrix} \begin{bmatrix} p \\ q \\ r \end{bmatrix} = \begin{bmatrix} 0 \\ 0 \\ 0 \end{bmatrix} = \mathbf{0}$$

をみたす．これを p, q, r の同次方程式と考えると $(p, q) \neq \mathbf{0}$ より自明でない解をもつ．従って係数行列は正則でないので，その行列式の値は 0，即ち

$$\begin{vmatrix} x & y & 1 \\ a_1 & b_1 & 1 \\ a_2 & b_2 & 1 \end{vmatrix} = 0 \quad (\therefore \quad (b_1 - b_2)x + (a_2 - a_1)y + (a_1 b_2 - b_1 a_2) = 0)$$

と行列式を用いて表される．((x, y) に (a_1, b_1), (a_2, b_2) を代入すると 0 になる．)

平面の方程式 同様の考察により xyz 空間内の異なる3点 (a_1, b_1, c_1), (a_2, b_2, c_2), (a_3, b_3, c_3) を通る平面の方程式は次式で与えられることが分かる．

$$\begin{vmatrix} x & y & z & 1 \\ a_1 & b_1 & c_1 & 1 \\ a_2 & b_2 & c_2 & 1 \\ a_3 & b_3 & c_3 & 1 \end{vmatrix} = 0$$

□

例 3.24 **(ヴァンデルモンド（Vandermonde）の行列式)**（左辺の行列式を指す．）

$$\begin{vmatrix} 1 & 1 & 1 & \cdots & 1 \\ x_1 & x_2 & x_3 & \cdots & x_n \\ x_1^2 & x_2^2 & x_3^2 & \cdots & x_n^2 \\ \vdots & \vdots & \vdots & \ddots & \vdots \\ x_1^{n-1} & x_2^{n-1} & x_3^{n-1} & \cdots & x_n^{n-1} \end{vmatrix} = \prod_{1 \leqq i < j \leqq n} (x_j - x_i)$$

$$= (-1)^{\frac{n(n-1)}{2}} \prod_{1 \leqq i < j \leqq n} (x_i - x_j)$$

中辺は $1 \leqq i < j \leqq n$ となる組 (i, j) 全てにわたる $\frac{n(n-1)}{2}$ 項の積であり，**差積**という．差積は $\Delta(x_1, x_2, \ldots, x_n)$ とも表される．

【証明】 左辺の中の行列を $V(x_1, x_2, \ldots, x_n)$ とし，下の行から順にすぐ上の行の x_1 倍を引いていく（$r_n - x_1 r_{n-1}, r_{n-1} - x_1 r_{n-2}, \ldots, r_2 - x_1 r_1$）：

$$
\begin{aligned}
\text{左辺} &= \left|V(x_1, x_2, \ldots, x_n)\right| \\
&= \begin{vmatrix}
1 & 1 & 1 & \cdots & 1 \\
0 & x_2 - x_1 & x_3 - x_1 & \cdots & x_n - x_1 \\
0 & (x_2 - x_1)x_2 & (x_3 - x_1)x_3 & \cdots & (x_n - x_1)x_n \\
\vdots & \vdots & \vdots & \ddots & \vdots \\
0 & (x_2 - x_1)x_2^{n-2} & (x_3 - x_1)x_3^{n-2} & \cdots & (x_n - x_1)x_n^{n-2}
\end{vmatrix}
\end{aligned}
$$

次数を 1 つ下げ，各列から共通因数 $(x_j - x_1)$ を行列式の外に出すと

$$
= \prod_{j=2}^{n}(x_j - x_1)
\begin{vmatrix}
1 & 1 & \cdots & 1 \\
x_2 & x_3 & \cdots & x_n \\
\vdots & \vdots & \ddots & \vdots \\
x_2^{n-2} & x_3^{n-2} & \cdots & x_n^{n-2}
\end{vmatrix}
= \prod_{j=2}^{n}(x_j - x_1)\left|V(x_2, \ldots, x_n)\right|
$$

以下帰納的に，

$$
\text{左辺} = \prod_{j=2}^{n}(x_j - x_1) \times \prod_{j=3}^{n}(x_j - x_2) \times \cdots \times (x_n - x_{n-1}) = \prod_{1 \leqq i < j \leqq n}(x_j - x_i) = \text{中辺}
$$

■

例 3.25　xy 平面上の，x 座標が全て異なる n 個の点 $(x_1, y_1), (x_2, y_2), \ldots, (x_n, y_n)$ を通る $n-1$ 次（以下の）曲線 $y = a_0 + a_1 x + \cdots + a_{n-1}x^{n-1}$ は唯 1 つ存在する．

【証明】　$y = f(x) = a_0 + a_1 x + \cdots + a_{n-1}x^{n-1}$ に (x_i, y_i) を代入すると $f(x_i) = y_i$ $(i = 1, \ldots, n)$ をみたすので，これらを $a_0, \ldots, a_{n-1}$ の連立一次方程式と考えると

$$
\begin{cases}
a_0 1 + a_1 x_1 + \cdots + a_{n-1}x_1^{n-1} = y_1 \\
a_0 1 + a_1 x_2 + \cdots + a_{n-1}x_2^{n-1} = y_2 \\
\qquad\qquad\qquad\qquad\qquad\quad \vdots \\
a_0 1 + a_1 x_n + \cdots + a_{n-1}x_n^{n-1} = y_n
\end{cases},
$$

$$
\therefore
\begin{bmatrix}
1 & x_1 & \cdots & x_1^{n-1} \\
1 & x_2 & \cdots & x_2^{n-1} \\
\vdots & \vdots & \ddots & \vdots \\
1 & x_n & \cdots & x_n^{n-1}
\end{bmatrix}
\begin{bmatrix}
a_0 \\ a_1 \\ \vdots \\ a_{n-1}
\end{bmatrix}
=
\begin{bmatrix}
y_1 \\ y_2 \\ \vdots \\ y_n
\end{bmatrix}
$$

この係数行列 A はヴァンデルモンドの行列式の中の行列 $V = V(x_1, x_2, \ldots, x_n)$ の転置行列なので，$|A| = |{}^tV| = |V|$ は差積に等しく，仮定より $x_1, x_2, \ldots, x_n$ は全て異なるので，差積 $= |A|$ は 0 でない．よって A は正則で，この方程式の解 $a_0, \ldots, a_{n-1}$ はクラメルの公式により一意的に与えられる．■

例 3.26 **(終結式と判別式)** n 次と m 次の多項式（$a_n \neq 0,\ b_m \neq 0$）

$$f(x) = a_n x^n + a_{n-1}x^{n-1} + \cdots + a_0, \quad g(x) = b_m x^m + b_{m-1}x^{m-1} + \cdots + b_0$$

に対し，次の $m+n$ 次行列 R の行列式 $r(f,g) = |R|$ を**終結式**（resultant，**シルヴェスター**（Sylvester）**の行列式**）という：

$$R = \begin{bmatrix} a_n & a_{n-1} & \cdots & a_0 & & & \\ & a_n & a_{n-1} & \cdots & a_0 & & O \\ O & & \ddots & \ddots & & \ddots & \\ & & & a_n & a_{n-1} & \cdots & a_0 \\ b_m & b_{m-1} & \cdots & b_0 & & & \\ & b_m & b_{m-1} & \cdots & b_0 & & O \\ O & & \ddots & \ddots & & \ddots & \\ & & & b_m & b_{m-1} & \cdots & b_0 \end{bmatrix},$$

$$R\begin{bmatrix} x^{n+m-1} \\ x^{n+m-2} \\ \vdots \\ x^n \\ \vdots \\ x \\ 1 \end{bmatrix} = \begin{bmatrix} f(x)x^{m-1} \\ f(x)x^{m-2} \\ \vdots \\ f(x) \\ g(x)x^{n-1} \\ \vdots \\ g(x) \end{bmatrix} \qquad \cdots (*)$$

□

即ち R は，$m+n-1$ 次（以下）の $(m+n)$ 個の連立方程式

$$f(x)x^{m-1} = 0, \ldots, f(x) = 0,\ g(x)x^{n-1} = 0, \ldots, g(x) = 0$$

の係数行列，つまりこれらの方程式中の $x^{n+m-1}, \ldots, x, 1$ を $x_1, \ldots, x_{n+m-1}, x_{n+m}$ に置き換えて得られる連立一次方程式の係数行列である．このとき次が成り立つ．

定理 3.22

$f(x) = 0,\ g(x) = 0$ は共通根（＝共通解）をもつ $\Leftrightarrow$ $r(f,g) = 0$

また，「$f(x) = 0$ が重根をもつ $\Leftrightarrow$ $f(x) = 0$」と「微分 $f'(x) = na_nx^{n-1} + \cdots + a_1 = 0$ が共通根をもつ $\Leftrightarrow$ $r(f,f') = 0$」，より

$$r(f,f') = (-1)^{\frac{n(n-1)}{2}} a_n D(f),$$

$$D(f) := (-1)^{\frac{n(n-1)}{2}} \frac{r(f,f')}{a_n}$$

とおくと，$f(x)=0$ が重根をもつ $\Leftrightarrow D(f)=0$．この $D(f)$ を f の**判別式**（discriminant）という．$f(x)=ax^2+bx+c$ のとき

$$r(f,f')=\begin{vmatrix} a & b & c \\ 2a & b & 0 \\ 0 & 2a & b \end{vmatrix}=ab^2+4a^2c-2ab^2=-a(b^2-4ac),$$

$$D(f)=b^2-4ac$$

【証明】 $(\Rightarrow)$ $f(\alpha)=0$, $g(\alpha)=0$ とすると 連立一次方程式 $R\boldsymbol{x}=\mathbf{0}$ は自明でない解 $\boldsymbol{x}={}^t[\alpha^{n+m-1}\cdots\alpha\,1]$ をもつ．

$$\therefore\ \operatorname{rank}R<m+n \quad\Leftrightarrow\quad R\text{ は正則でない} \quad\Leftrightarrow\quad |R|=0$$

$(\Leftarrow)$ R の余因子行列 $\widetilde{R}$ を上の $(*)$ の右の式の両辺に左から掛ける．最下行に注目して，$\widetilde{R}$ の最下行を $[c_1\cdots c_m\,d_1\cdots d_n]$ とすれば $\widetilde{R}R=|R|E$ より，

$$|R|\begin{bmatrix} x^{n+m-1} \\ \vdots \\ x^n \\ \vdots \\ x \\ 1 \end{bmatrix}=\widetilde{R}\begin{bmatrix} f(x)x^{m-1} \\ \vdots \\ f(x) \\ g(x)x^{n-1} \\ \vdots \\ g(x) \end{bmatrix},\quad |R|1=[c_1\cdots c_m\,d_1\cdots d_n]\begin{bmatrix} f(x)x^{m-1} \\ \vdots \\ f(x) \\ g(x)x^{n-1} \\ \vdots \\ g(x) \end{bmatrix}$$

$$\begin{aligned}\therefore\ r(f,g)&=|R|\\&=c_1f(x)x^{m-1}+\cdots+c_mf(x)+d_1g(x)x^{n-1}+\cdots+d_ng(x)\\&=(c_1x^{m-1}+\cdots+c_m)f(x)+(d_1x^{n-1}+\cdots+d_n)g(x)\\&=h(x)f(x)+k(x)g(x)\end{aligned}$$

（ここで $h(x)=c_1x^{m-1}+\cdots+c_m$, $k(x)=d_1x^{n-1}+\cdots+d_n$ とおいた．）

即ち $r(f,g)=h(x)f(x)+k(x)g(x)$ と表せる．$h(x)$ は $m-1$ 次以下，$k(x)$ は $n-1$ 次以下，$f(x)$ は n 次，$g(x)$ は m 次より，$h(x)$, $k(x)$ はそれぞれ $g(x)$, $f(x)$ より低次である．$h(x)$ と $k(x)$ からこれらの共通因数を除いたものを $h_1(x)$, $k_1(x)$ とすれば，これらも $g(x)$, $f(x)$ より低次なので，$r(f,g)=0$ のとき，

$$h(x)f(x)+k(x)g(x)=0\quad\therefore\quad h_1(x)f(x)=-k_1(x)g(x)$$

より $f(x)$ は $k_1(x)$ で，$g(x)$ は $h_1(x)$ で割り切れ，

$$\frac{f(x)}{k_1(x)}=-\frac{g(x)}{h_1(x)}$$

が $f(x)$ と $g(x)$ の（1 次以上の）共通因数になり，この根が共通根になる．■

3.6.3 置換と互換

定理 3.23

2次以上の置換は互換の積で表せる.

但し，互換自体は1つの互換の「積」と考える.

【証明】 $(p_1, p_2, \ldots, p_{n-1}, n)$ の形の n 次の置換を $n-1$ 次の置換とみなし，n に関する数学的帰納法で証明する．従って n 次の単位置換 $\mathbf{1}_n$ は2次の置換 $\mathbf{1}_2$ とみなされる.

$n=2$ のとき，2次の置換は $\mathbf{1}_2$ と互換 $(1,2)$ の2つで，$\mathbf{1}_2=(1,2)(1,2)$ より成立.

$n-1$ 次まで定理が成り立つと仮定する．従って n 次の置換 $\boldsymbol{p}=(p_1, p_2, \ldots, p_n)$ は，$p_n=n$ のときは互換の積で表されるとする．$p_n \neq n$ のとき，$p_k=n$ $(k<n)$ となる k がある．このとき，$\boldsymbol{p}$ と互換 (k,n) の積 $\boldsymbol{p}(k,n)$ の n 番目は n になるので $\boldsymbol{p}(k,n)$ は互換の積で表され，$\boldsymbol{p}=\boldsymbol{p}(k,n)(k,n)$ より $\boldsymbol{p}$ も互換の積で表される. ■

互換は隣接互換の積で表されるので，

系 3.24

2次以上の置換は隣接互換の積で表せる.

系 3.25

置換 $\boldsymbol{p}$, $\boldsymbol{q}$ の積 $\boldsymbol{pq}$ の符号について，$\varepsilon(\boldsymbol{pq})=\varepsilon(\boldsymbol{p})\varepsilon(\boldsymbol{q})$ が成り立つ.

【証明】 $\boldsymbol{q}$ を互換 $\boldsymbol{q}_1, \ldots, \boldsymbol{q}_k$ の積で表すとき，

$$\begin{aligned}\varepsilon(\boldsymbol{pq}) &= \varepsilon(\boldsymbol{pq}_1 \cdots \boldsymbol{q}_k)=(-1)\varepsilon(\boldsymbol{pq}_1 \cdots \boldsymbol{q}_{k-1})=\cdots \\ &= (-1)^k\varepsilon(\boldsymbol{p})\end{aligned}$$

特に，$\boldsymbol{p}=\mathbf{1}_n$ として $\varepsilon(\boldsymbol{q})=(-1)^k$．従って $\varepsilon(\boldsymbol{pq})=\varepsilon(\boldsymbol{p})\varepsilon(\boldsymbol{q})$. ■

置換を互換の積で表す仕方は一意的ではないが，このことより，偶数個の互換の積で表されるときは偶置換であり，奇数個の互換の積で表されるときは奇置換である.

3 章 の 問 題

□ **1**　次の置換の符号を求めよ.

(1)　$(5\,4\,3\,2\,1)$

(2)　$(n\,1\,2\cdots n-1)$

(3)　$(2\,1\,4\,3\,6\,5\cdots 2n\,2n-1)$

□ **2**　次の行列式の値を求めよ.

(1) $\begin{vmatrix} 2 & -3 & 3 \\ 6 & 7 & 4 \\ -1 & 0 & -1 \end{vmatrix}$　(2) $\begin{vmatrix} 3 & -1 & 2 \\ 1 & 3 & -1 \\ 4 & 2 & a \end{vmatrix}$　(3) $\begin{vmatrix} \frac{1}{\sqrt{3}} & \frac{1}{\sqrt{2}} & \frac{1}{\sqrt{6}} \\ \frac{1}{\sqrt{3}} & -\frac{1}{\sqrt{2}} & \frac{1}{\sqrt{6}} \\ \frac{1}{\sqrt{3}} & 0 & -\frac{2}{\sqrt{6}} \end{vmatrix}$

(4) $\begin{vmatrix} 1.23 & 2.31 & 3.12 \\ 2.34 & 3.42 & 4.23 \\ 34.5 & 45.3 & 53.4 \end{vmatrix}$　(5) $\begin{vmatrix} 1 & -1 & 1 & 2 \\ -1 & 1 & 2 & 1 \\ 2 & -1 & 1 & 2 \\ 2 & 1 & 1 & 1 \end{vmatrix}$

(6) $\begin{vmatrix} 1 & 2 & 0 & -2 \\ 1 & 1 & 2 & -2 \\ 0 & 1 & -2 & 1 \\ 1 & 0 & 2 & 2 \end{vmatrix}$　(7) $\begin{vmatrix} 1 & 1 & 1 & 1 \\ 1 & 3 & 1 & 3 \\ 1 & 1 & 2 & 2 \\ 1 & 3 & 1 & 5 \end{vmatrix}$　(8) $\begin{vmatrix} 1 & 2 & 3 & 4 \\ 2 & 4 & 4 & 2 \\ 3 & 4 & 1 & 2 \\ 4 & 2 & 2 & 4 \end{vmatrix}$

(9) $\begin{vmatrix} 1 & 1 & 1 & 1 & -1 \\ 1 & 1 & -1 & 1 & 1 \\ 1 & -1 & 1 & 1 & -1 \\ -1 & -1 & -1 & 1 & 1 \\ 1 & -1 & -1 & -1 & -1 \end{vmatrix}$　(10) $\begin{vmatrix} 0 & 2 & 1 & 0 & -1 \\ 0 & 1 & 0 & 0 & 1 \\ 0 & 3 & -3 & 1 & 9 \\ 2 & 5 & 8 & 4 & 7 \\ 0 & -1 & -1 & 0 & -1 \end{vmatrix}$

□ **3**　A, B を n 次正方行列とするとき，$|AB| = |BA|$ であることを示せ.

□ **4**　$A = \begin{bmatrix} a & -b \\ b & a \end{bmatrix}$, $B = \begin{bmatrix} c & -d \\ d & c \end{bmatrix}$ とする．$|AB|$ と $|A||B|$ を計算することにより，$(ac-bd)^2 + (ad+bc)^2 = (a^2+b^2)(c^2+d^2)$ を示せ.

□ **5**　方程式 $A\boldsymbol{x} = \boldsymbol{0}$ が自明な解（$\boldsymbol{x} = \boldsymbol{0}$）のみをもつことと $|A| \neq 0$ は同値であることを示せ.

□ **6**　n 次行列式 $D_n = \begin{vmatrix} x & 1 & \cdots & 1 \\ 1 & x & \ddots & \vdots \\ \vdots & \ddots & \ddots & 1 \\ 1 & \cdots & 1 & x \end{vmatrix}$ の値を求めよ.

□ **7** 次の行列の行列式の値と余因子行列を求め，もし正則ならば逆行列を求めよ．

(1) $\begin{bmatrix} 1 & 1 & -1 \\ 1 & -1 & -3 \\ -1 & 1 & 5 \end{bmatrix}$ (2) $\begin{bmatrix} a & 1 & 1 \\ 1 & a & -1 \\ 1 & -1 & a \end{bmatrix}$

□ **8** 次の n 次行列式の値を求めよ．（対角成分とその両隣り以外の成分は全て 0.）

(1) $\begin{vmatrix} 2 & 1 & & \\ 1 & 2 & \ddots & \\ & \ddots & \ddots & 1 \\ & & 1 & 2 \end{vmatrix}$ (2) $\begin{vmatrix} 1 & 1 & & \\ 1 & 1 & \ddots & \\ & \ddots & \ddots & 1 \\ & & 1 & 1 \end{vmatrix}$

□ **9** クラメルの公式を用いて，次の連立一次方程式を解け．

(1) $\begin{cases} x + 3y - 2z = 0 \\ 2x - y + z = 1 \\ 4x - 3y + z = 2 \end{cases}$ (2) $\begin{cases} x + y - 3z - 4w = -1 \\ x + 5y - 7z = 3 \\ 2x + 2y + 2z - 3w = 2 \\ 2x + y + 5z + w = 5 \end{cases}$

□ **10** A を正則行列，B を任意の正方行列とするとき，次を示せ．

$$\begin{vmatrix} A & D \\ C & B \end{vmatrix} = |A||B - CA^{-1}D|$$

□ **11** A, B, C, D を n 次正方行列とするとき，次を示せ．

(1) $\begin{vmatrix} A & B \\ B & A \end{vmatrix} = |A+B||A-B|$ (2) $\begin{vmatrix} AB & AD \\ CB & CD \end{vmatrix} = 0$

(3) $|A| \neq 0,\ AC = CA$ のとき，$\begin{vmatrix} A & D \\ C & B \end{vmatrix} = |AB - CD|$

□ **12** (1) 座標平面上の 2 点 $(1,2)$, $(3,5)$ を通る直線の方程式を求めよ．

(2) 座標空間内の 3 点 $(1,2,2)$, $(2,3,5)$, $(3,3,2)$ を通る平面の方程式を求めよ．

□ **13** 次の行列式の値を求めよ．

(1) $\begin{vmatrix} 1 & 1 & 1 & 1 \\ 2 & 3 & 5 & 7 \\ 2^2 & 3^2 & 5^2 & 7^2 \\ 2^3 & 3^3 & 5^3 & 7^3 \end{vmatrix}$ (2) $\begin{vmatrix} 2^2 & -3 & 1 & 1 \\ 2^3 & 3^2 & 1 & 7 \\ 2^4 & -3^3 & 1 & 7^2 \\ 2^5 & 3^4 & 1 & 7^3 \end{vmatrix}$ (3) $\begin{vmatrix} 1 & 1 & 1 & 1 \\ 2 & -2^2 & -2^4 & 2^3 \\ 2^2 & 2^3 & 2^5 & 2^4 \\ 1 & 4 & 4^3 & 4^2 \end{vmatrix}$

□ **14** 座標平面上の 3 点 $(1,1)$, $(2,3)$, $(3,7)$ を通る 2 次曲線 $y = ax^2 + bx + c$ を求めよ．

□ **15**　次の等式を示せ.

(1) $$\begin{vmatrix} 0 & x & y \\ -x & 0 & z \\ -y & -z & 0 \end{vmatrix} = 0$$

(2) $$\begin{vmatrix} \sin\theta\cos\varphi & r\cos\theta\cos\varphi & -r\sin\theta\sin\varphi \\ \sin\theta\sin\varphi & r\cos\theta\sin\varphi & r\sin\theta\cos\varphi \\ \cos\theta & -r\sin\theta & 0 \end{vmatrix} = r^2\sin\theta$$

(3) $$\begin{vmatrix} a+b+c & a+b & a & a \\ a+b & a+b+c & a & a \\ a & a & a+b+c & a+b \\ a & a & a+b & a+b+c \end{vmatrix} = c^2(4a+2b+c)(2b+c)$$

(4) $$\begin{vmatrix} 1+x^2 & x & 0 & 0 \\ x & 1+x^2 & x & 0 \\ 0 & x & 1+x^2 & x \\ 0 & 0 & x & 1+x^2 \end{vmatrix} = 1+x^2+x^4+x^6+x^8$$

(5) $$\begin{vmatrix} 0 & a & b & c \\ -a & 0 & d & e \\ -b & -d & 0 & f \\ -c & -e & -f & 0 \end{vmatrix} = (af-be+cd)^2$$

(6) $$\begin{vmatrix} x & -1 & 0 & \dots & 0 & 0 \\ 0 & x & -1 & \dots & 0 & 0 \\ 0 & 0 & x & \ddots & \vdots & \vdots \\ \vdots & \vdots & \vdots & \ddots & -1 & 0 \\ 0 & 0 & 0 & \dots & x & -1 \\ a_n & a_{n-1} & a_{n-2} & \dots & a_1 & a_0 \end{vmatrix} = a_0x^n + a_1x^{n-1} + \cdots + a_{n-1}x + a_n$$

□ **16**　奇数次の交代行列（${}^tA = -A$ となる行列）A の行列式の値は 0 であることを示せ.

(注) 偶数次の交代行列の行列式は完全平方式になることが知られている. 上の問題 15 (1), (5) 参照.

□ **17**　$A = [a_{ij}]$ が, 各 j （$= 1, \ldots, n$）に対して

$$\sum_{i=1}^{n} a_{ij} = 0$$

を満たすならば A は正則でないことを示せ.

□ **18** A の余因子行列 $\widetilde{A}$ について,

$$|A| = 0 \quad \Leftrightarrow \quad |\widetilde{A}| = 0$$

が成り立つことを示せ.

□ **19** A を n 次正方行列とするとき,

$$|\widetilde{A}| = |A|^{n-1}$$

が成り立つことを示せ.

□ **20** 整数行列（= 成分が全て整数である行列）A について，A が正則であり A^{-1} が整数行列であることと，$|A| = \pm 1$ であることは同値であることを示せ.

□ **21** A を n 次正則行列，$\boldsymbol{b}$ を n 次元列ベクトル，c をスカラーとするとき次を示せ.

$$\begin{vmatrix} A & \boldsymbol{b} \\ {}^t\boldsymbol{b} & c \end{vmatrix} = c|A| - {}^t\boldsymbol{b}\widetilde{A}\boldsymbol{b}$$

□ **22** 座標平面上の同一直線上にない異なる 3 点 (a_1, b_1), (a_2, b_2), (a_3, b_3) を通る円の方程式が次式で与えられることを示せ.

$$\begin{vmatrix} x^2 + y^2 & x & y & 1 \\ a_1^2 + b_1^2 & a_1 & b_1 & 1 \\ a_2^2 + b_2^2 & a_2 & b_2 & 1 \\ a_3^2 + b_3^2 & a_3 & b_3 & 1 \end{vmatrix} = 0$$

□ **23 (巡回行列式)** 1 の n 乗根を

$$\zeta_0 = 1, \zeta_1, \ldots, \zeta_{n-1} \qquad \left(\zeta_k = e^{\frac{2\pi i k}{n}} = \cos\frac{2\pi k}{n} + i \sin\frac{2\pi k}{n}\right)$$

とするとき次を示せ.

$$\begin{vmatrix} x_1 & x_2 & x_3 & \cdots & x_n \\ x_n & x_1 & x_2 & \cdots & x_{n-1} \\ x_{n-1} & x_n & x_1 & \cdots & x_{n-2} \\ \vdots & \ddots & \ddots & \ddots & \vdots \\ x_2 & x_3 & x_4 & \cdots & x_1 \end{vmatrix} = \prod_{k=0}^{n-1} (x_1 + \zeta_k x_2 + \zeta_k^2 x_3 + \cdots + \zeta_k^{n-1} x_n)$$

□ **24** 一般に，行列 A から k 個の行と k 個の列を取り出して作った行列を A の k 次**小行列**といい，その行列式を k 次**小行列式**という．正方行列 $A\ (\neq O)$ に対し，0 でない小行列式の最大次数は A の階数に等しいことを，即ち次を示せ.

$$\operatorname{rank} A = \max\{k \mid 0 \text{ でない } k \text{ 次小行列式が存在する}\}$$

第4章

ベクトル空間と線形写像

空間ベクトル全体や m 次元列ベクトル全体をそれぞれ幾何ベクトル空間，数ベクトル空間という．それらを一般化したものがベクトル空間であるが，本章では数ベクトル空間を中心に多くの例に触れながら学ぶ．平面や空間に基本ベクトルの組（標準基底という）を定めると，ベクトルはその成分表示（座標）により数ベクトルで表される．一般のベクトル空間においても基底を定め，座標を考えることにより，数ベクトルや行列に置き換えて考えることができ，多くの計算が行列の計算に帰着できることも述べる．

4.1 ベクトル空間

4.2 部分空間

4.3 基底と次元

4.4 線形写像と表現行列

4.5 線形写像の像と核

4.6 補足

4.1 ベクトル空間

幾何ベクトル

平面や空間内の，有向線分（= 向きを付けた線分）AB において，その位置を無視して**長さ**（大きさ）と**向き**だけで決まる量を（数ベクトルと区別するときは）**幾何ベクトル**といい，$\overrightarrow{\mathrm{AB}}$ や $\boldsymbol{a}$ で表す．AB が平行移動により CD に移るとき $\overrightarrow{\mathrm{AB}} = \overrightarrow{\mathrm{CD}}$ とする．$\overrightarrow{\mathrm{AA}}$ を**零ベクトル**といい $\mathbf{0}$ で表す．$\mathbf{0}$ の向きは考えない．和が $\overrightarrow{\mathrm{AB}} + \overrightarrow{\mathrm{BC}} = \overrightarrow{\mathrm{AC}}$ で定められ，$\overrightarrow{\mathrm{AB}}$ の実数倍が，$t > 0$ のときは向きが同じで長さが t 倍，$t < 0$ のときは向きが逆で長さが $|t|$ 倍のベクトルと定められ，$t = 0$ のときは $0\overrightarrow{\mathrm{AB}} = \mathbf{0}$ とする．$\overrightarrow{\mathrm{BA}} = (-1)\overrightarrow{\mathrm{AB}}$ である．

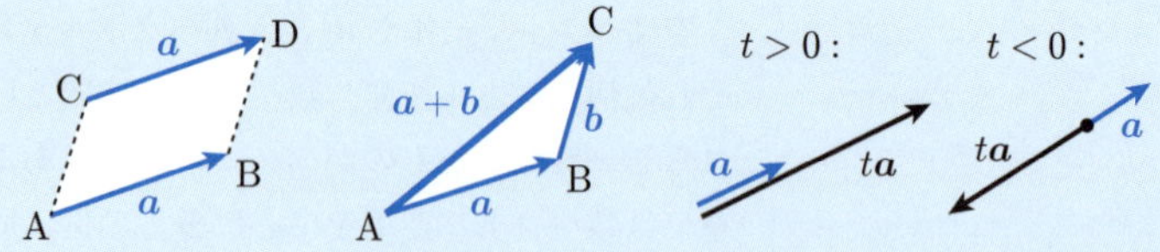

これらの演算が交換法則，結合法則，分配法則をみたすことは図を描くことにより確かめられる．

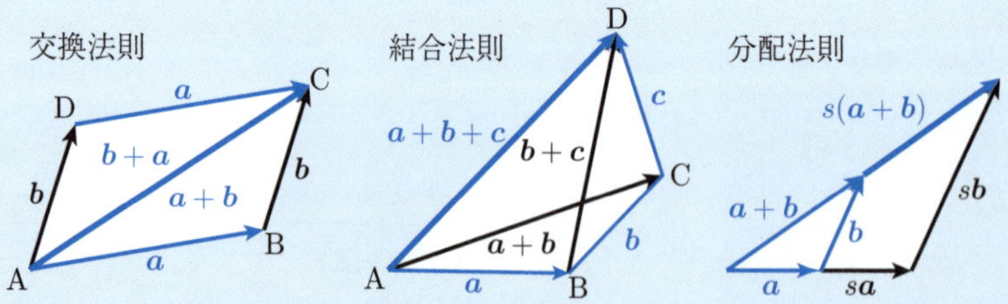

平面，空間の幾何ベクトル全体の集合をここでは V^2, V^3 と表し，**幾何ベクトル空間**という．以下，原点を O とし，幾何ベクトル $\boldsymbol{a} = \overrightarrow{\mathrm{OA}}$ を点 A とみなす．このとき V^2, V^3 は平面や空間そのものとみなされる．座標平面上の幾何ベクトル $\boldsymbol{a} = \overrightarrow{\mathrm{OA}}$ は，A の座標を (a_1, a_2) とすれば，列ベクトル $\begin{bmatrix} a_1 \\ a_2 \end{bmatrix}$ や行ベクトル $[a_1\ a_2]$ に対応する．同様に，座標空間内の幾何ベクトルは 3 次元の数ベクトルに対応し，幾何ベクトルの演算も数ベクトルの演算に対応する．

数ベクトル空間

n 次元列ベクトル全体の集合を $\mathbb{C}^n$ と表す．$\mathbb{C}^n$ に行列としての和，スカラー倍として複素数倍を導入するとき，$\mathbb{C}^n$ を複素数上（$\mathbb{C}$ 上）の n 次元**列ベクトル空間**という．同様に，実数を成分とする n 次元列ベクトル全体の集合を $\mathbb{R}^n$ と表し，和と実数倍を導入するとき，$\mathbb{R}^n$ を実数上（$\mathbb{R}$ 上）の n 次元**列ベクトル空間**という．n 次元行ベクトル全体の集合も同様に $\mathbb{C}$ 上または $\mathbb{R}$ 上の n 次元行ベクトル空間といい，これらを総称して ***n* 次元数ベクトル空間**，または略して**数空間**という．集合の記号を用いて表せば，

$$\mathbb{C}^n := \left\{ \begin{bmatrix} x_1 \\ \vdots \\ x_n \end{bmatrix} \middle| \ x_1, \ldots, x_n \in \mathbb{C} \right\},$$

$$\mathbb{R}^n := \left\{ \begin{bmatrix} x_1 \\ \vdots \\ x_n \end{bmatrix} \middle| \ x_1, \ldots, x_n \in \mathbb{R} \right\}$$

この記号を用いれば，座標平面は $\mathbb{R}^2$，座標空間は $\mathbb{R}^3$ と表され，それぞれ幾何ベクトル空間 V^2, V^3 に対応する．

以下，記法を一貫させるために数ベクトルとしては列ベクトルを用いる．また，体 K を $\mathbb{C}$ または $\mathbb{R}$ とし，$\mathbb{C}^n$ や $\mathbb{R}^n$ を K^n と表す．なお，この章の内容は K を $\mathbb{Q}$ や一般の体にしても同様に成り立つ．

数ベクトル空間や幾何ベクトル空間を V と表し，その和とスカラー倍の基本的性質（**ベクトル空間の公理**という）をまとめると次の様になる：

ベクトル空間の公理 [V]

K を体とし，$\boldsymbol{a}, \boldsymbol{b}, \boldsymbol{c} \in V$ とするとき

[V1] 和について：

(i) （結合法則）$(\boldsymbol{a}+\boldsymbol{b})+\boldsymbol{c} = \boldsymbol{a}+(\boldsymbol{b}+\boldsymbol{c})$

(ii) （交換法則）$\boldsymbol{a}+\boldsymbol{b} = \boldsymbol{b}+\boldsymbol{a}$

(iii) （$\boldsymbol{0}$ の存在）**零ベクトル**（と呼ばれる）$\boldsymbol{0} \in V$ が（唯1つ）存在して，全ての $\boldsymbol{a} \in V$ に対し $\boldsymbol{a}+\boldsymbol{0} = \boldsymbol{a}$ が成り立つ，

(iv) （逆ベクトルの存在）各 $\boldsymbol{a} \in V$ に対し $\boldsymbol{a}+\boldsymbol{b} = \boldsymbol{0}$ となる $\boldsymbol{b} \in V$ が（唯1つ）存在する．この $\boldsymbol{b}$ を $\boldsymbol{a}$ の**逆ベクトル**といい，$-\boldsymbol{a}$ と表す（従って $\boldsymbol{a}+(-\boldsymbol{a}) = \boldsymbol{0}$．差 $\boldsymbol{a}-\boldsymbol{b}$ は $\boldsymbol{a}+(-\boldsymbol{b})$ と定める）．

[V2] スカラー倍について：$s, t \in K$ に対し，$\boldsymbol{a}s = s\boldsymbol{a}$ であり，

(i) （結合法則）$(st)\boldsymbol{a} = s(t\boldsymbol{a})$

(ii) （単位性）$1\boldsymbol{a} = \boldsymbol{a}$

[V3] （分配法則）(i) $s(\boldsymbol{a}+\boldsymbol{b}) = s\boldsymbol{a}+s\boldsymbol{b}$, (ii) $(s+t)\boldsymbol{a} = s\boldsymbol{a}+t\boldsymbol{a}$

この様な和, スカラー倍が定められる集合は $m \times n$ 行列全体の集合など沢山ある．

ベクトル空間

集合 V の各元 $\boldsymbol{a}, \boldsymbol{b} \in V$ に，和 $\boldsymbol{a}+\boldsymbol{b} \in V$ とスカラー倍

$$s\boldsymbol{a} = \boldsymbol{a}s \in V \quad (s \in K)$$

が定められていて上の公理 [**V**] をみたすとき，V は K 上の**ベクトル空間**（vector space），あるいは**線形空間**（linear space）であるといい，$K = \mathbb{C}$ のとき V を**複素ベクトル空間**（**複素線形空間**），$K = \mathbb{R}$ のとき V を**実ベクトル空間**（**実線形空間**）という．また，ベクトル空間の元を**ベクトル**（vector）という．

注意 4.1 体の公理から数の四則演算の性質が導ける様に，公理 [**V**] により一般のベクトルの演算も数ベクトルの演算と同様の性質をもつ．特に次が成り立つ：

[V2] (iii) $0\boldsymbol{a} = \boldsymbol{0}, \quad s\boldsymbol{0} = \boldsymbol{0}, \quad (-1)\boldsymbol{a} = -\boldsymbol{a}$

[V4] $\displaystyle \left(\sum_{i=1}^{n} \boldsymbol{a}_i s_i\right)\left(\sum_{j=1}^{m} t_j\right) = \sum_{i=1}^{n}\sum_{j=1}^{m} \boldsymbol{a}_i s_i t_j$

数ベクトル空間 K^n は K 上の，幾何ベクトル空間 V^2, V^3 は $\mathbb{R}$ 上のベクトル空間である．実行列を $\mathbb{R}$-行列，複素行列を $\mathbb{C}$-行列と書き，これらを K-行列と表すとき，$m \times n$ K-行列全体 $M_{m,n}(K)$，特に n 次正方 K-行列全体 $M_n(K)$ は行列の和・スカラー倍により K 上のベクトル空間になる．また，K 係数多項式全体の集合 $K[x]$ も多項式の和・定数倍により K 上のベクトル空間になる．特に，零ベクトルは定数 0 である．ここで，定数も多項式の一種と考えている．

ベクトルの組の演算

列ベクトルのときと同様に，V のベクトル $\boldsymbol{a}_1, \boldsymbol{a}_2, \ldots, \boldsymbol{a}_n$ の順序を付けた組を $[\boldsymbol{a}_1\ \boldsymbol{a}_2\ \cdots\ \boldsymbol{a}_n]$ や $[\boldsymbol{a}_1, \boldsymbol{a}_2, \ldots, \boldsymbol{a}_n]$ で表す．また，順序を問題にしない組を $\{\boldsymbol{a}_1, \boldsymbol{a}_2, \ldots, \boldsymbol{a}_n\}$ で表し，これらを略して $\boldsymbol{a}_1, \boldsymbol{a}_2, \ldots, \boldsymbol{a}_n$ とも表す．$V = K^m$ のとき，数ベクトルの組 $A = [\boldsymbol{a}_1\ \boldsymbol{a}_2\ \cdots\ \boldsymbol{a}_n]$ は $m \times n$ K-行列とみなされる．

V のベクトルの組 $A = [\boldsymbol{a}_1\ \cdots\ \boldsymbol{a}_n]$, $B = [\boldsymbol{b}_1\ \cdots\ \boldsymbol{b}_n]$ に対し，和，s 倍を

$$A + B = [\boldsymbol{a}_1 + \boldsymbol{b}_1\ \cdots\ \boldsymbol{a}_n + \boldsymbol{b}_n],$$

$$As = [\boldsymbol{a}_1 s\ \cdots\ \boldsymbol{a}_n s] \quad (s \in K)$$

とし，$\boldsymbol{s} = {}^t[s_1\ \cdots\ s_n] \in K^n$ と $n \times \ell$ K-行列 $H = [\boldsymbol{h}_1\ \cdots\ \boldsymbol{h}_\ell] = [h_{ij}]$ に対し，

$$A\boldsymbol{s} = [\boldsymbol{a}_1\ \cdots\ \boldsymbol{a}_n]\begin{bmatrix} s_1 \\ \vdots \\ s_n \end{bmatrix} = \boldsymbol{a}_1 s_1 + \cdots + \boldsymbol{a}_n s_n$$

$$= \sum_{i=1}^{n} \boldsymbol{a}_i s_i = \sum_{i=1}^{n} s_i \boldsymbol{a}_i,$$

$$AH = A[\boldsymbol{h}_1\ \cdots\ \boldsymbol{h}_\ell] := [A\boldsymbol{h}_1\ \cdots\ A\boldsymbol{h}_\ell] \quad (\ell \text{ 個の } V \text{ のベクトルの組})$$

と定める．このとき $\boldsymbol{a}_1, \ldots, \boldsymbol{a}_n$ の**一次結合**は $A\boldsymbol{s}$ と表される．従って，

- $\boldsymbol{b}$ は $\boldsymbol{a}_1, \ldots, \boldsymbol{a}_n$ の一次結合 ⇔ $\boldsymbol{b} = A\boldsymbol{s}$ となる $\boldsymbol{s} \in K^n$ がある．
- $\boldsymbol{a}_1, \ldots, \boldsymbol{a}_n$ は**一次独立** ⇔ $A\boldsymbol{s} = \boldsymbol{0}$ ならば $\boldsymbol{s} = \boldsymbol{0}$.
- $\boldsymbol{a}_1, \ldots, \boldsymbol{a}_n$ は**一次従属** ⇔ $A\boldsymbol{s} = \boldsymbol{0}$ をみたす $\boldsymbol{s} \neq \boldsymbol{0}$ がある．

一般の V のベクトルの組についても行列と同様の演算法則が成り立ち，列分割された行列と同様に取り扱える．例えば次が成り立つ：

ベクトルの組と行列の積の結合法則，分配法則

n 個のベクトルの組 A, B, $n \times \ell$ K-行列 H, H' と $\ell \times k$ K-行列 S に対し，

(1) $(AH)S = A(HS)$

(2) $A(H+H') = AH + AH'$

(3) $(A+B)H = AH + BH$

【証明】 (1) $H = [\boldsymbol{h}_1 \cdots \boldsymbol{h}_\ell] = [h_{ij}]$, $S = \boldsymbol{s} = {}^t[s_1 \cdots s_\ell] \in K^\ell$ $(k=1)$ のとき，

$$(AH)\boldsymbol{s} = [A\boldsymbol{h}_1 \ \cdots \ A\boldsymbol{h}_\ell]\boldsymbol{s} = \sum_{j=1}^{\ell}\sum_{i=1}^{n}(\boldsymbol{a}_i h_{ij})s_j = \sum_{i=1}^{n}\boldsymbol{a}_i\left(\sum_{j=1}^{\ell} h_{ij}s_j\right) = A(H\boldsymbol{s})$$

$S = [\boldsymbol{s}_1 \cdots \boldsymbol{s}_k]$ のとき，各列について $(AH)\boldsymbol{s}_j = A(H\boldsymbol{s}_j)$ が成り立つので

$$(AH)S = \big[(AH)\boldsymbol{s}_1 \ \cdots \ (AH)\boldsymbol{s}_k\big] = \big[A(H\boldsymbol{s}_1) \ \cdots \ A(H\boldsymbol{s}_k)\big] = A(HS)$$

他も同様. ■

注意 4.2 V のベクトルの組 $C = [\boldsymbol{c}_1 \cdots \boldsymbol{c}_\ell]$ の各 $\boldsymbol{c}_j$ が $A = [\boldsymbol{a}_1 \cdots \boldsymbol{a}_n]$ の一次結合で表され（$\boldsymbol{c}_j = A\boldsymbol{h}_j$），$V$ のベクトル $\boldsymbol{d}$ が C の一次結合で表されるとき（$\boldsymbol{d} = C\boldsymbol{s}$），$C = AH$（$H = [\boldsymbol{h}_1 \cdots \boldsymbol{h}_\ell]$），$\boldsymbol{d} = C\boldsymbol{s} = (AH)\boldsymbol{s} = A(H\boldsymbol{s})$ より $\boldsymbol{d}$ は A の一次結合で表される．また (1) で，$H = \boldsymbol{h} \in K^n$, $S = [s]$ とすれば $(A\boldsymbol{h})s = A(\boldsymbol{h}s)$.

例題 4.1（一次結合）

次のベクトルの組 $B = [\boldsymbol{b}_1\ \boldsymbol{b}_2\ \boldsymbol{b}_3]$ を行列を用いて $A = [\boldsymbol{a}_1\ \boldsymbol{a}_2\ \boldsymbol{a}_3]$ の一次結合で表せ：

$$\boldsymbol{b}_1 = \boldsymbol{a}_1 - \boldsymbol{a}_2 + 3\boldsymbol{a}_3, \quad \boldsymbol{b}_2 = 2\boldsymbol{a}_1 + 2\boldsymbol{a}_2, \quad \boldsymbol{b}_3 = \boldsymbol{a}_2 - \boldsymbol{a}_3$$

【解答】 $\boldsymbol{b}_1, \boldsymbol{b}_2, \boldsymbol{b}_3$ の等式を縦に並べて ${}^tB$ を ${}^tA$ で表し，転置をとれば求まる．

$${}^tB = \begin{bmatrix} \boldsymbol{b}_1 \\ \boldsymbol{b}_2 \\ \boldsymbol{b}_3 \end{bmatrix} = \begin{bmatrix} \boldsymbol{a}_1 - \ \boldsymbol{a}_2 + 3\boldsymbol{a}_3 \\ 2\boldsymbol{a}_1 + 2\boldsymbol{a}_2 + 0\boldsymbol{a}_3 \\ 0\boldsymbol{a}_1 + \ \boldsymbol{a}_2 - \ \boldsymbol{a}_3 \end{bmatrix} = \begin{bmatrix} 1 & -1 & 3 \\ 2 & 2 & 0 \\ 0 & 1 & -1 \end{bmatrix} \begin{bmatrix} \boldsymbol{a}_1 \\ \boldsymbol{a}_2 \\ \boldsymbol{a}_3 \end{bmatrix} = {}^tH\,{}^tA$$

より転置して，

$$[\boldsymbol{b}_1\ \boldsymbol{b}_2\ \boldsymbol{b}_3] = B = AH = [\boldsymbol{a}_1\ \boldsymbol{a}_2\ \boldsymbol{a}_3] \begin{bmatrix} 1 & 2 & 0 \\ -1 & 2 & 1 \\ 3 & 0 & -1 \end{bmatrix}$$ ■

4.2 部 分 空 間

部分空間

体 K 上のベクトル空間 V の部分集合 W が，零ベクトル $\mathbf{0}$ を含み V での和とスカラー倍に関して閉じているとき，即ち次の性質 [**S**]：

部分空間 [S]

[**S0**]　$\mathbf{0} \in W$

[**S1**]　$\boldsymbol{a}, \boldsymbol{b} \in W \Rightarrow \boldsymbol{a} + \boldsymbol{b} \in W$

[**S2**]　$\boldsymbol{a} \in W,\ s \in K \Rightarrow s\boldsymbol{a} \in W$

をみたすとき，W を V の**部分ベクトル空間**，または**線形部分空間**，略して**部分空間** (subspace) という．V 自身や零ベクトルのみからなる部分集合 $\{\mathbf{0}\}$ も V の部分空間である．V における和，スカラー倍はベクトル空間の公理 [**V**] をみたすので W においてもみたされ，部分空間 W もベクトル空間になる．$\{\mathbf{0}\}$ を**零ベクトル空間**という．

[**S1**] + [**S2**] は次の [**S3**] と同値である：

[**S3**]　$\boldsymbol{a}, \boldsymbol{b} \in W,\ s, t \in K \Rightarrow s\boldsymbol{a} + t\boldsymbol{b} \in W$

【証明】　[**S3**] ⇒ [**S1**]：[**S3**] で，$s = t = 1$ とすれば $1\boldsymbol{a} = \boldsymbol{a}$ などより [**S1**] が成り立つ．

[**S3**] ⇒ [**S2**]：[**S3**] で，$t = 0$ とすれば $s\boldsymbol{a} + 0\boldsymbol{b} = s\boldsymbol{a}$ より [**S2**] が成り立つ．

[**S1**] + [**S2**] ⇒ [**S3**]：[**S2**] より $s\boldsymbol{a}, t\boldsymbol{b} \in W$．[**S1**] より $s\boldsymbol{a} + t\boldsymbol{b} \in W$．■

[**S3**] より帰納的に，W のベクトルの一次結合は W のベクトルになる．即ち，

[**S4**]　$\boldsymbol{a}_1, \ldots, \boldsymbol{a}_n \in W,\ s_1, \ldots, s_n \in K \Rightarrow s_1\boldsymbol{a}_1 + \cdots + s_n\boldsymbol{a}_n \in W$
　　$(A = [\boldsymbol{a}_1 \cdots \boldsymbol{a}_n],\ \boldsymbol{s} \in K^n \Rightarrow A\boldsymbol{s} \in W)$

注意 4.3　W が部分空間であることを示すには，[**S0**], [**S1**], [**S2**] をみたしているかどうかを順に調べれば良い．[**S1**], [**S2**] の代わりに [**S3**] を確かめても良い．なお W が空集合でないときは，[**S2**] において $s = 0$ とおけば $\mathbf{0} = 0\boldsymbol{a} \in W$ より [**S0**] が分か

るので，[**S1**], [**S2**] または [**S3**] を確かめればよい．また，部分空間でないことを示すには反例を挙げれば良い．

例題 4.2（部分空間の判定 1）

次の $\mathbb{R}^2$ の部分集合が部分空間となるかどうかを調べよ．

(1) $W_1 = \left\{ \begin{bmatrix} x \\ y \end{bmatrix} \,\middle|\, x+y=0 \right\}$　(2) $W_2 = \left\{ \begin{bmatrix} x \\ y \end{bmatrix} \,\middle|\, x+y=1 \right\}$

(3) $W_3 = \left\{ \begin{bmatrix} x \\ y \end{bmatrix} \,\middle|\, x+y \geqq 0 \right\}$　(4) $W_4 = \left\{ \begin{bmatrix} x \\ y \end{bmatrix} \,\middle|\, x^2-y^2=0 \right\}$

【解答】 以下，$\boldsymbol{x} = {}^t[x,y]$, $\boldsymbol{a} = {}^t[a_1,a_2]$, $\boldsymbol{b} = {}^t[b_1,b_2]$, $s,t \in \mathbb{R}$ とする．$\boldsymbol{0} = {}^t[0,0]$ である．

(1) [**S0**]：$0+0=0$ より $\boldsymbol{0} = {}^t[0,0] \in W_1$．即ち W_1 は [**S0**] をみたす．

以下 $\boldsymbol{a}, \boldsymbol{b} \in W_1$ とする，即ち，$a_1+a_2=0$, $b_1+b_2=0$.

[**S1**]：$\boldsymbol{a}+\boldsymbol{b}$ は

$$(a_1+b_1)+(a_2+b_2) = (a_1+a_2)+(b_1+b_2) = 0+0 = 0$$

より $x+y=0$ をみたすので $\boldsymbol{a}+\boldsymbol{b} \in W_1$．よって W_1 は和に関して閉じており，[**S1**] をみたす．

[**S2**]：$s\boldsymbol{a} = {}^t[sa_1, sa_2]$ は $sa_1+sa_2 = s(a_1+a_2) = s0 = 0$ より実数倍で閉じており，[**S2**] をみたす．よって W_1 は [**S0**], [**S1**], [**S2**] をみたすので部分空間になる．

(2) $\boldsymbol{x} = \boldsymbol{0} = {}^t[0,0]$ は $x+y=1$ をみたさない，即ち $\boldsymbol{0} \notin W_2$．よって [**S0**] をみたさないので W_2 は部分空間ではない．

(3) $\boldsymbol{x} = \boldsymbol{e}_1 = {}^t[1,0]$ は $x+y \geqq 0$ をみたすので $\boldsymbol{e}_1 \in W_3$ だが，$(-1)\boldsymbol{e}_1 = {}^t[-1,0]$ は $x+y \geqq 0$ をみたさないので W_3 はスカラー倍に関して閉じていない．よって [**S2**] をみたさないので W_3 は部分空間ではない．

(4) $\boldsymbol{0} \in W_4$，$\boldsymbol{a}_1 = {}^t[1,1]$, $\boldsymbol{a}_2 = {}^t[1,-1] \in W_4$ だが，$\boldsymbol{a}_1+\boldsymbol{a}_2 = {}^t[2,0]$ は $x^2-y^2=0$ をみたさないので W_4 は [**S1**] をみたさない．よって W_4 は部分空間ではない．■

問 1 (1) $W_1 = \{\boldsymbol{x} = {}^t[x,y] \in \mathbb{R}^2 \mid x^2+y^2 \leqq 1\}$ は部分空間でないことを示せ．

(2) $W_2 = \{\boldsymbol{x} = {}^t[x_1 \cdots x_n] \in \mathbb{R}^n \mid x_{k+1} = \cdots = x_n = 0\}$ は部分空間であることを示せ．

(3) n 次実対称行列全体の集合 $H_n(\mathbb{R})$ は n 次正方実行列全体 $M_n(\mathbb{R})$ の部分空間であることを示せ．

例 4.3 **(同次連立一次方程式の解空間)** $m \times n$ K-行列 A に対し，未知数 n 個の同次連立一次方程式の解空間 $W_A = \{\boldsymbol{x} \in K^n \mid A\boldsymbol{x} = \boldsymbol{0}\}$ は K^n の部分空間になる．実際，$A\boldsymbol{x} = \boldsymbol{0}$ の解 $\boldsymbol{a}$, $\boldsymbol{b}$ ($A\boldsymbol{a} = \boldsymbol{0}$, $A\boldsymbol{b} = \boldsymbol{0}$) と $s, t \in K$ に対し，

$$A(\boldsymbol{a}s + \boldsymbol{b}t) = (A\boldsymbol{a})s + (A\boldsymbol{b})t = \boldsymbol{0}s + \boldsymbol{0}t = \boldsymbol{0},$$

$$\therefore \quad \boldsymbol{a}s + \boldsymbol{b}t \in W_A$$

より [**S3**] をみたすので W_A は部分空間になる．上の例題 4.2 の (1) は同次方程式の解空間になっている． □

例 4.4 **(多項式の空間)** n 次以下の K 係数多項式全体 $K[x]_n$ は，n 次以下の多項式の和，スカラー倍がまた n 次以下になるので $K[x]$ の部分空間になる． □

例題 4.5 (部分空間の判定 2)

次の $\mathbb{R}[x]_3$ の部分集合は部分空間となるかどうか調べよ．

(1) $W_1 = \left\{f(x) \in \mathbb{R}[x]_3 \;\middle|\; f(0) = 0,\ f(1) = 0\right\}$

(2) $W_2 = \left\{f(x) \in \mathbb{R}[x]_3 \;\middle|\; f(0) = 1\right\}$

(3) $W_3 = \left\{f(x) \in \mathbb{R}[x]_3 \;\middle|\; xf'(x) = 3f(x)\right\}$

【解答】 以下，$f_0 = 0$（定数 0 = 零ベクトル），$f, g \in \mathbb{R}[x]_3$, $s, t \in \mathbb{R}$ とする．

(1) [**S0**]： $f_0(0) = f_0(1) = 0$ より $f_0 \in W_1$（[**S0**] をみたす）．

[**S3**]： $f, g \in W_3$，即ち $f(0) = f(1) = 0$, $g(0) = g(1) = 0$ のとき，

$$(sf + tg)(0) = sf(0) + tg(0) = s0 + t0 = 0,$$

$$(sf + tg)(1) = sf(1) + tg(1) = 0$$

より $sf + tg \in W_1$（[**S3**] をみたす）．$\therefore W_1$ は部分空間である．

(2) [**S0**]： $f_0(0) = 0 \neq 1$ より $f_0 \notin W_2$（[**S0**] をみたさない）．

$\therefore W_2$ は部分空間でない．

(3) [**S0**]： $xf_0'(x) \equiv 0$, $2f_0(x) \equiv 0$ より $f_0 \in W_3$（[**S0**] をみたす）．

[**S3**]： $f, g \in W_3$，即ち $xf'(x) = 3f(x)$, $xg'(x) = 3g(x)$ とする．

$$x(sf + tg)'(x) = sxf'(x) + txg'(x) = 3sf(x) + 3tg(x) = 3(sf + tg)(x)$$

より $sf + tg \in W_3$（[**S3**] をみたす）．$\therefore W_3$ は部分空間である． ■

生成する部分空間

ベクトル空間 V のベクトルの組 $\{\boldsymbol{a}_1, \boldsymbol{a}_2, \ldots, \boldsymbol{a}_n\}$ の一次結合全体の集合

$$W = \{s_1\boldsymbol{a}_1 + s_2\boldsymbol{a}_2 + \cdots + s_n\boldsymbol{a}_n \mid s_1, s_2, \ldots, s_n \in K\}$$

は V の部分空間になる．

【証明】 $s_1 = s_2 = \cdots = s_n = 0$ とおくと $\mathbf{0} \in W$ より W は [**S0**] をみたす．$A = [\boldsymbol{a}_1\boldsymbol{a}_2 \cdots \boldsymbol{a}_n]$ とおく．$\boldsymbol{a}, \boldsymbol{b} \in W$ はある $\boldsymbol{s}, \boldsymbol{t} \in K^n$ により $\boldsymbol{a} = A\boldsymbol{s}$, $\boldsymbol{b} = A\boldsymbol{t}$ と表される．このとき $x, y \in K$ に対し，

$$\boldsymbol{a}x + \boldsymbol{b}y = A\boldsymbol{s}x + A\boldsymbol{t}y = A(\boldsymbol{s}x + \boldsymbol{t}y)$$

$\boldsymbol{s}x + \boldsymbol{t}y \in K^n$ より $\boldsymbol{a}x + \boldsymbol{b}y \in W$．よって W は [**S3**] をみたすので部分空間になる．■

この部分空間 W を $\{\boldsymbol{a}_1, \boldsymbol{a}_2, \ldots, \boldsymbol{a}_n\}$ の**生成する部分空間**（または**張る部分空間**）といい，$\langle \boldsymbol{a}_1, \boldsymbol{a}_2, \ldots, \boldsymbol{a}_n \rangle$ と表す．$A = [\boldsymbol{a}_1\boldsymbol{a}_2 \cdots \boldsymbol{a}_n]$ のとき

$$\langle \boldsymbol{a}_1, \boldsymbol{a}_2, \ldots, \boldsymbol{a}_n \rangle = \{A\boldsymbol{s} \mid \boldsymbol{s} \in K^n\}$$

本書では，このとき $\langle \boldsymbol{a}_1, \boldsymbol{a}_2, \ldots, \boldsymbol{a}_n \rangle$ を $\langle A \rangle$ と表す．

ベクトル空間 V のベクトルの組 $\{\boldsymbol{a}_1, \boldsymbol{a}_2, \ldots, \boldsymbol{a}_n\}$ が $V = \langle \boldsymbol{a}_1, \boldsymbol{a}_2, \ldots, \boldsymbol{a}_n \rangle$ をみたすとき，即ち V の各ベクトル $\boldsymbol{a}$ が $\{\boldsymbol{a}_1, \boldsymbol{a}_2, \ldots, \boldsymbol{a}_n\}$ の一次結合で表されるとき，$\{\boldsymbol{a}_1, \boldsymbol{a}_2, \ldots, \boldsymbol{a}_n\}$ を V の**生成系**という．

$V = \langle A \rangle$ のとき，V のベクトルの組 $B = [\boldsymbol{b}_1 \cdots \boldsymbol{b}_k]$ の各 $\boldsymbol{b}_j$ はある $\boldsymbol{h}_j \in K^n$ により $\boldsymbol{b}_j = A\boldsymbol{h}_j$ と表せる．$H = [\boldsymbol{h}_1\, \boldsymbol{h}_2 \cdots \boldsymbol{h}_k]$（$n \times k$ K-行列）とおけば，$B = [\boldsymbol{b}_1\, \boldsymbol{b}_2 \cdots \boldsymbol{b}_k] = [A\boldsymbol{h}_1\, A\boldsymbol{h}_2 \cdots A\boldsymbol{h}_k] = A[\boldsymbol{h}_1\, \boldsymbol{h}_2 \cdots \boldsymbol{h}_k] = AH$ より，

$A = [\boldsymbol{a}_1 \cdots \boldsymbol{a}_n]$ が V の生成系ならば，V のベクトルの組 B はある K-行列 H により $B = AH$ と表せる．

例 4.6　**（座標空間の部分空間）**　座標空間 $\mathbb{R}^3$ のベクトルを，対応する位置ベクトルの終点とみなすとき，基本ベクトル $\boldsymbol{e}_1$, $\boldsymbol{e}_2$, $\boldsymbol{e}_3$ に対し，

- $\langle \boldsymbol{e}_1 \rangle$ は x 軸，$\langle \boldsymbol{e}_2 \rangle$ は y 軸，$\langle \boldsymbol{e}_3 \rangle$ は z 軸であり，
- $\langle \boldsymbol{e}_1, \boldsymbol{e}_2 \rangle$ は xy 平面，$\langle \boldsymbol{e}_2, \boldsymbol{e}_3 \rangle$ は yz 平面，$\langle \boldsymbol{e}_3, \boldsymbol{e}_1 \rangle$ は zx 平面である．□

一次独立・基底

ベクトル空間 V のベクトルの組 $\{\boldsymbol{a}_1, \boldsymbol{a}_2, \ldots, \boldsymbol{a}_n\}$ が一次独立な生成系であるとき，即ち次の条件 [**B**] をみたすとき，$\{\boldsymbol{a}_1, \boldsymbol{a}_2, \ldots, \boldsymbol{a}_n\}$ を V の**基底**（basis, base）といい，$A = [\boldsymbol{a}_1\ \boldsymbol{a}_2 \cdots \boldsymbol{a}_n]$ を順序付けられた基底という：

基底 [B]

[**B1**] $\{\boldsymbol{a}_1, \boldsymbol{a}_2, \ldots, \boldsymbol{a}_n\}$ は一次独立である（$A\boldsymbol{s} = \boldsymbol{0} \Rightarrow \boldsymbol{s} = \boldsymbol{0}$）

[**B2**] $\{\boldsymbol{a}_1, \boldsymbol{a}_2, \ldots, \boldsymbol{a}_n\}$ は V の生成系である
（$V = \langle \boldsymbol{a}_1, \boldsymbol{a}_2, \ldots, \boldsymbol{a}_n \rangle = \langle A \rangle$）

以下では主として順序付けられた基底を用いることにし，単に基底という．

例 4.7（**数空間 $\boldsymbol{K}^n$ の基底**） K^n の基本ベクトルの組 $E_n = [\boldsymbol{e}_1\ \boldsymbol{e}_2 \cdots \boldsymbol{e}_n]$ は K^n の基底になる（例 2.12）．これを K^n の**標準基底**という．

n 次元数ベクトルの n 個の組 $A = [\boldsymbol{a}_1 \cdots \boldsymbol{a}_n]$ は A が正則行列のとき基底になる．実際，$\mathrm{rank}\, A = n$ より一次独立で（定理 2.6 (2)），任意の $\boldsymbol{b} \in K^n$ に対し $A^{-1}\boldsymbol{b} = \boldsymbol{b}' = {}^t[b_1', \ldots, b_n']$ とおけば，

$$\boldsymbol{b} = AA^{-1}\boldsymbol{b} = A\boldsymbol{b}' = \boldsymbol{a}_1 b_1' + \cdots + \boldsymbol{a}_n b_n'$$

即ち $\boldsymbol{b}$ は $\boldsymbol{a}_1, \ldots, \boldsymbol{a}_n$ の一次結合で表せるので A は生成系，従って基底になる．

□

例題 4.8

$\mathbb{R}^3$ の 3 つのベクトルの組 $A = [\boldsymbol{a}_1\ \boldsymbol{a}_2\ \boldsymbol{a}_3]$, $B = [\boldsymbol{b}_1\ \boldsymbol{b}_2\ \boldsymbol{b}_3]$ を，

$$\boldsymbol{a}_1 = \begin{bmatrix} 1 \\ 2 \\ 0 \end{bmatrix},\ \boldsymbol{a}_2 = \begin{bmatrix} 0 \\ -1 \\ 2 \end{bmatrix},\ \boldsymbol{a}_3 = \begin{bmatrix} 1 \\ 1 \\ 1 \end{bmatrix},$$

$$\boldsymbol{b}_1 = \begin{bmatrix} 2 \\ 1 \\ 3 \end{bmatrix},\ \boldsymbol{b}_2 = \begin{bmatrix} 1 \\ 1 \\ 2 \end{bmatrix},\ \boldsymbol{b}_3 = \begin{bmatrix} 3 \\ 2 \\ 5 \end{bmatrix}$$

とするとき，A は $\mathbb{R}^3$ の基底であり，B は $\mathbb{R}^3$ の基底でないことを示せ．

【解答】 行列 A, B の階数を求め，正則であるかどうかを判定すればよい．

$$A \mapsto \begin{bmatrix} 1 & 0 & 1 \\ 0 & -1 & -1 \\ 0 & 0 & -1 \end{bmatrix}, \quad B \mapsto \begin{bmatrix} 1 & 1 & 2 \\ 0 & -1 & -1 \\ 0 & 0 & 0 \end{bmatrix}$$

より $\operatorname{rank} A = 3$, $\operatorname{rank} B = 2$. $\therefore A$ は正則であり，B は正則でない．よって，A は $\mathbb{R}^3$ の基底であり，B は $\mathbb{R}^3$ の基底でない．なお $|A| = 1$, $|B| = 0$ からも分かる．■

問 2 $\mathbb{R}^3$ のベクトルの組 $A = \begin{bmatrix} 3 & 2 & 0 \\ 2 & 3 & 2 \\ 0 & 2 & 3 \end{bmatrix}$, $B = \begin{bmatrix} 1 & 2 & 5 \\ 6 & 3 & 3 \\ -4 & 1 & 7 \end{bmatrix}$ は基底になるか．

条件 [**B1**], [**B2**] より，一次独立なベクトルの組 $\boldsymbol{a}_1, \boldsymbol{a}_2, \ldots, \boldsymbol{a}_n$ はそれが生成する部分空間 $W = \langle \boldsymbol{a}_1, \boldsymbol{a}_2, \ldots, \boldsymbol{a}_n \rangle$ の基底になる．従って一次独立なベクトルの組の性質は，それが生成する部分空間の基底の性質となる．以下，一次独立（一次従属）なベクトルの組の性質を述べる．

注意 4.4 一次従属は一次独立の否定なので，一次従属性に関する命題の対偶は，同値な一次独立性に関する命題になる．以下の定理では対偶命題に ♠ を付けて併記する．

1つのベクトル $\boldsymbol{a}$ は，$\boldsymbol{a} \neq \boldsymbol{0}$ のとき一次独立，$\boldsymbol{a} = \boldsymbol{0}$ のとき一次従属である．一般には次が成り立つ．

定理 4.1（一次従属と一次結合）

V のベクトルの組 $\boldsymbol{a}_1, \boldsymbol{a}_2, \ldots, \boldsymbol{a}_n$（$n \geqq 2$）について，

(1) $\boldsymbol{a}_1, \boldsymbol{a}_2, \ldots, \boldsymbol{a}_n$ が一次従属であることと $\boldsymbol{a}_1, \boldsymbol{a}_2, \ldots, \boldsymbol{a}_n$ のどれかは他のベクトルの一次結合で表せることは同値である．

(1)♠ $\boldsymbol{a}_1, \boldsymbol{a}_2, \ldots, \boldsymbol{a}_n$ のどれも他のベクトルの一次結合で表せないことと $\boldsymbol{a}_1, \boldsymbol{a}_2, \ldots, \boldsymbol{a}_n$ が一次独立であることは同値である．

【証明】 (1)♠ は (1) の対偶なので (1) と同値だから，ここでは (1) を示す．

($\Rightarrow$) $\boldsymbol{a}_1, \ldots, \boldsymbol{a}_n$ は一次従属なので $\boldsymbol{a}_1 t_1 + \cdots + \boldsymbol{a}_n t_n = \boldsymbol{0}$ をみたす ${}^t[t_1 \cdots t_n] \neq \boldsymbol{0}$ がある．$t_1 \neq 0$ のとき，$\boldsymbol{a}_1 = \boldsymbol{a}_2(-\frac{t_2}{t_1}) + \cdots + \boldsymbol{a}_n(-\frac{t_n}{t_1})$. 他の場合も同様．

($\Leftarrow$) $\boldsymbol{a}_1 = \boldsymbol{a}_2 t_2 + \cdots + \boldsymbol{a}_n t_n$ とすると，

$$\boldsymbol{a}_1 \cdot (-1) + \boldsymbol{a}_2 t_2 + \cdots + \boldsymbol{a}_n t_n = \boldsymbol{0}$$

$t_1 = -1$ より ${}^t[t_1 \cdots t_n] \neq \boldsymbol{0}$. よって $\boldsymbol{a}_1, \ldots, \boldsymbol{a}_n$ は一次従属である．他の場合も同様．■

定理 4.2（一次独立と一次結合）

V のベクトルの組 $\boldsymbol{a}_1, \dots, \boldsymbol{a}_n$ は一次独立とする．このとき，

(1) $\boldsymbol{a}_1, \boldsymbol{a}_2, \dots, \boldsymbol{a}_n, \boldsymbol{a}$ が一次従属ならば，$\boldsymbol{a}$ は $\boldsymbol{a}_1, \boldsymbol{a}_2, \dots, \boldsymbol{a}_n$ の一次結合である．

(1)♠ $\boldsymbol{a}$ が $\boldsymbol{a}_1, \boldsymbol{a}_2, \dots, \boldsymbol{a}_n$ の一次結合でなければ，$\boldsymbol{a}_1, \boldsymbol{a}_2, \dots, \boldsymbol{a}_n, \boldsymbol{a}$ は一次独立である．

【証明】 (1) を示す．$\boldsymbol{a}_1 t_1 + \cdots + \boldsymbol{a}_n t_n + \boldsymbol{a} t = \boldsymbol{0}$, ${}^t[t_1 \cdots t_n\ t] \neq \boldsymbol{0}$ とする．このとき $t = 0$ と仮定すると，$\boldsymbol{a}_1 t_1 + \cdots + \boldsymbol{a}_n t_n\ (+\,\boldsymbol{a}0) = \boldsymbol{0}$. $\{\boldsymbol{a}_1, \dots, \boldsymbol{a}_n\}$ は一次独立より $t_1 = \cdots = t_n = 0$ となり ${}^t[t_1 \cdots t_n\ t] \neq \boldsymbol{0}$ に矛盾する．よって $t \neq 0$. このとき $\boldsymbol{a} = \boldsymbol{a}_1(-\frac{t_1}{t}) + \cdots + \boldsymbol{a}_n(-\frac{t_n}{t})$ となり，$\boldsymbol{a}$ を一次結合で表せた． ■

例 4.9（幾何ベクトルの組） 空間に原点 O を定め，幾何ベクトルと，対応する位置ベクトルの終点を同一視しておく．このとき，

- $\boldsymbol{a} \neq \boldsymbol{0}$ なら $\langle \boldsymbol{a} \rangle$ は O と $\boldsymbol{a}$ を通る直線である．

$\boldsymbol{0}$ でない幾何ベクトル $\boldsymbol{a}$, $\boldsymbol{b}$, $\boldsymbol{c}$ について，

- $\boldsymbol{a}$, $\boldsymbol{b}$ が一次従属 $\Leftrightarrow$ $\boldsymbol{a}$, $\boldsymbol{b}$ は平行 $\Leftrightarrow$ O, $\boldsymbol{a}$, $\boldsymbol{b}$ は同一直線上にある．
- $\boldsymbol{a}$, $\boldsymbol{b}$ が一次独立 $\Leftrightarrow$ O$\boldsymbol{ab}$ は三角形 $\Leftrightarrow$ $\langle \boldsymbol{a}, \boldsymbol{b} \rangle$ は O, $\boldsymbol{a}$, $\boldsymbol{b}$ の張る平面になる．

$\boldsymbol{a}$, $\boldsymbol{b}$ が一次独立のとき，

- $\boldsymbol{a}$, $\boldsymbol{b}$, $\boldsymbol{c}$ が一次従属 $\Leftrightarrow$ O, $\boldsymbol{a}$, $\boldsymbol{b}$, $\boldsymbol{c}$ は同一平面上にある．
- $\boldsymbol{a}$, $\boldsymbol{b}$, $\boldsymbol{c}$ が一次独立 $\Leftrightarrow$ O$\boldsymbol{abc}$ は四面体 $\Leftrightarrow$ $\langle \boldsymbol{a}, \boldsymbol{b}, \boldsymbol{c} \rangle$ は空間全体になる．
- 4 つ以上の幾何ベクトルからなる組は常に一次従属である． □

例 4.10（同次連立 1 次方程式の解空間） 同次方程式 $A\boldsymbol{x} = \boldsymbol{0}$（$A$ は $m \times n$ K-行列）の解空間 W_A において，基本解 $\boldsymbol{x}_1, \dots, \boldsymbol{x}_{n-r}$（$r = \mathrm{rank}\,A$）は一次独立，かつ全ての解は基本解の一次結合で表せるので W_A の生成系，即ち基本解 $\boldsymbol{x}_1, \dots, \boldsymbol{x}_{n-r}$ は解空間 W_A の基底である（例 2.13）． □

注意 4.5 一般に，方程式 $A\boldsymbol{x} = \boldsymbol{b}$ の任意の解を**特殊解**といい，$A\boldsymbol{x} = \boldsymbol{0}$ の解空間 W_A の基底を**基本解**という．第 2 章で与えた特殊解と基本解はその一つである．

注意 4.6 数ベクトルの組 $A = [\boldsymbol{a}_1 \boldsymbol{a}_2 \cdots \boldsymbol{a}_n]$ の生成する部分空間 $\langle A \rangle$ の基底を求めるには，行列 A を階段行列に変形し，A の軸列の組を取り出せばよい（定理 2.7）．

例題 4.11

$A = [\boldsymbol{a}_1\ \boldsymbol{a}_2\ \boldsymbol{a}_3] = \begin{bmatrix} 1 & 2 & 3 \\ -3 & 2 & 7 \\ 3 & 1 & -1 \end{bmatrix}$ とするとき，$A\boldsymbol{x} = \boldsymbol{0}$ の解空間 W_A の基底と，$A = [\boldsymbol{a}_1\ \boldsymbol{a}_2\ \boldsymbol{a}_3]$ の生成する部分空間 $\langle A \rangle$ の基底を求めよ．

【解答】　A を階段行列に変形する：$A \mapsto \begin{bmatrix} 1 & 0 & -1 \\ 0 & 1 & 2 \\ 0 & 0 & 0 \end{bmatrix}$．このとき基本解 $\begin{bmatrix} 1 \\ -2 \\ 1 \end{bmatrix}$ が W_A の基底になり，A の軸列の組 $\boldsymbol{a}_1, \boldsymbol{a}_2$ が $\langle A \rangle$ の基底になる．なお

$$\boldsymbol{a}_3 = -\boldsymbol{a}_1 + 2\boldsymbol{a}_2$$

■

問 3　$A = [\boldsymbol{a}_1\ \boldsymbol{a}_2\ \boldsymbol{a}_3] = \begin{bmatrix} -4 & 1 & 7 \\ 1 & 2 & 5 \\ 6 & 3 & 3 \end{bmatrix}$ とするとき，$A\boldsymbol{x} = \boldsymbol{0}$ の解空間 W_A の基底と，$A = [\boldsymbol{a}_1\ \boldsymbol{a}_2\ \boldsymbol{a}_3]$ の生成する部分空間 $\langle A \rangle$ の基底を求めよ．

例 4.12　**($\boldsymbol{m \times n}$ 行列全体 $\boldsymbol{M_{m,n}(K)}$ の基底)**　(k, ℓ) 成分が 1，他の成分が全て 0 の $m \times n$ 行列を**行列単位**といい，$E_{k\ell}$ と表す（$(E_{k\ell})_{ij} = \delta_{ik}\delta_{j\ell}$）．このとき，これら全体の組 $\{E_{k\ell} \mid 1 \leqq k \leqq m,\ 1 \leqq \ell \leqq n\}$ は $M_{m,n}(K)$ の基底になる．

□

問 4　このことを示せ．即ち，$m \times n$ K-行列 $A = [a_{ij}]$ は $A = \sum_{i=1}^{m} \sum_{j=1}^{n} a_{ij} E_{ij}$ と表せて，$\{E_{ij} \mid 1 \leqq i \leqq m,\ 1 \leqq j \leqq n\}$ は一次独立であることを示せ．

例 4.13　**(単項式の組の一次独立性)**　多項式 $f(x)$ と $g(x)$ が「多項式として等しい」とは，次数が同じで（展開形での）全ての係数が等しいことを意味し，$f = g$，$f(x) = g(x)$，$f(x) \equiv g(x)$（恒等的に等しい，恒等式である）などと表す．従って，$a_n x^n + a_{n-1} x^{n-1} + \cdots + a_1 x^1 + a_0 = 0$ は $a_n = a_{n-1} = \cdots = a_1 = a_0 = 0$ を意味する．これより，$1, x, x^2, \ldots, x^n$ は**一次独立**であり，生成する部分空間 $K[x]_n$（$= n$ 次以下の多項式全体）の基底になる．
（$f(x) = 0$ を方程式と誤解されない様，$f = 0$，$f(x) \equiv 0$ と書くことも多い．）

□

共通部分，和空間

ベクトル空間 V の部分空間 W_1, W_2 から新たに部分空間を作り出す方法として次の 2 種がある．

部分空間 W_1 と W_2 の**共通部分** $W_1 \cap W_2$ は V の部分空間になる：

$$W_1 \cap W_2 := \{\boldsymbol{a} \in V \mid \boldsymbol{a} \in W_1 \text{ かつ } \boldsymbol{a} \in W_2\}$$

【証明】 [**S0**], [**S3**] をみたすことを示せばよい．
[**S0**]： $\mathbf{0} \in W_1$, $\mathbf{0} \in W_2$ より $\mathbf{0} \in W_1 \cap W_2$.
[**S3**]：$\boldsymbol{a}, \boldsymbol{b} \in W_1 \cap W_2$, $s, t \in K$ とするとき W_1, W_2 は部分空間なので $s\boldsymbol{a} + t\boldsymbol{b} \in W_1$, $s\boldsymbol{a} + t\boldsymbol{b} \in W_2$．よって $s\boldsymbol{a} + t\boldsymbol{b} \in W_1 \cap W_2$.
∴ [**S0**], [**S3**] をみたすので部分空間になる． ■

W_1 のベクトルと W_2 のベクトルの和で表される V の部分集合

$$W_1 + W_2 := \{\boldsymbol{w}_1 + \boldsymbol{w}_2 \in V \mid \boldsymbol{w}_1 \in W_1,\ \boldsymbol{w}_2 \in W_2\} = W_2 + W_1$$

は部分空間になる．これを W_1 と W_2 の**和**（**空間**）という．

【証明】 [**S0**], [**S3**] をみたすことを示す．[**S0**]： $\mathbf{0} = \mathbf{0} + \mathbf{0} \in W_1 + W_2$.
[**S3**]： $\boldsymbol{a}, \boldsymbol{b} \in W_1 + W_2$ は $\boldsymbol{a} = \boldsymbol{w}_1 + \boldsymbol{w}_2$, $\boldsymbol{b} = \boldsymbol{w}_1' + \boldsymbol{w}_2'$（$\boldsymbol{w}_1, \boldsymbol{w}_1' \in W_1$, $\boldsymbol{w}_2, \boldsymbol{w}_2' \in W_2$）と表せる．$s, t \in K$ に対し，

$$s\boldsymbol{a} + t\boldsymbol{b} = s(\boldsymbol{w}_1 + \boldsymbol{w}_2) + t(\boldsymbol{w}_1' + \boldsymbol{w}_2') = (s\boldsymbol{w}_1 + t\boldsymbol{w}_1') + (s\boldsymbol{w}_2 + t\boldsymbol{w}_2')$$

W_1, W_2 は部分空間なので $s\boldsymbol{w}_1 + t\boldsymbol{w}_1' \in W_1$, $s\boldsymbol{w}_2 + t\boldsymbol{w}_2' \in W_2$.
∴ $s\boldsymbol{a} + t\boldsymbol{b} =$ 右辺 $\in W_1 + W_2$．従って $W_1 + W_2$ は部分空間になる． ■

3 つ以上の部分空間の和も同様に定義され，部分空間になる．

例 4.14 **（和空間と共通部分 1）** $V = \mathbb{R}^3$ のとき，xy 平面 $\langle \boldsymbol{e}_1, \boldsymbol{e}_2 \rangle$ と yz 平面 $\langle \boldsymbol{e}_2, \boldsymbol{e}_3 \rangle$ の共通部分は y 軸 $\langle \boldsymbol{e}_2 \rangle$ で，和空間は座標空間 $\mathbb{R}^3 = \langle \boldsymbol{e}_1, \boldsymbol{e}_2, \boldsymbol{e}_3 \rangle$，即ち，

$$\langle \boldsymbol{e}_1, \boldsymbol{e}_2 \rangle \cap \langle \boldsymbol{e}_2, \boldsymbol{e}_3 \rangle = \langle \boldsymbol{e}_2 \rangle, \quad \langle \boldsymbol{e}_1, \boldsymbol{e}_2 \rangle + \langle \boldsymbol{e}_2, \boldsymbol{e}_3 \rangle = \langle \boldsymbol{e}_1, \boldsymbol{e}_2, \boldsymbol{e}_3 \rangle = \mathbb{R}^3$$

また，x 軸 $\langle \boldsymbol{e}_1 \rangle$ と y 軸 $\langle \boldsymbol{e}_2 \rangle$ の和空間 $\langle \boldsymbol{e}_1 \rangle + \langle \boldsymbol{e}_2 \rangle$ は xy 平面 $\langle \boldsymbol{e}_1, \boldsymbol{e}_2 \rangle$ で，共通部分 $\langle \boldsymbol{e}_1 \rangle \cap \langle \boldsymbol{e}_2 \rangle$ は原点 $\{\mathbf{0}\}$ である． □

例 4.15 **（和空間と共通部分 2）** $\boldsymbol{a}, \boldsymbol{b}, \boldsymbol{c} \in V$ について，

$$\begin{aligned}
&\langle \boldsymbol{a}, \boldsymbol{b} \rangle \cap \langle \boldsymbol{b}, \boldsymbol{c} \rangle = \langle \boldsymbol{b} \rangle, \\
&\langle \boldsymbol{a}, \boldsymbol{b}, \boldsymbol{c} \rangle = \langle \boldsymbol{a}, \boldsymbol{b} \rangle + \langle \boldsymbol{b}, \boldsymbol{c} \rangle = \langle \boldsymbol{a}, \boldsymbol{b} \rangle + \langle \boldsymbol{c} \rangle = \langle \boldsymbol{a} \rangle + \langle \boldsymbol{b}, \boldsymbol{c} \rangle \\
&\qquad\qquad = \langle \boldsymbol{a} \rangle + \langle \boldsymbol{b} \rangle + \langle \boldsymbol{c} \rangle
\end{aligned}$$

空間の一次独立な幾何ベクトル $\boldsymbol{a}, \boldsymbol{b}, \boldsymbol{c}$ について,

- $\langle \boldsymbol{a}, \boldsymbol{b} \rangle = \langle \boldsymbol{a} \rangle + \langle \boldsymbol{b} \rangle$ は $\boldsymbol{0}, \boldsymbol{a}, \boldsymbol{b}$ の張る平面を表し,
- $\langle \boldsymbol{a}, \boldsymbol{b} \rangle \cap \langle \boldsymbol{b}, \boldsymbol{c} \rangle = \langle \boldsymbol{b} \rangle$ は $\boldsymbol{0}, \boldsymbol{a}, \boldsymbol{b}$ の張る平面と $\boldsymbol{0}, \boldsymbol{b}, \boldsymbol{c}$ の張る平面の交線が $\boldsymbol{0}$ と $\boldsymbol{b}$ を通る直線であることを表す. □

注意 4.7 **(解空間の共通部分)** $m \times n$ 行列 A と $\ell \times n$ 行列 B (列の個数が同じ) に対し, $A\boldsymbol{x} = \boldsymbol{0}$, $B\boldsymbol{x} = \boldsymbol{0}$ を連立させた, 未知数 n 個, 方程式数 $(m+\ell)$ 個の連立方程式 $\begin{bmatrix} A \\ B \end{bmatrix} \boldsymbol{x} = \boldsymbol{0}$ の解は解空間 W_A, W_B の共通部分 $W_A \cap W_B$ に属する. 即ち,

$$W_A \cap W_B = \left\{ \boldsymbol{x} \in K^n \;\middle|\; \begin{bmatrix} A \\ B \end{bmatrix} \boldsymbol{x} = \boldsymbol{0} \right\}$$

特に $A\boldsymbol{x} = \boldsymbol{0}$ は方程式 $\boldsymbol{a}^i \boldsymbol{x} = a_{i1}x_1 + \cdots + a_{in}x_n = 0$ $(i = 1, \ldots, m)$ ($\boldsymbol{a}^i$ は A の第 i 行) を連立させたものなので, $W_A = W_{\boldsymbol{a}^1} \cap \cdots \cap W_{\boldsymbol{a}^m}$.

注意 4.8 **($\langle A \rangle$, $\langle B \rangle$ の和空間)** V のベクトルの組 $A = [\boldsymbol{a}_1 \ \cdots \ \boldsymbol{a}_k]$, $B = [\boldsymbol{b}_1 \ \cdots \ \boldsymbol{b}_\ell]$ が生成する部分空間 $W_1 = \langle A \rangle$, $W_2 = \langle B \rangle$ の和空間 $W_1 + W_2$ は A, B を合わせた $[A\,B] = [\boldsymbol{a}_1 \ \cdots \ \boldsymbol{a}_k \ \boldsymbol{b}_1 \ \cdots \ \boldsymbol{b}_\ell]$ で生成される. 即ち,

$$W_1 + W_2 = \langle \boldsymbol{a}_1, \ldots, \boldsymbol{a}_k, \boldsymbol{b}_1, \ldots, \boldsymbol{b}_\ell \rangle = \langle A \ B \rangle$$

$V = K^m$ のときは行列 $[A\,B]$ の軸列の組が和空間 $\langle A \rangle + \langle B \rangle$ の基底になる.

例題 4.16

次の $\mathbb{R}^3$ の部分空間 W_1, W_2 と, それらの共通部分 $W_1 \cap W_2$, 和空間 $W_1 + W_2$ の基底を求めよ.

$$W_1 = \left\{ \begin{bmatrix} x_1 \\ x_2 \\ x_3 \end{bmatrix} \;\middle|\; x_1 - x_2 = 0 \right\},\ W_2 = \left\{ \begin{bmatrix} x_1 \\ x_2 \\ x_3 \end{bmatrix} \;\middle|\; x_1 + x_2 + 2x_3 = 0 \right\}$$

【解答】 (1) $x_1 - x_2 = 0$, (2) $x_1 + x_2 + 2x_3 = 0$ の基本解 $\left\{ \begin{bmatrix} 1 \\ 1 \\ 0 \end{bmatrix}, \begin{bmatrix} 0 \\ 0 \\ 1 \end{bmatrix} \right\}$, $\left\{ \begin{bmatrix} -1 \\ 1 \\ 0 \end{bmatrix}, \begin{bmatrix} -2 \\ 0 \\ 1 \end{bmatrix} \right\}$ がそれぞれ W_1, W_2 の基底になる. (1), (2) を連立させた方程式の係数行列を $A = \begin{bmatrix} 1 & -1 & 0 \\ 1 & 1 & 2 \end{bmatrix}$ とおくと $A\boldsymbol{x} = \boldsymbol{0}$ の基本解が $W_A = W_1 \cap W_2$ の基底になるので, $A = \begin{bmatrix} 1 & -1 & 0 \\ 1 & 1 & 2 \end{bmatrix} \mapsto \begin{bmatrix} 1 & 0 & 1 \\ 0 & 1 & 1 \end{bmatrix}$ より, ${}^t[-1 \ -1 \ 1]$ が $W_1 \cap W_2$ の

基底になる．

W_1+W_2 の基底は，W_1, W_2 の基底を並べた行列を作り軸列を選び出せば良いので，

$$\begin{bmatrix}1&0&-1&-2\\1&0&1&0\\0&1&0&1\end{bmatrix}\mapsto\begin{bmatrix}1&0&0&-1\\0&1&0&1\\0&0&1&1\end{bmatrix} \text{ より } \left\{\begin{bmatrix}1\\1\\0\end{bmatrix},\begin{bmatrix}0\\0\\1\end{bmatrix},\begin{bmatrix}-1\\1\\0\end{bmatrix}\right\} \text{ が } W_1+W_2$$

の基底になる． ■

注意 4.9　**($\langle \boldsymbol{A}\rangle$, $\langle \boldsymbol{B}\rangle$ の共通部分)**　$A=[\boldsymbol{a}_1\ \cdots\ \boldsymbol{a}_k]$, $B=[\boldsymbol{b}_1\ \cdots\ \boldsymbol{b}_\ell]$ において，

$$(*)\quad \boldsymbol{b}_j=\sum_{i=1}^{k}\boldsymbol{a}_i s_i+\sum_{i=1}^{j-1}\boldsymbol{b}_i t_i\quad (s_i, t_i\in K),\quad \therefore\quad \sum_{i=1}^{k}\boldsymbol{a}_i s_i=\boldsymbol{b}_j-\sum_{i=1}^{j-1}\boldsymbol{b}_i t_i=:\boldsymbol{c}_j$$

と表されたとすると右の式の，左辺 $\in\langle A\rangle$, 右辺 $\in\langle B\rangle$ より，両辺 $=\boldsymbol{c}_j\in\langle A\rangle\cap\langle B\rangle$. A, B が K^m のベクトルの組のとき，行列 $[A\,B]$ の軸列でない B の各列が関係式 $(*)$ を与え，B が一次独立のとき，対応する $\boldsymbol{c}_j$ の組が $\langle A\rangle\cap\langle B\rangle$ の基底を与える．また，行列 A に対し，$({}^tA)\boldsymbol{x}=\boldsymbol{0}$ の基本解を $X=[\boldsymbol{x}_1\cdots\boldsymbol{x}_s]$ とし，$A'={}^tX$ とおくと $\langle A\rangle=W_{A'}=\{\boldsymbol{x}\mid A'\boldsymbol{x}=\boldsymbol{0}\}$ となる．従って，A', B' を求め，$A'\boldsymbol{x}=\boldsymbol{0}$, $B'\boldsymbol{x}=\boldsymbol{0}$ を連立させた方程式を解けば共通部分の基底が求まる．（補足 4.6.1 項参照）

例題 4.17

次の $\mathbb{R}^3$ の部分空間 W_1, W_2 の和空間と共通部分の基底を求めよ．

$$A=\begin{bmatrix}1&2&1\\0&-1&1\\1&1&2\end{bmatrix},\quad W_1=\langle A\rangle,\quad W_2=\left\{\begin{bmatrix}x_1\\x_2\\x_3\end{bmatrix}\middle|\ x_1+x_2+2x_3=0\right\}$$

【解答】　$A=[\boldsymbol{a}_1\ \boldsymbol{a}_2\ \boldsymbol{a}_3]$ とおく．W_2 の基底が例題 4.16 で与えられているので，これを $B=[\boldsymbol{b}_1\ \boldsymbol{b}_2]$ とおいて，行列 $[A\,B]$ を階段行列に変形する．

$$[A\mid B]=\left[\begin{array}{ccc|cc}1&2&1&-1&-2\\0&-1&1&1&0\\1&1&2&0&1\end{array}\right]\mapsto\left[\begin{array}{ccc|cc}1&0&3&1&0\\0&1&-1&-1&0\\0&0&0&0&1\end{array}\right],$$

$$\therefore\quad [\boldsymbol{a}_1\ \boldsymbol{a}_2\ \boldsymbol{b}_2]=\begin{bmatrix}1&2&-2\\0&-1&0\\1&1&1\end{bmatrix}$$

は W_1+W_2 の基底になる．ここで，階段行列の第 4 列より $\boldsymbol{b}_1=1\boldsymbol{a}_1-1\boldsymbol{a}_2$ が共通部分 $W_1\cap W_2$ の基底になる．$W_1\cap W_2$ の基底は次の様にしても求まる：$B'=[1\,1\,2]$ とおく（$W_2=W_{B'}$）．$({}^tA)\boldsymbol{x}=\boldsymbol{0}$ の基本解は，${}^tA=\begin{bmatrix}1&0&1\\2&-1&1\\1&1&2\end{bmatrix}\mapsto\begin{bmatrix}1&0&1\\0&1&1\\0&0&0\end{bmatrix}$

より

$$X = \begin{bmatrix} -1 \\ -1 \\ 1 \end{bmatrix} = {}^t\!A'$$

$\begin{bmatrix} A' \\ B' \end{bmatrix} = \begin{bmatrix} -1 & -1 & 1 \\ 1 & 1 & 2 \end{bmatrix} \mapsto \begin{bmatrix} 1 & 1 & 0 \\ 0 & 0 & 1 \end{bmatrix}$ より，基本解 $\begin{bmatrix} -1 \\ 1 \\ 0 \end{bmatrix} = \boldsymbol{b}_1$ が $W_1 \cap W_2$ の基底になる. ■

ベクトル空間と部分空間の例

本書では詳しくは取り扱わないベクトル空間と部分空間の例を挙げておく. 部分空間の証明には微積分学の定理を用いるものが多い（補足 4.6.3 項参照).

- **多変数多項式の空間**: K 係数 n 変数多項式全体 $K[x_1, x_2, \ldots, x_n]$ もベクトル空間で，m 次以下の多項式全体 $K[x_1, x_2, \ldots, x_n]_m$ はその部分空間になる.
- **数列空間（無限次元数空間）**: 無限数列 $\{x_n\} = x_1, x_2, \ldots$ は無限次元の数ベクトル ${}^t[x_1\ x_2\ \cdots]$ とみなされ（和，スカラー倍は行列と同じで項ごとの和，定数倍)，その全体 K^∞ はベクトル空間になる. その部分空間として，収束数列全体や，同次線形漸化式の解空間（$a_0, \ldots, a_{k-1} \in K$ として）

$$\left\{\{x_n\} \in K^\infty \;\middle|\; x_{n+k} + a_{k-1}x_{n+k-1} + \cdots + a_0 x_n = 0\right\}$$

がある.

- **関数空間**: 集合 X（例えば $\mathbb{R}, \mathbb{R}^2, \ldots$ など）上の K 値関数全体 $F(X, K)$ は関数の和と定数倍により K 上のベクトル空間になる. ここで，関数 $f, g\colon X \to K$ の和 $f + g$ と s 倍 sf （$s \in K$）は

$$(f+g)(x) := f(x) + g(x), \quad (sf)(x) := sf(x)\ (x \in X)$$

で定められる. $X = \mathbb{R}, \mathbb{R}^2, \ldots$ のとき，$F(X, K)$ の部分空間として連続関数全体 $C^0(X, K)$ や C^r 級関数全体 $C^r(X, K)$ がある. また，線形同次常微分方程式の解空間も部分空間になる.

- **写像空間**: 集合 X からベクトル空間 V への写像全体 $F(X, V) := \{f\colon X \to V\}$ も和とスカラー倍を，$(f+g)(x) := f(x)+g(x)$, $(sf)(x) := sf(x)$ $(x \in X)$（右辺は V での和，s 倍）とすればベクトル空間になる. $V = \mathbb{R}^n$ のとき，$f\colon X \to \mathbb{R}^n$ は n 個の実数値関数の組 ${}^t\big[f_1(x)\, f_2(x) \cdots f_n(x)\big]$ である.

4.3 基底と次元

基底と座標

ベクトル空間 V のベクトルの組 $\boldsymbol{a}_1, \boldsymbol{a}_2, \ldots, \boldsymbol{a}_n$ が V の基底であることは，次の条件 [**B3**] と同値である：

> [**B3**] 任意の $\boldsymbol{b} \in V$ は $\boldsymbol{a}_1, \boldsymbol{a}_2, \ldots, \boldsymbol{a}_n$ の一次結合として一意的に表せる．

【証明】 $A = [\boldsymbol{a}_1\ \boldsymbol{a}_2\ \cdots\ \boldsymbol{a}_n]$, $\boldsymbol{s}, \boldsymbol{t} \in K^n$ とする．$\boldsymbol{b} = A\boldsymbol{s}$ と一意的に表せるとは，$\boldsymbol{b} = A\boldsymbol{t}$ とも表せたとすると $\boldsymbol{s} = \boldsymbol{t}$ が成り立つときをいう．[**B3**] は [**B2**]（生成系）を含むので，「[**B1**]（一次独立）$\Leftrightarrow$ 一意性」を示せばよい．
($\Rightarrow$) $\boldsymbol{b} = A\boldsymbol{s} = A\boldsymbol{t}$ とすると $A(\boldsymbol{s} - \boldsymbol{t}) = \boldsymbol{0}$．$A$ が一次独立より $\boldsymbol{s} - \boldsymbol{t} = \boldsymbol{0}$．$\therefore \boldsymbol{s} = \boldsymbol{t}$.
($\Leftarrow$) $A\boldsymbol{s} = \boldsymbol{0}$ とすると $A\boldsymbol{s} = \boldsymbol{0} = A\boldsymbol{0}$．一意性より $\boldsymbol{s} = \boldsymbol{0}$．よって A は一次独立．■

V に基底 $A = [\boldsymbol{a}_1 \boldsymbol{a}_2 \cdots \boldsymbol{a}_n]$ が与えられたとき，V のベクトル $\boldsymbol{b}$ は n 次元数ベクトル $\boldsymbol{x} = {}^t[x_1\ x_2 \cdots x_n] \in K^n$ を用いて $\boldsymbol{b} = A\boldsymbol{x}$ と一意的に表される．この $\boldsymbol{x}$ を $\boldsymbol{b}$ の，基底 A に関する**座標**，または**成分表示**といい，各 x_i を**第 i 成分**（座標空間の標準基底に関する成分は x 成分，y 成分，z 成分）という．

例 4.18 **(幾何ベクトルの座標)** 平面ベクトル $\boldsymbol{p}$ は基底 $[\boldsymbol{a}\,\boldsymbol{b}]$ を用いて $\boldsymbol{p} = x\boldsymbol{a} + y\boldsymbol{b}$ と一意的に表せるので，$\boldsymbol{p}$ の基底 $[\boldsymbol{a}\,\boldsymbol{b}]$ に関する座標は ${}^t[x, y]$．平面に原点を定めると，この対応 $\boldsymbol{p} \to {}^t[x, y]$ は平面上の座標系を定めるが，一般には直交していないので斜交座標系といわれる．空間ベクトルでも同様である．

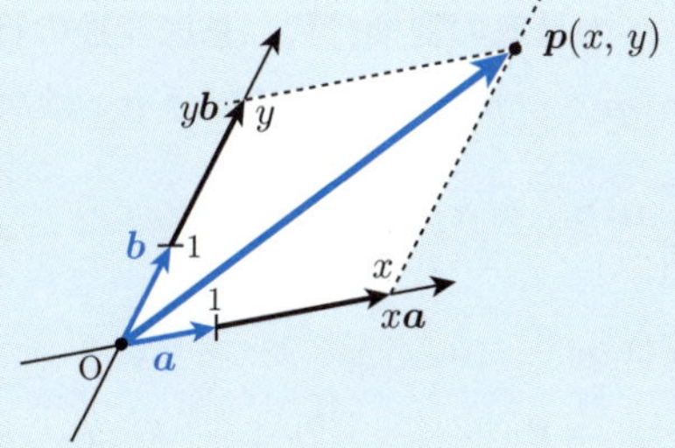

□

例 4.19 **(多項式の座標)** n 次以下の多項式全体 $K[x]_n$ において，多項式 $p(x) = a_n x^n + a_{n-1}x^{n-1} + \cdots + a_1 x + a_0$ の，基底 $[x^n, x^{n-1}, \ldots, x, 1]$ に関する座標は ${}^t[a_n, a_{n-1}, \ldots, a_1, a_0]$ であり，基底 $[1, x, \ldots, x^{n-1}, x^n]$ に関する座標は ${}^t[a_0, a_1, \ldots, a_{n-1}, a_n]$ である． □

> [**B4**] $A = [\boldsymbol{a}_1\ \boldsymbol{a}_2\ \cdots\ \boldsymbol{a}_n]$ が一次独立のとき，$n \times k$ K-行列 X, Y に対し，$AX = AY$ ならば $X = Y$.
> 特に，$AX = [\mathbf{0}\ \cdots\ \mathbf{0}] = AO$ ならば $X = O$.

【証明】 $X = [\boldsymbol{x}_1\ \cdots\ \boldsymbol{x}_k], Y = [\boldsymbol{y}_1\ \cdots\ \boldsymbol{y}_k]$ と列分割すれば，$AX = [A\boldsymbol{x}_1\ \cdots\ A\boldsymbol{x}_k] = AY = [A\boldsymbol{y}_1\ \cdots\ A\boldsymbol{y}_k]$ より $A\boldsymbol{x}_j = A\boldsymbol{y}_j$, A が一次独立より $\boldsymbol{x}_i = \boldsymbol{y}_i$ $(i = 1, \ldots, n)$ ([**B3**])．よって $X = Y$. ■

V に生成系 A が与えられたとき，V のベクトルの組 B はある $n \times k$ K-行列 H により $B = AH$ と表せ，A が基底であれば [**B4**] より H は一意的に定まる．

注意 4.10 **(一次関係式)** A が V の基底のとき，$B = AH$ と H は，[**B3**], [**B4**] より同じ一次関係式をもつ，即ち，$\boldsymbol{s} \in K^k$, $\boldsymbol{s} \neq \mathbf{0}$ に対し，$B\boldsymbol{s} = \mathbf{0} \Leftrightarrow H\boldsymbol{s} = \mathbf{0}$. 従って，$B = [\boldsymbol{b}_1\ \boldsymbol{b}_2\ \cdots\ \boldsymbol{b}_k]$ と $H = [\boldsymbol{h}_1\ \boldsymbol{h}_2\ \cdots\ \boldsymbol{h}_k]$ の一次従属性，一次独立性は一致する．

基底の変換行列

$A = [\boldsymbol{a}_1\ \cdots\ \boldsymbol{a}_n]$, $B = [\boldsymbol{b}_1\ \cdots\ \boldsymbol{b}_n]$ がともに V の基底なら，ある n 次正方 K-行列 P, Q により $B = AP$, $A = BQ$ と表され，$AE = A = BQ = (AP)Q = A(PQ)$. [**B4**] より $E = PQ$. よって P は正則で $Q = P^{-1}$. この正則行列 P を基底 A から基底 B への**基底の変換行列**，**基底変換の行列**，または**基底の取替え行列**という．$P = [\boldsymbol{p}_1 \cdots \boldsymbol{p}_n] = [p_{ij}]$ の成分 p_{ij} は次式より求められる：

$$\boldsymbol{b}_j = A\boldsymbol{p}_j = \sum_{i=1}^{n} \boldsymbol{a}_i p_{ij} = \boldsymbol{a}_1 p_{1j} + \cdots + \boldsymbol{a}_n p_{nj} \quad (j = 1, 2 \ldots, n)$$

注意 4.11 上の式を縦に $\boldsymbol{b}_1, \ldots, \boldsymbol{b}_n$ の順に並べると，

$$\begin{cases} \boldsymbol{b}_1 = \boldsymbol{a}_1 p_{11} + \boldsymbol{a}_2 p_{21} + \cdots + \boldsymbol{a}_n p_{n1} \\ \boldsymbol{b}_2 = \boldsymbol{a}_1 p_{12} + \boldsymbol{a}_2 p_{22} + \cdots + \boldsymbol{a}_n p_{n2} \\ \quad \vdots \\ \boldsymbol{b}_n = \boldsymbol{a}_1 p_{1n} + \boldsymbol{a}_2 p_{2n} + \cdots + \boldsymbol{a}_n p_{nn} \end{cases} \Leftrightarrow \begin{bmatrix} \boldsymbol{b}_1 \\ \boldsymbol{b}_2 \\ \vdots \\ \boldsymbol{b}_n \end{bmatrix} = \begin{bmatrix} p_{11}\ p_{21} \cdots p_{n1} \\ p_{12}\ p_{22} \cdots p_{n2} \\ \vdots \quad\quad \ddots \quad \vdots \\ p_{1n}\ p_{2n} \cdots p_{nn} \end{bmatrix} \begin{bmatrix} \boldsymbol{a}_1 \\ \boldsymbol{a}_2 \\ \vdots \\ \boldsymbol{a}_n \end{bmatrix} = {}^tP\,{}^tA$$

即ち，${}^t(AP)$ が得られるので，これを転置して AP および P を得る．

A, B, C が基底，$B = AP$, $C = BQ$ なら $C = BQ = (AP)Q = A(PQ)$ より A から C への変換行列は PQ である．

A, B が V の基底で $AP = B$, $\boldsymbol{c} \in V$ が $\boldsymbol{c} = A\boldsymbol{x}$, $\boldsymbol{c} = B\boldsymbol{y}$（$\boldsymbol{x}, \boldsymbol{y} \in K^n$）と表されるとき，$A\boldsymbol{x} = \boldsymbol{c} = B\boldsymbol{y} = AP\boldsymbol{y}$ と [**B4**] より次の**座標変換**の式が得られる：

$$\boldsymbol{x} = P\boldsymbol{y} \quad (\boldsymbol{y} = P^{-1}\boldsymbol{x})$$

（$\boldsymbol{x}$, $\boldsymbol{y}$ を変数と考えると変数変換の式になり，$\boldsymbol{x}$ を $\boldsymbol{y}$ で表す方が扱いやすい．）

例 4.20（**K^n の基底変換**） $A = [\boldsymbol{a}_1 \cdots \boldsymbol{a}_n]$ が K^n の基底のとき，正則行列 A は $A = E_n A$ より標準基底 E_n から基底 A への変換行列と考えられ，A から E_n への変換行列は逆行列 A^{-1} である．$B = [\boldsymbol{b}_1 \cdots \boldsymbol{b}_n]$ も K^n の基底なら，$B = A(A^{-1}B)$ より基底 A から基底 B への変換行列は $A^{-1}B$ になる． □

例題 4.21（**座標と基底変換**）

$\mathbb{R}^3$ の基底 $A = [\boldsymbol{a}_1\ \boldsymbol{a}_2\ \boldsymbol{a}_3]$, $B = [\boldsymbol{b}_1\ \boldsymbol{b}_2\ \boldsymbol{b}_3]$ を

$$\boldsymbol{a}_1 = \begin{bmatrix} 1 \\ 2 \\ 0 \end{bmatrix},\ \boldsymbol{a}_2 = \begin{bmatrix} 0 \\ -1 \\ 2 \end{bmatrix},\ \boldsymbol{a}_3 = \begin{bmatrix} 1 \\ 1 \\ 1 \end{bmatrix},$$

$$\boldsymbol{b}_1 = \begin{bmatrix} 2 \\ 1 \\ 3 \end{bmatrix},\ \boldsymbol{b}_2 = \begin{bmatrix} 1 \\ 1 \\ 2 \end{bmatrix},\ \boldsymbol{b}_3 = \begin{bmatrix} 3 \\ 2 \\ 4 \end{bmatrix}$$

で定める．

(1) $\boldsymbol{b}_1$ を $\boldsymbol{a}_1$, $\boldsymbol{a}_2$, $\boldsymbol{a}_3$ の一次結合で表せ．

(2) A から B への基底の変換行列 P を求めよ．

【解答】 (1), (2) を同時に求める．A が正則，$B = AP$ なので $P = A^{-1}B$．$[A, B]$ を階段行列に変形すれば，$A^{-1}[A, B] = [E, A^{-1}B]$ より B の部分が P になる．

$$[A|B] = \left[\begin{array}{ccc|ccc} 1 & 0 & 1 & 2 & 1 & 3 \\ 2 & -1 & 1 & 1 & 1 & 2 \\ 0 & 2 & 1 & 3 & 2 & 4 \end{array}\right] \mapsto [E|P] = \left[\begin{array}{ccc|ccc} 1 & 0 & 0 & -1 & 1 & -1 \\ 0 & 1 & 0 & 0 & 1 & 0 \\ 0 & 0 & 1 & 3 & 0 & 4 \end{array}\right],\ P = \begin{bmatrix} -1 & 1 & -1 \\ 0 & 1 & 0 \\ 3 & 0 & 4 \end{bmatrix}$$

$A\boldsymbol{x} = \boldsymbol{b}_1 \Rightarrow \boldsymbol{x} = A^{-1}\boldsymbol{b}_1 = P$ の第 1 列 $= {}^t[-1\,0\,3]$ が $\boldsymbol{b}_1$ の座標で，

$$\boldsymbol{b}_1 = -\boldsymbol{a}_1 + 3\boldsymbol{a}_3$$ ■

問 5　$\mathbb{R}^3$ の基底 $A = [\boldsymbol{a}_1\ \boldsymbol{a}_2\ \boldsymbol{a}_3]$, $B = [\boldsymbol{b}_1\ \boldsymbol{b}_2\ \boldsymbol{b}_3]$ を次のように定める.

$$\boldsymbol{a}_1 = \begin{bmatrix} 1 \\ 1 \\ 1 \end{bmatrix}, \boldsymbol{a}_2 = \begin{bmatrix} 2 \\ 1 \\ 2 \end{bmatrix}, \boldsymbol{a}_3 = \begin{bmatrix} 2 \\ 0 \\ 1 \end{bmatrix}, \quad \boldsymbol{b}_1 = \begin{bmatrix} 1 \\ 2 \\ 2 \end{bmatrix}, \boldsymbol{b}_2 = \begin{bmatrix} 2 \\ 4 \\ 3 \end{bmatrix}, \boldsymbol{b}_3 = \begin{bmatrix} 3 \\ 5 \\ 3 \end{bmatrix}$$

(1)　$\boldsymbol{b}_2$ を $\boldsymbol{a}_1, \boldsymbol{a}_2, \boldsymbol{a}_3$ の一次結合で表せ.

(2)　A から B への基底の変換行列 P を求めよ.

A を基底，P を正則行列とし，$B = AP$ とするとき，$\boldsymbol{c} = B\boldsymbol{y}$ となる $\boldsymbol{y}$ が $\boldsymbol{y} = P^{-1}\boldsymbol{x}$ により一意的に定まるので [**B3**] より B は基底になる.

例題 4.22（基底と基底変換）

$\mathbb{R}[x]_2$ において，$p_0(x) = -1$, $p_1(x) = x + 3$, $p_2(x) = (x+1)^2$ とするとき，

(1)　$A = [p_0(x), p_1(x), p_2(x)]$ は $\mathbb{R}[x]_2$ の基底になることを示せ.

(2)　基底 $B = [1, x, x^2]$ から $[p_0(x), p_1(x), p_2(x)]$ への変換行列を求めよ.

【解答】　$A = BP$ となる，座標を並べた行列 P を求め，P が正則であることを示す.

$$\begin{bmatrix} p_0(x) \\ p_1(x) \\ p_2(x) \end{bmatrix} = \begin{bmatrix} -1 \\ 3+x \\ 1+2x+x^2 \end{bmatrix} = \begin{bmatrix} -1 & 0 & 0 \\ 3 & 1 & 0 \\ 1 & 2 & 1 \end{bmatrix}\begin{bmatrix} 1 \\ x \\ x^2 \end{bmatrix} \mapsto A = B\begin{bmatrix} -1 & 3 & 1 \\ 0 & 1 & 2 \\ 0 & 0 & 1 \end{bmatrix}, \ P = \begin{bmatrix} -1 & 3 & 1 \\ 0 & 1 & 2 \\ 0 & 0 & 1 \end{bmatrix}$$

$\operatorname{rank} P = 3$ より P は正則なので，A は $\mathbb{R}[x]_2$ の基底になり P は変換行列になる. ■

次元と基底の存在

一般に，ベクトル空間 V の生成系をなすベクトルの個数と V の中の一次独立なベクトルの個数には次の関係がある.

定理 4.3（生成系と一次独立なベクトルの個数）

$V = \langle \boldsymbol{a}_1, \boldsymbol{a}_2, \ldots, \boldsymbol{a}_m \rangle$ とするとき, V の n 個のベクトルの組 $\boldsymbol{b}_1, \boldsymbol{b}_2, \ldots, \boldsymbol{b}_n$ について,

(1)　$n > m$ ならば $\boldsymbol{b}_1, \boldsymbol{b}_2, \ldots, \boldsymbol{b}_n$ は一次従属である.

(1)♠　$\boldsymbol{b}_1, \boldsymbol{b}_2, \ldots, \boldsymbol{b}_n$ が一次独立ならば $n \leqq m$.

【証明】　$A = [\boldsymbol{a}_1 \ \cdots \ \boldsymbol{a}_m]$, $B = [\boldsymbol{b}_1 \ \cdots \ \boldsymbol{b}_n]$ とおいて (1) を示す．A は生成系なので，B は $m \times n$ K-行列 H を用いて $B = AH$ と表せる．$m < n$ なら $\operatorname{rank} H \leqq$

$m < n$ より方程式 $H\boldsymbol{x} = \boldsymbol{0}$ は自明でない解 $\boldsymbol{x} = \boldsymbol{t} \neq \boldsymbol{0}$, $H\boldsymbol{t} = \boldsymbol{0}$ をもつ．このとき $B\boldsymbol{t} = AH\boldsymbol{t} = A\boldsymbol{0} = \boldsymbol{0}$ より B は一次従属である． ■

定理 4.4（基底をなすベクトルの個数の不変性）

V のベクトルの組 $A = [\boldsymbol{a}_1\ \boldsymbol{a}_2\ \cdots\ \boldsymbol{a}_m]$, $B = [\boldsymbol{b}_1\ \boldsymbol{b}_2\ \cdots\ \boldsymbol{b}_n]$ がともに V の基底ならば $m = n$.

【証明】 基底は生成系かつ一次独立だから，A が生成系，B が一次独立より $n \leqq m$（定理 4.3），B が生成系，A が一次独立より $m \leqq n$．よって $m = n$． ■

即ち，K 上のベクトル空間 V（$\neq \{\boldsymbol{0}\}$）の基底をなすベクトルの個数は基底の取り方によらない．この個数（前定理 4.4 の n）を V の**次元**（dimension）といい，

$$\dim V \quad \text{または} \quad \dim_K V \quad (\text{つまり } \dim_{\mathbb{R}} V,\ \dim_{\mathbb{C}} V)$$

と表す．また，$\dim\{\boldsymbol{0}\} = 0$（基底をなすベクトルの個数は 0 個）とする．

V は，次元が有限のとき**有限次元**であるといい，有限個のベクトルからなる組で生成されるとき**有限生成**というが，これらは同等であることを次に示す．

定理 4.5（基底の存在・延長定理）

有限生成ベクトル空間 V の $\{\boldsymbol{0}\}$ でない部分空間 W について次が成り立つ：

(1) W（特に V）には基底が存在する．

(2) W のベクトルの組 $\boldsymbol{b}_1, \boldsymbol{b}_2, \ldots, \boldsymbol{b}_r$ が一次独立ならば，これにいくつかのベクトルを付け加えて W の基底が得られる．

【証明】 $V = \langle \boldsymbol{a}_1, \ldots, \boldsymbol{a}_m \rangle$ とする．

(1) $W \neq \{\boldsymbol{0}\}$ より $\boldsymbol{0}$ でない $\boldsymbol{b}_1 \in W$ を選んで (2) の $r = 1$ の場合に帰着する．

(2) 帰納的に，W のベクトルの組 $\boldsymbol{b}_1, \ldots, \boldsymbol{b}_s$（$r \leqq s$）が一次独立とし，$W_s := \langle \boldsymbol{b}_1, \ldots, \boldsymbol{b}_s \rangle$ とおく．$W_s = W$ ならば $\boldsymbol{b}_1, \ldots, \boldsymbol{b}_s$ は基底になる．$W_s \neq W$ のとき，$\boldsymbol{b}_{s+1} \in W$ で $\boldsymbol{b}_{s+1} \notin W_s$ となるものがある．このとき $\boldsymbol{b}_1, \ldots, \boldsymbol{b}_{s+1}$ は一次独立である（定理 4.2 (1)♠）．以下この操作を繰り返す．これは高々 $(m - r)$ 回で終わる（定理 4.3(1)♠）．この操作が $\boldsymbol{b}_n$（$n \leqq m$）で終わったとすると $W_n = W$ である．$\boldsymbol{b}_1, \ldots, \boldsymbol{b}_n$ は一次独立なので W の基底になる． ■

注意 4.12 W に生成系が与えられているとき（$W = V$ のとき）は，付け加えるベクトル $\boldsymbol{b}_{r+1}, \ldots, \boldsymbol{b}_n$，特に基底をなす $\boldsymbol{b}_1, \ldots, \boldsymbol{b}_n$ は生成系の中から選ぶことができる．

系 4.6

数空間 K^n の $\{\mathbf{0}\}$ でない部分空間には基底が存在する.

例題 4.23（基底の延長）

$\boldsymbol{a}_1 = \begin{bmatrix} 1 \\ 2 \\ 2 \end{bmatrix}$, $\boldsymbol{a}_2 = \begin{bmatrix} 2 \\ 1 \\ 1 \end{bmatrix}$ に $\boldsymbol{a}_3 \in \mathbb{R}^3$ を付け加えて $\boldsymbol{a}_1, \boldsymbol{a}_2, \boldsymbol{a}_3$ が $\mathbb{R}^3$ の基底となる様な $\boldsymbol{a}_3$ を1つ求めよ.

【解答】 基本ベクトルの組 $E = [\boldsymbol{e}_1\ \boldsymbol{e}_2\ \boldsymbol{e}_3]$ は $\mathbb{R}^3$ の生成系なので，この中から $\boldsymbol{a}_3$ を選べばよい．$A = [\boldsymbol{a}_1\ \boldsymbol{a}_2\ \boldsymbol{e}_1\ \boldsymbol{e}_2\ \boldsymbol{e}_3]$ を階段行列に変形すると,

$$A = \begin{bmatrix} 1 & 2 & 1 & 0 & 0 \\ 2 & 1 & 0 & 1 & 0 \\ 2 & 1 & 0 & 0 & 1 \end{bmatrix} \mapsto \begin{bmatrix} 1 & 0 & -\frac{1}{3} & 0 & \frac{2}{3} \\ 0 & 1 & \frac{2}{3} & 0 & -\frac{1}{3} \\ 0 & 0 & 0 & 1 & -1 \end{bmatrix}$$

より，軸列の組 $[\boldsymbol{a}_1\ \boldsymbol{a}_2\ \boldsymbol{e}_2]$（$\boldsymbol{a}_3 = \boldsymbol{e}_2$）が $\mathbb{R}^3$ の基底になる. ■

ベクトル空間 V は有限次元でないとき**無限次元**であるという．以下では主として有限次元ベクトル空間を取り扱う.

例 4.24（**多項式の空間**） 多項式全体の空間 $K[x]$ において $1, x, x^2, \ldots$ は一次独立だから無限次元である．同様に，関数空間や写像空間は一般には無限次元である．n 次以下の多項式の空間 $K[x]_n$ は $1, x, x^2, \ldots, x^n$（$n+1$ 個）が基底になるので $n+1$ 次元である. □

部分空間の次元と直和

以下，$W_1, W_2, \ldots$ は有限次元ベクトル空間 V の部分空間，$\boldsymbol{w}_1, \boldsymbol{w}_1' \in W_1$, $\boldsymbol{w}_2, \boldsymbol{w}_2' \in W_2$, $s, t \in K$ などとする.

定理 4.7（部分空間の部分空間）

W_1, W_2 が V の部分空間で, W_1 が W_2 の部分空間のとき ($W_1 \subset W_2 \subset V$),

(1)　$\dim W_1 \leqq \dim W_2$

(2)　$W_1 \neq W_2 \Rightarrow \dim W_1 < \dim W_2$

(2)♠　$\dim W_1 = \dim W_2 \Rightarrow W_1 = W_2$

【証明】 $\dim W_1 = n$ とし，$A = [\boldsymbol{a}_1 \ \cdots \ \boldsymbol{a}_n]$ を W_1 の基底とする．
(1) $W_1 \subset W_2$ より A は W_2 の中で一次独立なので $\dim W_1 = n \leqq \dim W_2$（定理 4.2 (1)♠）．
(2) $W_1 \neq W_2, W_1 \subset W_2$ なので，$\boldsymbol{a}_{n+1} \in W_2$ で $\boldsymbol{a}_{n+1} \notin W_1$ となるものがある．$\boldsymbol{a}_1, \ldots, \boldsymbol{a}_{n+1}$ は一次独立なので（定理 4.2 (1)♠）

$$\dim W_1 = n < n+1 \leqq \dim W_2$$
■

定理 4.8（和空間の次元定理）

V の部分空間 W_1, W_2 に対し次が成り立つ：

$$\dim(W_1 + W_2) = \dim W_1 + \dim W_2 - \dim(W_1 \cap W_2)$$

【証明】 $\dim(W_1 \cap W_2) = n, \dim W_1 = n + \ell, \dim W_2 = n + m$ として，

$$\dim(W_1 + W_2) = n + \ell + m$$

を示せばよい．定理 4.5 より，$W_1 \cap W_2$ の基底 $A = [\boldsymbol{a}_1 \ \cdots \ \boldsymbol{a}_n]$ が存在し，$B = [\boldsymbol{b}_1 \ \cdots \ \boldsymbol{b}_\ell]$ を付け加えて W_1 の基底 $[A\ B] = [\boldsymbol{a}_1 \ \cdots \ \boldsymbol{a}_n \ \boldsymbol{b}_1 \ \cdots \ \boldsymbol{b}_\ell]$ と，$C = [\boldsymbol{c}_1 \ \cdots \ \boldsymbol{c}_m]$ を付け加えて W_2 の基底 $[A\ C] = [\boldsymbol{a}_1 \ \cdots \ \boldsymbol{a}_n \ \boldsymbol{c}_1 \ \cdots \ \boldsymbol{c}_m]$ が得られる．このとき $[A\ B\ C] = [\boldsymbol{a}_1 \ \cdots \ \boldsymbol{a}_n \ \boldsymbol{b}_1 \ \cdots \ \boldsymbol{b}_\ell \ \boldsymbol{c}_1 \ \cdots \ \boldsymbol{c}_m]$ が $W_1 + W_2$ の基底になることを示せばよい．（$W_1 \cap W_2 = \{\boldsymbol{0}\}$ の場合は A を含む項を省き，$A\boldsymbol{x}'$ を $\boldsymbol{0}$ とする．）
[**B2**（生成系）]：$\boldsymbol{w} \in W_1 + W_2$, $\boldsymbol{w} = \boldsymbol{w}_1 + \boldsymbol{w}_2$, $\boldsymbol{w}_1 \in W_1$, $\boldsymbol{w}_2 \in W_2$ とする．$[A\,B]$ は W_1 の生成系，$[A\,C]$ は W_2 の生成系だから $\boldsymbol{x}, \boldsymbol{x}' \in K^n$, $\boldsymbol{y} \in K^\ell$, $\boldsymbol{z} \in K^m$ により $\boldsymbol{w}_1 = A\boldsymbol{x} + B\boldsymbol{y}$, $\boldsymbol{w}_2 = A\boldsymbol{x}' + C\boldsymbol{z}$ と表せる．このとき，

$$\boldsymbol{w} = \boldsymbol{w}_1 + \boldsymbol{w}_2 = (A\boldsymbol{x} + B\boldsymbol{y}) + (A\boldsymbol{x}' + C\boldsymbol{z}) = A(\boldsymbol{x} + \boldsymbol{x}') + B\boldsymbol{y} + C\boldsymbol{z}$$

と表され，$[A\,B\,C]$ は $W_1 + W_2$ の生成系になる．
[**B1**（一次独立性）]：一次関係式：$(*)$ $A\boldsymbol{x} + B\boldsymbol{y} + C\boldsymbol{z} = \boldsymbol{0}$ を考える．移項して，

$$A\boldsymbol{x} + B\boldsymbol{y} = C(-\boldsymbol{z}) \quad (A\boldsymbol{x} + B\boldsymbol{y} \in W_1,\ C(-\boldsymbol{z}) \in W_2)$$

左辺は W_1 の元，右辺は W_2 の元なので，両辺ともに $W_1 \cap W_2$ の元になる．特に右辺は $C(-\boldsymbol{z}) = A\boldsymbol{x}'$ と表されるので $A\boldsymbol{x}' + C\boldsymbol{z} = \boldsymbol{0}$. $[A\,C]$ は W_2 の基底で，一次独立だから $\boldsymbol{z} = \boldsymbol{0}$（$\boldsymbol{x}' = \boldsymbol{0}$）．これを上式 $(*)$ に代入すれば $A\boldsymbol{x} + B\boldsymbol{y} = \boldsymbol{0}$. $[A\,B]$ は W_1 の基底で，一次独立だから $\boldsymbol{x} = \boldsymbol{0}$, $\boldsymbol{y} = \boldsymbol{0}$. $\boldsymbol{z} = \boldsymbol{0}$ と合わせて $[A\,B\,C]$ は一次独立であり，[**B2**] と合わせて $W_1 + W_2$ の基底になる．よって定理が成り立つ． ■

和空間 $W = W_1 + W_2$ のベクトルの W_1, W_2 のベクトルの和としての表し方が一意的のとき，和空間 W は W_1 と W_2 の**直和**であるといい，次の様に表す：

$$W = W_1 \oplus W_2 \quad (\text{または } W = W_1 \dotplus W_2,\ \text{和の順序にはよらない})$$

即ち，$W = W_1 \oplus W_2$ とは，$\boldsymbol{w} \in W$ は $\boldsymbol{w} = \boldsymbol{w}_1 + \boldsymbol{w}_2$, $\boldsymbol{w}_1 \in W_1$, $\boldsymbol{w}_2 \in W_2$

と表せ，$\boldsymbol{w} = \boldsymbol{w}_1' + \boldsymbol{w}_2'$, $\boldsymbol{w}_1' \in W_1$, $\boldsymbol{w}_2' \in W_2$ とも表されたとすれば $\boldsymbol{w}_1 = \boldsymbol{w}_1'$, $\boldsymbol{w}_2 = \boldsymbol{w}_2'$ が成り立つときである．

定理 4.9（直和と次元）

V の部分空間 W_1, W_2 の和空間 $W = W_1 + W_2$ について次は同値である：

(1)　$W = W_1 \oplus W_2$

(2)　$W_1 \cap W_2 = \{\boldsymbol{0}\}$

(3)　$\dim W = \dim W_1 + \dim W_2$

【証明】　(2) ⇔ (3)：$W_1 \cap W_2 = \{\boldsymbol{0}\} \Leftrightarrow \dim(W_1 \cap W_2) = 0$ と定理 4.8 より出る．

(1) ⇒ (2)：$\boldsymbol{w} \in W_1 \cap W_2$ なら

$$\boldsymbol{w} = \boldsymbol{w} + \boldsymbol{0} = \boldsymbol{0} + \boldsymbol{w}, \qquad \boldsymbol{w}, \boldsymbol{0} \in W_1, \quad \boldsymbol{0}, \boldsymbol{w} \in W_2$$

と2通りに表せるので (1) より $\boldsymbol{w} = \boldsymbol{0}$. よって (2)：$W_1 \cap W_2 = \{\boldsymbol{0}\}$ を得る．

(2) ⇒ (1)：$\boldsymbol{w} = \boldsymbol{w}_1 + \boldsymbol{w}_2 = \boldsymbol{w}_1' + \boldsymbol{w}_2'$, $\boldsymbol{w}_1, \boldsymbol{w}_1' \in W_1$, $\boldsymbol{w}_2, \boldsymbol{w}_2' \in W_2$ とするとき，

$$\boldsymbol{w}_1 - \boldsymbol{w}_1' = \boldsymbol{w}_2' - \boldsymbol{w}_2, \quad \boldsymbol{w}_1 - \boldsymbol{w}_1' \in W_1, \quad \boldsymbol{w}_2' - \boldsymbol{w}_2 \in W_2$$

より両辺ともに $W_1 \cap W_2$ の元になるので，(2) より

$$\boldsymbol{w}_1 - \boldsymbol{w}_1' = \boldsymbol{w}_2' - \boldsymbol{w}_2 = \boldsymbol{0}$$

従って，$\boldsymbol{w}_1 = \boldsymbol{w}_1'$, $\boldsymbol{w}_2 = \boldsymbol{w}_2'$ より (1) が成り立つ． ■

V の部分空間 $W_1, W_2, \ldots, W_k$ についても同様に，これらの**和空間** $W = W_1 + W_2 + \cdots + W_k$ とは $W_1, W_2, \ldots, W_k$ のベクトルの和として表されるベクトル全体のことであり，さらにその表し方が一意的のとき，W をこれらの**直和**といい，$W_1 \oplus W_2 \oplus \cdots \oplus W_k$ と表す．このとき，定理 4.9 の拡張として，定理 4.9 と個数 k に関する数学的帰納法を用いて次が成り立つ．（詳しい証明は補足 4.6.2 項にて与える.）

定理 4.10（直和と次元の一般形）

$W = W_1 + W_2 + \cdots + W_k$ であるとき，次は同値である：

(1)　$W = W_1 \oplus W_2 \oplus \cdots \oplus W_k$

(2)　$W_i \cap (W_1 + \cdots + W_{i-1} + W_{i+1} + \cdots + W_k) = \{\boldsymbol{0}\}$ $(i = 1, 2, \ldots, k)$

(3)　$\dim W = \dim W_1 + \dim W_2 + \cdots + \dim W_k$

4.4　線形写像と表現行列

線形写像

K 上のベクトル空間 V, W の間の写像 $f\colon V \to W$ が次の性質 $[\mathbf{L}]$

線形写像 [L]

[**L1**]　$f(\boldsymbol{a}+\boldsymbol{b}) = f(\boldsymbol{a}) + f(\boldsymbol{b})$　$(\boldsymbol{a}, \boldsymbol{b} \in V)$

[**L2**]　$f(\boldsymbol{a}s) = f(\boldsymbol{a})s,\quad f(s\boldsymbol{a}) = sf(\boldsymbol{a})$　$(\boldsymbol{a} \in V,\ s \in K)$

をもつとき，f を（K 上の）**線形写像**，または**一次写像**（linear map, linear mapping）といい，f は**線形**であるともいう．また，この性質を**線形性**といい，和・スカラー倍を保つ，あるいは和・スカラー倍と交換するともいう．特に $V = W$ のとき，$f\colon V \to V$ を**一次変換**，または**線形変換**（linear transformation）という．

例 4.25（**行列の定める線形写像**）　$m \times n$ K-行列 H は写像 $f_H : K^n \to K^m$,

$$f_H(\boldsymbol{x}) := H\boldsymbol{x} \quad (\boldsymbol{x} \in K^n)$$

を定める．f_H は $[\mathbf{L}]$ をみたし線形写像になる：$\boldsymbol{x}, \boldsymbol{y} \in K^n$, $s \in K$ に対し，

[**L1**]：$f_H(\boldsymbol{x}+\boldsymbol{y}) = H(\boldsymbol{x}+\boldsymbol{y}) = H\boldsymbol{x} + H\boldsymbol{y} = f_H(\boldsymbol{x}) + f_H(\boldsymbol{y})$

[**L2**]：$f_H(\boldsymbol{x}s) = H(\boldsymbol{x}s) = (H\boldsymbol{x})s = f_H(\boldsymbol{x})s$

この線形写像 $f = f_H$ を行列 H の定める線形写像という．　□

[**L2**] で $s = 0, -1$ として次の [**L0**] を得る：

[**L0**]　$f(\mathbf{0}) = \mathbf{0},\ f(-\boldsymbol{a}) = -f(\boldsymbol{a})$
（詳しくは，$\mathbf{0}_V, \mathbf{0}_W$ を V, W の零ベクトルとするとき $f(\mathbf{0}_V) = \mathbf{0}_W$）

例題 4.26（**線形写像の判定**）

次の写像 $f_1, f_2 : \mathbb{R}^2 \to \mathbb{R}^2$ において f_1 は線形写像（一次変換）であり，f_2 は線形写像ではないことを示せ．

$$f_1\left(\begin{bmatrix} x \\ y \end{bmatrix}\right) = \begin{bmatrix} x+y \\ 2y \end{bmatrix} = \begin{bmatrix} 1 & 1 \\ 0 & 2 \end{bmatrix}\begin{bmatrix} x \\ y \end{bmatrix}, \quad f_2\left(\begin{bmatrix} x \\ y \end{bmatrix}\right) = \begin{bmatrix} x^2+y \\ x+1 \end{bmatrix}$$

【解答】 f_1： [**L1**], [**L2**] を確かめる： $\boldsymbol{a} = {}^t[a_1, a_2]$, $\boldsymbol{b} = {}^t[b_1, b_2]$, $s \in \mathbb{R}$ とすると

$$f(\boldsymbol{a}+\boldsymbol{b}) = f\left(\begin{bmatrix} a_1+b_1 \\ a_2+b_2 \end{bmatrix}\right) = \begin{bmatrix} (a_1+b_1)+(a_2+b_2) \\ 2(a_2+b_2) \end{bmatrix}$$
$$= \begin{bmatrix} a_1+a_2 \\ 2a_2 \end{bmatrix} + \begin{bmatrix} b_1+b_2 \\ 2b_2 \end{bmatrix} = f(\boldsymbol{a})+f(\boldsymbol{b}),$$
$$f(s\boldsymbol{a}) = f\left(\begin{bmatrix} sa_1 \\ sa_2 \end{bmatrix}\right) = \begin{bmatrix} sa_1+sa_2 \\ 2sa_2 \end{bmatrix} = s\begin{bmatrix} a_1+a_2 \\ 2a_2 \end{bmatrix} = sf(\boldsymbol{a})$$

より f_1 は線形写像である．

f_2： [**L0**] をみたさないことを示すか，[**L1**], [**L2**] のいずれかをみたさない様な反例をあげればよい．第2成分に定数項があるので $f_2(\boldsymbol{0}) = {}^t[0,1] \neq \boldsymbol{0}$ より [**L0**] をみたさない．第1成分は1次関数ではないので $\boldsymbol{a} = \begin{bmatrix} 1 \\ 0 \end{bmatrix}$, $\boldsymbol{b} = 2\boldsymbol{a} = \begin{bmatrix} 2 \\ 0 \end{bmatrix}$, $s = 3$ のとき

$f_2(\boldsymbol{a}+\boldsymbol{b}) = f_2(3\boldsymbol{a}) = f_2\left(\begin{bmatrix} 3 \\ 0 \end{bmatrix}\right) = \begin{bmatrix} 9 \\ 4 \end{bmatrix}$,

$f_2(\boldsymbol{a})+f_2(\boldsymbol{b}) = \begin{bmatrix} 1 \\ 2 \end{bmatrix} + \begin{bmatrix} 4 \\ 3 \end{bmatrix} = \begin{bmatrix} 5 \\ 5 \end{bmatrix} \neq f_2(\boldsymbol{a}+\boldsymbol{b})$,

$3f_2(\boldsymbol{a}) = 3\begin{bmatrix} 1 \\ 2 \end{bmatrix} = \begin{bmatrix} 3 \\ 6 \end{bmatrix} \neq f_3(3\boldsymbol{a})$. よって f_2 は線形写像ではない． ■

問6 次の写像 $f_1, f_2 : \mathbb{R}^2 \to \mathbb{R}^2$ は線形写像かどうかを調べよ．

$$f_1\left(\begin{bmatrix} x \\ y \end{bmatrix}\right) = \begin{bmatrix} 3x+y \\ x-2y \end{bmatrix}, \quad f_2\left(\begin{bmatrix} x \\ y \end{bmatrix}\right) = \begin{bmatrix} x^2+y^2+2 \\ x-y+1 \end{bmatrix}$$

[**L**]（= [**L1**] + [**L2**]）は次の [**L3**] と同値である：

> [**L3**] $f(\boldsymbol{a}s+\boldsymbol{b}t) = f(\boldsymbol{a})s+f(\boldsymbol{b})t \quad (\boldsymbol{a}, \boldsymbol{b} \in V,\ s, t \in K)$

【証明】 [**L**] ⇒ [**L3**]： $f(\boldsymbol{a}s+\boldsymbol{b}t) \overset{[\mathbf{L1}]}{=} f(\boldsymbol{a}s)+f(\boldsymbol{b}t) \overset{[\mathbf{L2}]}{=} f(\boldsymbol{a})s+f(\boldsymbol{b})t$

[**L3**] ⇒ [**L1**]： $t=0$ として，

$$f(\boldsymbol{a}s) = f(\boldsymbol{a}s+\boldsymbol{0}0) \overset{[\mathbf{L3}]}{=} f(\boldsymbol{a})s+f(\boldsymbol{0})0 = f(\boldsymbol{a})s+\boldsymbol{0} = f(\boldsymbol{a})s$$

[**L3**] ⇒ [**L2**]： $s=t=1$ として，

$$f(\boldsymbol{a}+\boldsymbol{b}) = f(\boldsymbol{a}1+\boldsymbol{b}1) \overset{[\mathbf{L3}]}{=} f(\boldsymbol{a})1+f(\boldsymbol{b})1 = f(\boldsymbol{a})+f(\boldsymbol{b})$$ ■

例 4.27（**ベクトルの組の定める線形写像**）　K 上のベクトル空間 V と V のベクトルの組 $A = [\boldsymbol{a}_1\ \boldsymbol{a}_2\ \cdots\ \boldsymbol{a}_n]$ に対し，写像 $\varphi_A \colon K^n \to V$ を

$$\varphi_A(\boldsymbol{x}) = A\boldsymbol{x} = \boldsymbol{a}_1 x_1 + \boldsymbol{a}_2 x_2 + \cdots + \boldsymbol{a}_n x_n \quad (\boldsymbol{x} = {}^t[x_1\ x_2 \cdots x_n] \in K^n)$$

で定めると，$\varphi_A(\boldsymbol{x}s + \boldsymbol{y}t) = A(\boldsymbol{x}s + \boldsymbol{y}t) = A\boldsymbol{x}s + A\boldsymbol{y}t = \varphi_A(\boldsymbol{x})s + \varphi_A(\boldsymbol{y})t$（$\boldsymbol{x}, \boldsymbol{y} \in K^n$, $s, t \in K$）より線形写像になる．（**例 4.25** と同様にしても示せる.）　□

例 4.28（**行列の空間上の線形写像**）　A, B をそれぞれ $\ell \times m$ K-行列，$n \times k$ K-行列とするとき，$m \times n$ K-行列 X に A, B を左右から掛ける写像

$$f \colon M_{m,n}(K) \to M_{\ell,k}(K), \quad f(X) = AXB$$

は線形写像になる．　□

問 7　**例 4.28** を示せ．

注意 4.13（**恒等写像，合成写像，逆写像**）　一般に，集合 X の元 x を x に移す写像を X の**恒等写像**（identity map），あるいは**恒等変換**といい，1_X, Id_X, Id, I などと表す（$1_X(x) = x$）．合成関数や逆関数と同様，写像 $f \colon X \to Y$, $g \colon Y \to Z$ の**合成写像** $g \circ f \colon X \to Z$ が $(g \circ f)(x) := g(f(x))$（$x \in X$）で定められ，$f$ に対し，写像 $h \colon Y \to X$ で $h \circ f = 1_X$, $f \circ h = 1_Y$（即ち，$h(f(x)) = x$, $f(h(y)) = y$（$x \in X$, $y \in Y$））をみたすものがあるとき，f は**同型写像**（isomorphism）である，または f は**同型**であるという．このとき，h を f の**逆写像**（inverse）といい，h を f^{-1} で表す．

例 4.29（**恒等写像，合成写像，逆写像**）　ベクトル空間 V の恒等写像 1_V，ベクトル空間 V, W, U の間の線形写像 $f \colon V \to W$, $g \colon W \to U$ の合成写像 $g \circ f$，および（もしあれば）f の逆写像 $f^{-1} \colon W \to V$ は線形写像である．なお，同型である線形写像は**線形同型写像**，略して単に**同型写像**といわれる．また，V, W の間に線形同型写像 $f \colon V \to W$ が存在するとき，V と W は**線形同型**である，またはベクトル空間として**同型**であるといわれる．このとき，V と W は f により同じものとみなされる．　□

問 8　このこと，即ち 1_V, $g \circ f$, f^{-1} は線形写像であることを示せ．

例 4.30（**微分積分の線形性**）　微分可能な関数 $f_1(x)$, $f_2(x)$ と定数 s に対し，

$$\frac{d(f_1 + f_2)}{dx}(x) = \frac{df_1}{dx}(x) + \frac{df_2}{dx}(x), \quad \frac{d(sf_1)}{dx}(x) = s\frac{df_1}{dx}(x)$$

が成り立つ（**微分の線形性**という）．また，連続関数 $g_1(x)$, $g_2(x)$ に対し，

$$\int_a^x \left(g_1(t)+g_2(t)\right)dt=\int_a^x g_1(t)\,dt+\int_a^x g_2(t)\,dt,$$
$$\int_a^x sg_1(t)\,dt=s\int_a^x g_1(t)\,dt$$

が成り立つ（**積分の線形性**という）. □

例題 4.31

$\mathbb{R}[x]_2$ 上の変換 $F\colon \mathbb{R}[x]_2 \to \mathbb{R}[x]_2$：

$$F(p)(x)=e^x\frac{d}{dx}\left(p(x-1)\,e^{-x}\right)=e^x\frac{d}{dx}\left(\left\{a(x-1)^2+b(x-1)+c\right\}e^{-x}\right)$$

は一次変換になることを示せ.

【解答】 $p(x), q(x)\in\mathbb{R}[x]_2$ と $a,b\in\mathbb{R}$ に対し,

$$\begin{aligned}F(ap+bq)(x)&=e^x\frac{d}{dx}\left(\left\{ap(x-1)+bq(x-1)\right\}e^{-x}\right)\\&=ae^x\frac{d}{dx}\left(p(x-1)e^{-x}\right)+be^x\frac{d}{dx}\left(q(x-1)e^{-x}\right)\\&=aF(p)(x)+bF(q)(x)\end{aligned}$$

より一次変換になる. ■

線形写像 f に **[L3]** を繰り返し用いて次の **[L4]** を得る：

[L4] (i)

$$f(\boldsymbol{a}_1s_1+\boldsymbol{a}_2s_2+\cdots+\boldsymbol{a}_ns_n)=f(\boldsymbol{a}_1)s_1+f(\boldsymbol{a}_2)s_2+\cdots+f(\boldsymbol{a}_n)s_n$$

$A=[\boldsymbol{a}_1\ \cdots\ \boldsymbol{a}_n]$, $\boldsymbol{s}={}^t[s_1\cdots s_n]$ とおくと, **[L4]** の左辺は $f(A\boldsymbol{s})$, 右辺は $[f(\boldsymbol{a}_1)\ \cdots\ f(\boldsymbol{a}_n)]\boldsymbol{s}$ と表される. ここで便宜的に, $[f(\boldsymbol{a}_1)\ \cdots\ f(\boldsymbol{a}_n)]$ を $f(A)$ と表すと（通常 $(\prod_{i=1}^n f)(A)$ や $(f\times\cdots\times f)(A)$ と表すが略した),

[L4] (ii)

$$f(A\boldsymbol{s})=f(A)\boldsymbol{s}\quad\left(f(A)=[f(\boldsymbol{a}_1)\ \cdots\ f(\boldsymbol{a}_n)]\right)$$

$H=[\boldsymbol{h}_1\ \cdots\ \boldsymbol{h}_k]$ を $n\times k$ K-行列とするとき，$AH=[A\boldsymbol{h}_1\ \cdots\ A\boldsymbol{h}_n]$ についても，$f(AH)=[f(A\boldsymbol{h}_1)\ \cdots\ f(A\boldsymbol{h}_k)] \overset{[\mathbf{L4}]\,(\mathrm{ii})}{=} [f(A)\boldsymbol{h}_1\ \cdots\ f(A)\boldsymbol{h}_k]=f(A)H$ より，

> **[L5]**　$f(AH)=f(A)H$
> 　　　$(A=[\boldsymbol{a}_1\ \cdots\ \boldsymbol{a}_n],\ H=[\boldsymbol{h}_1\ \cdots\ \boldsymbol{h}_k]$ $(n\times k$ K-行列$))$

表現行列

例 4.32　**（数空間の間の線形写像）**　線形写像 $f\colon K^n\to K^m$ は，K^n の基本ベクトルの組 $[\boldsymbol{e}_1\ \cdots\ \boldsymbol{e}_n]=E_n$ に対し，$\boldsymbol{h}_1=f(\boldsymbol{e}_1),\ldots,\boldsymbol{h}_n=f(\boldsymbol{e}_n)$, $H=[\boldsymbol{h}_1\ \cdots\ \boldsymbol{h}_n]$（$m\times n$ K-行列）とおくとき（$f(E_n)=H$），$\boldsymbol{x}={}^t[x_1\ \cdots\ x_n]\in K^n$ に対し，$f(\boldsymbol{x})=f(E_n\boldsymbol{x})\overset{[\mathbf{L4}]}{=}f(E_n)\boldsymbol{x}=H\boldsymbol{x}$ より，

$$f(\boldsymbol{x})=H\boldsymbol{x}=f_H(\boldsymbol{x})\quad(\boldsymbol{x}\in K^n,\ H=f(E_n)=[f(\boldsymbol{e}_1)\ \cdots\ f(\boldsymbol{e}_n)])$$

即ち，数空間の間の線形写像は行列 $f(E)$ の定める線形写像になる．　□

以下，V, W を K 上のベクトル空間とし，$A=[\boldsymbol{a}_1\ \cdots\ \boldsymbol{a}_n]$ を V の基底 $(\dim V=n)$，$B=[\boldsymbol{b}_1\ \cdots\ \boldsymbol{b}_m]$ を W の基底 $(\dim W=m)$，$f\colon V\to W$ を線形写像とする．このとき，$j=1,\ldots,n$ に対し，各 $f(\boldsymbol{a}_j)$ は W のベクトルだから基底 $B=[\boldsymbol{b}_1\ \cdots\ \boldsymbol{b}_m]$ の一次結合として一意的に表せるので，

$$f(\boldsymbol{a}_j)=\sum_{i=1}^{m}\boldsymbol{b}_i h_{ij}=\boldsymbol{b}_1h_{1j}+\cdots+\boldsymbol{b}_mh_{mj}=[\boldsymbol{b}_1\ \cdots\ \boldsymbol{b}_m]\begin{bmatrix}h_{1j}\\ \vdots\\ h_{mj}\end{bmatrix}=B\boldsymbol{h}_j$$

とし，$H=[\boldsymbol{h}_1\ \cdots\ \boldsymbol{h}_n]=[h_{ij}]$（$m\times n$ K-行列）とおけば，

$$f(A)=\big[f(\boldsymbol{a}_1)\ \cdots\ f(\boldsymbol{a}_n)\big]=[B\boldsymbol{h}_1\ \cdots\ B\boldsymbol{h}_n]=B[\boldsymbol{h}_1\ \cdots\ \boldsymbol{h}_n]=BH$$

この行列 H を 基底 A, B に関する f の**表現行列**という．**例 4.32** の行列 H は標準基底 E_n, E_m に関する，線形写像 $f\colon K^n\to K^m$ の表現行列である．f が一次変換 $f\colon V\to V$ のときは基底 A（のみ）に関する表現行列 $f(A)=AH$ を考え，n 次正方行列 H を，一次変換 f の基底 A に関する**表現行列**という．

注意 4.14（**表現行列**） 表現行列 H は次の様に，$f(\boldsymbol{a}_1),\ldots,f(\boldsymbol{a}_n)$ を縦に並べ，各 $f(\boldsymbol{a}_j)$ を横に展開してから転置しても求まる：

$$\begin{bmatrix} f(\boldsymbol{a}_1) \\ \vdots \\ f(\boldsymbol{a}_n) \end{bmatrix} = \begin{bmatrix} \boldsymbol{b}_1 h_{11} + \boldsymbol{b}_2 h_{21} + \cdots + \boldsymbol{b}_m h_{m1} \\ \vdots \quad\quad \vdots \quad\quad \vdots \\ \boldsymbol{b}_1 h_{1n} + \boldsymbol{b}_2 h_{2n} + \cdots + \boldsymbol{b}_m h_{mn} \end{bmatrix} = \begin{bmatrix} h_{11} & h_{21} & \cdots & h_{m1} \\ \vdots & \vdots & \ddots & \vdots \\ h_{1n} & h_{2n} & \cdots & h_{mn} \end{bmatrix} \begin{bmatrix} \boldsymbol{b}_1 \\ \vdots \\ \boldsymbol{b}_m \end{bmatrix}$$
$$= {}^tH\,{}^tB$$

を転置して

$$f(A) = \begin{bmatrix} f(\boldsymbol{a}_1) & f(\boldsymbol{a}_2) & \cdots & f(\boldsymbol{a}_n) \end{bmatrix} = \begin{bmatrix} \boldsymbol{b}_1 & \boldsymbol{b}_2 & \cdots & \boldsymbol{b}_m \end{bmatrix} \begin{bmatrix} h_{11} & h_{12} & \cdots & h_{1n} \\ h_{21} & h_{22} & \cdots & h_{2n} \\ \vdots & \vdots & \ddots & \vdots \\ h_{m1} & h_{m2} & \cdots & h_{mn} \end{bmatrix} = BH$$

例題 4.33（**表現行列**）

2次以下の実係数多項式 $p(x) = ax^2 + bx + c$ 全体の空間 $\mathbb{R}[x]_2$ の一次変換 $F\colon \mathbb{R}[x]_2 \to \mathbb{R}[x]_2$，

$$F(p)(x) = (x+3)\,\frac{dp}{dx}\,(x)$$

について，F の基底 $[\,x^2\ x\ 1\,]$ に関する表現行列を求めよ．

【解答】 $F(x^2) = (x+3)\,\frac{dx^2}{dx} = 2x^2 + 6x$ などより，基底の並び順に注意して，

$$\begin{bmatrix} F(x^2) \\ F(x) \\ F(1) \end{bmatrix} = \begin{bmatrix} 2x^2 + 6x + 0 \\ 0x^2 + \ \ x + 3 \\ 0x^2 + 0x + 0 \end{bmatrix} = \begin{bmatrix} 2 & 6 & 0 \\ 0 & 1 & 3 \\ 0 & 0 & 0 \end{bmatrix} \begin{bmatrix} x^2 \\ x \\ 1 \end{bmatrix} \text{ より}$$

$F([x^2\ x\ 1]) = [x^2\ x\ 1] \begin{bmatrix} 2 & 0 & 0 \\ 6 & 1 & 0 \\ 0 & 3 & 0 \end{bmatrix}$. よって求める表現行列は $\begin{bmatrix} 2 & 0 & 0 \\ 6 & 1 & 0 \\ 0 & 3 & 0 \end{bmatrix}$.

（このとき $F(p)(x) = [x^2\ x\ 1] \begin{bmatrix} 2 & 0 & 0 \\ 6 & 1 & 0 \\ 0 & 3 & 0 \end{bmatrix} \begin{bmatrix} a \\ b \\ c \end{bmatrix} = 2ax^2 + (b+6a)x + 3b.$） ■

問 9 $\mathbb{R}[x]_2$ 上の一次変換 $F\colon \mathbb{R}[x]_2 \to \mathbb{R}[x]_2$，

$$F(p)(x) = e^x\,\frac{d}{dx}\big(p(x-1)e^{-x}\big) = e^x\,\frac{d}{dx}\Big(\big\{a(x-1)^2 + b(x-1) + c\big\}e^{-x}\Big)$$

の基底 $[\,1\ x\ x^2\,]$ に関する表現行列を求めよ．

例 4.34（**恒等写像，合成写像，逆写像の表現行列**）　恒等写像 1_V の表現行列は単位行列 E_n である．合成写像の表現行列は，ベクトル空間 U の基底を C とし，線形写像 $f\colon V \to W$, $g\colon W \to U$ の表現行列をそれぞれ F, G（$f(A) = BF$, $g(B) = CG$）とするとき，

$$(g \circ f)(A) = g(f(A)) = g(BF) = g(B)F = (CG)F = C(GF)$$

より GF である．$f\colon V \to W$ が同型のとき，g を逆写像 f^{-1} ($U = V, C = A$) とすると，表現行列は $A(GF) = (g \circ f)(A) = 1_V(A) = AE_n$ より $GF = E_n$．同様に $FG = E_m$．このとき階数の性質より $m = n$ であり，G は F の逆行列 F^{-1} になる．以上より，1_V, $g \circ f$, f^{-1} の表現行列はそれぞれ E_n, GF, F^{-1} である，即ち：

$$1_V(A) = AE_n, \quad (g \circ f)(A) = C(GF), \quad f^{-1}(B) = AF^{-1}$$

□

定理 4.11（**表現行列と座標**）

線形写像 $f\colon V \to W$ の，基底 A, B に関する表現行列を H（$f(A) = BH$），$\boldsymbol{v} \in V$ の A に関する座標を $\boldsymbol{x} \in K^n$（$\boldsymbol{v} = A\boldsymbol{x}$），$f(\boldsymbol{v}) \in W$ の B に関する座標を $\boldsymbol{y} \in K^m$（$f(\boldsymbol{v}) = B\boldsymbol{y}$）とするとき

$$\boldsymbol{y} = H\boldsymbol{x}$$

【証明】　$B\boldsymbol{y} = f(\boldsymbol{v}) = f(A\boldsymbol{x}) = f(A)\boldsymbol{x} = (BH)\boldsymbol{x} = B(H\boldsymbol{x})$．$B$ が一次独立なので $\boldsymbol{y} = H\boldsymbol{x}$ が成り立つ．■

定理 4.12（**基底変換と表現行列**）

$f\colon V \to W$ を線形写像とする．V の基底 A から A' への変換行列を P（$A' = AP$）とし，W の基底 B から B' への変換行列を Q（$B' = BQ$）とする．このとき f の，基底 A, B に関する表現行列 H（$f(A) = BH$）と基底 A', B' に関する表現行列 H'（$f(A') = B'H'$）には次の関係がある：

$$H' = Q^{-1}HP$$

【証明】　$f(A') = B'H' = BQH'$, $f(A') = f(AP) = f(A)P = BHP$ より $BQH' = BHP$．B が一次独立なので $QH' = HP$．Q は正則なので $H' = Q^{-1}HP$．■

定理 4.13（表現行列の標準形）

線形写像 $f\colon V \to W$ は V, W の基底 $A = [\boldsymbol{a}_1 \ \cdots \ \boldsymbol{a}_n], B = [\boldsymbol{b}_1 \ \cdots \ \boldsymbol{b}_m]$ をうまく選ぶことにより，その表現行列を標準形 $F_r(m,n)$ にできる：

$$f(A) = BF_r(m,n) = B\begin{bmatrix} E_r & O \\ O & O \end{bmatrix}, \quad f(\boldsymbol{a}_i) = \begin{cases} \boldsymbol{b}_i & (1 \leqq i \leqq r) \\ \boldsymbol{0} & (r < i \leqq n) \end{cases}$$

【証明】 f の 基底 A', B' に関する表現行列 H は，ある正則行列 P, Q によって $Q^{-1}HP = F_r(m,n)$ と標準形に変形できた（定理 2.11）．このとき，

$$A = A'P, \quad B = B'Q$$

と基底を変換すると，定理 4.12 より $H' = Q^{-1}HP = F_r(m,n)$. ■

一次変換の表現行列の基底変換については，定理 4.12 において $A = B$, $A' = B'$, $Q = P$ として次を得る：

系 4.14（一次変換の表現行列と基底変換）

ベクトル空間 V の基底 A から A' への変換行列を P（$A' = AP$）とし，一次変換 $f\colon V \to V$ の，基底 A, A' に関する表現行列を H, H'（$f(A) = AH$, $f(A') = A'H'$）とするとき，

$$H' = P^{-1}HP$$

このとき H と H' は **相似**であるという．従って，互いに相似な行列は，同一の一次変換のいろいろな基底に対する表現行列と考えられ，相似により不変な行列の性質は一次変換の性質と考えられる．例えば，相似な行列の階数，行列式，トレースは同じ値をもつので，これらを一次変換の階数，行列式，トレースと考える．また，$P^{-1}HP$ が簡単な行列（例えば対角行列など）になるとき標準形と呼ぶが，これは第 6 章で考える．

注意 4.15 （数空間の線形写像の基底変換） 線形写像 $f\colon K^n \to K^m$ は E_n, E_m に関する表現行列 $H = f(E_n)$ を用いて $f(\boldsymbol{x}) = H\boldsymbol{x}$ と表された．このとき，K^n, K^m の基底 A, B に関する f の表現行列 H' は，正則行列 A, B を E_n, E_m から基底 A, B への変換行列と考えると（$A = E_nA$, $B = E_mB$），定理 4.12 より $H' = B^{-1}HA$.

特に f が一次変換 $f\colon K^n \to K^n$ のときは系 4.14 より $H' = A^{-1}HA$.

例題 4.35

次の線形写像 $f\colon K^2 \to K^3$ の，次の基底 A, B に関する表現行列 F を求めよ．

$$f\left(\begin{bmatrix} x \\ y \end{bmatrix}\right) = \begin{bmatrix} x+2y \\ -3x \\ 2x-y \end{bmatrix}, \quad A = \begin{bmatrix} 1 & 2 \\ 2 & 1 \end{bmatrix}, \quad B = E_3 = [\boldsymbol{e}_1\, \boldsymbol{e}_2, \boldsymbol{e}_3]$$

【解答】 f の E_2, E_3 に関する表現行列 H は

$$f\left(\begin{bmatrix} 1 \\ 0 \end{bmatrix}\right) = \begin{bmatrix} 1 \\ -3 \\ 2 \end{bmatrix}, \quad f\left(\begin{bmatrix} 0 \\ 1 \end{bmatrix}\right) = \begin{bmatrix} 2 \\ 0 \\ -1 \end{bmatrix}$$

より $\begin{bmatrix} 1 & 2 \\ -3 & 0 \\ 2 & -1 \end{bmatrix}$． 注意 4.15 より，

$$F = E_3^{-1}HA = HA = \begin{bmatrix} 1 & 2 \\ -3 & 0 \\ 2 & -1 \end{bmatrix}\begin{bmatrix} 1 & 2 \\ 2 & 1 \end{bmatrix} = \begin{bmatrix} 5 & 4 \\ -3 & -6 \\ 0 & 3 \end{bmatrix}$$ ■

例題 4.36

K^2 の一次変換 $f\left(\begin{bmatrix} x \\ y \end{bmatrix}\right) = \begin{bmatrix} x+2y \\ 2x-y \end{bmatrix}$ の，基底 $A = \begin{bmatrix} 1 & 1 \\ -1 & 1 \end{bmatrix}$ に関する表現行列 F を求めよ．

【解答】 一次変換 f の $E_2 = [\boldsymbol{e}_1\, \boldsymbol{e}_2]$ に関する表現行列 H は $\begin{bmatrix} 1 & 2 \\ 2 & -1 \end{bmatrix}$． 注意 4.15 より，

$$F = A^{-1}HA = \begin{bmatrix} 1 & 1 \\ -1 & 1 \end{bmatrix}^{-1}\begin{bmatrix} 1 & 2 \\ 2 & -1 \end{bmatrix}\begin{bmatrix} 1 & 1 \\ -1 & 1 \end{bmatrix} = \begin{bmatrix} -2 & 1 \\ 1 & 2 \end{bmatrix}$$ ■

問 10 $\mathbb{R}^2$ の一次変換 $f\left(\begin{bmatrix} x \\ y \end{bmatrix}\right) = \begin{bmatrix} 7x-6y \\ 3x-2y \end{bmatrix}$ の，基底 $A = \begin{bmatrix} 1 & 2 \\ 1 & 1 \end{bmatrix}$ に関する表現行列 F を求めよ．

4.5 線形写像の像と核

像と核

一般に，写像 $f\colon X \to Y$ に対し，$x \in X$ の像 $f(x)$ 全体である Y の部分集合を X の f による**像**（image）といい，$f(X)$ または $\mathrm{Im}\, f$ と表す：

$$\begin{aligned} f(X) = \mathrm{Im}\, f &= \left\{ f(x) \in Y \;\middle|\; x \in X \right\} \\ &= \left\{ y \in Y \;\middle|\; y = f(x) \text{ となる } x \in X \text{ がある} \right\} \end{aligned}$$

$f(X) = Y$ のとき f は**全射**であるといい，$f(x) = f(x')$ ならば $x = x'$（$x, x' \in X$）（対偶：$x \neq x' \Rightarrow f(x) \neq f(x')$）が成り立つとき f は**単射**であるという．

以下，$f\colon V \to W$ をベクトル空間 V, W の間の線形写像とし，$f(\boldsymbol{a}) = \boldsymbol{0}$ となる V のベクトル $\boldsymbol{a}$ 全体の集合を f の**核**（kernel）といい，$\mathrm{Ker}\, f$ と表す：

$$\mathrm{Ker}\, f = \left\{ \boldsymbol{a} \in V \mid f(\boldsymbol{a}) = \boldsymbol{0} \right\}$$

注意 4.16

$$f(\boldsymbol{a}) = f(\boldsymbol{b}) \quad \Leftrightarrow \quad f(\boldsymbol{a} - \boldsymbol{b}) = f(\boldsymbol{a}) - f(\boldsymbol{b}) = \boldsymbol{0} \quad \Leftrightarrow \quad \boldsymbol{a} - \boldsymbol{b} \in \mathrm{Ker}\, f$$

より，

$$f \text{ が単射} \quad \Leftrightarrow \quad (\boldsymbol{a} - \boldsymbol{b} \in \mathrm{Ker}\, f \Rightarrow \boldsymbol{a} - \boldsymbol{b} = \boldsymbol{0} \ (\boldsymbol{a}, \boldsymbol{b} \in V)) \quad \Leftrightarrow \quad \mathrm{Ker}\, f = \{\boldsymbol{0}\}$$

である．

> $\mathrm{Im}\, f$ は W の部分空間であり，$\mathrm{Ker}\, f$ は V の部分空間である．

【証明】 $f(\boldsymbol{0}_V) = \boldsymbol{0}_W$ より $\boldsymbol{0}_W \in \mathrm{Im}\, f$, $\boldsymbol{0}_V \in \mathrm{Ker}\, f$ なので，両者とも [**S0**] をみたす．$\boldsymbol{a}, \boldsymbol{b} \in V$, $s, t \in K$ として両者とも [**S3**] をみたすことを示す（4.2 節参照）．

$\mathrm{Im}\, f$:

$$f(\boldsymbol{a}), f(\boldsymbol{a}) \in \mathrm{Im}\, f \quad \Rightarrow \quad f(\boldsymbol{a})s + f(\boldsymbol{b})t = f(\boldsymbol{a}s + \boldsymbol{b}t) \in \mathrm{Im}\, f \ (\boldsymbol{a}s + \boldsymbol{b}t \in V)$$

$\mathrm{Ker}\, f$:

$$f(\boldsymbol{a}) = \boldsymbol{0},\ f(\boldsymbol{b}) = \boldsymbol{0} \quad \Rightarrow \quad f(\boldsymbol{a}s + \boldsymbol{b}t) = f(\boldsymbol{a})s + f(\boldsymbol{b})t = \boldsymbol{0}s + \boldsymbol{0}t = \boldsymbol{0}$$ ■

V の基底 $A = [\boldsymbol{a}_1\ \boldsymbol{a}_2 \cdots \boldsymbol{a}_n]$ に対し，$V = \{A\boldsymbol{s} \mid \boldsymbol{s} \in K^n\}$, $f(A\boldsymbol{s}) = f(A)\boldsymbol{s}$ より $\mathrm{Im}\, f = \{f(A\boldsymbol{s}) \in W \mid \boldsymbol{s} \in K^n\} = \{f(A)\boldsymbol{s} \in W \mid \boldsymbol{s} \in K^n\} = \langle f(A) \rangle$,

$$\therefore \quad \mathrm{Im}\, f = \left\langle f(A) \right\rangle = \left\langle f(\boldsymbol{a}_1), f(\boldsymbol{a}_2), \ldots, f(\boldsymbol{a}_n) \right\rangle$$

即ち，$\mathrm{Im}\, f$ は $f(\boldsymbol{a}_1), f(\boldsymbol{a}_2), \ldots, f(\boldsymbol{a}_n)$ で生成される．

例 4.37 **（行列の定める線形写像の核と像）** $H = [\boldsymbol{h}_1 \cdots \boldsymbol{h}_n]$ を $m \times n$ 行列とし，$f = f_H : K^n \to K^m$（$f(\boldsymbol{x}) = H\boldsymbol{x}$）とする．このとき，$f(E_n) = H$ より $\mathrm{Im}\, f = \langle H \rangle = \langle \boldsymbol{h}_1, \ldots, \boldsymbol{h}_n \rangle$．$\mathrm{Ker}\, f = \{\boldsymbol{x} \in K^n \mid H\boldsymbol{x} = \boldsymbol{0}\}$ より $\mathrm{Ker}\, f$ は方程式 $H\boldsymbol{x} = \boldsymbol{0}$ の解空間である．従って，$\mathrm{Im}\, f$ の基底として H の軸列の組がとれて

$$\dim \mathrm{Im}\, f = \mathrm{rank}\, H$$

$\mathrm{Ker}\, f$ の基底として $H\boldsymbol{x} = \boldsymbol{0}$ の基本解がとれて，

$$\dim \mathrm{Ker}\, f = n - \mathrm{rank}\, H$$

□

例題 4.38（核と像）

$\mathbb{R}^3$ の一次変換 $f\left(\begin{bmatrix} x \\ y \\ z \end{bmatrix}\right) = \begin{bmatrix} x + 2y + 3z \\ -3x + 2y + 7z \\ 3x + y - z \end{bmatrix}$ の，核と像の基底と次元を求めよ．

【解答】 $f(\boldsymbol{x}) = H\boldsymbol{x}$（$\boldsymbol{x} = {}^t[x, y, z]$）より f の核は $H\boldsymbol{x} = \boldsymbol{0}$ の解空間で，基底としては基本解が，また，像の基底として H の軸列がとれる．従って，H の階段行列を求めれば核と像の基底が求まる．

$$\begin{bmatrix} 1 & 2 & 3 \\ -3 & 2 & 7 \\ 3 & 1 & -1 \end{bmatrix} \mapsto \begin{bmatrix} 1 & 0 & -1 \\ 0 & 1 & 2 \\ 0 & 0 & 0 \end{bmatrix}$$

$\therefore$ 像の基底として $\begin{bmatrix} 1 \\ -3 \\ 3 \end{bmatrix}, \begin{bmatrix} 2 \\ 2 \\ 1 \end{bmatrix}$，核の基底として $\begin{bmatrix} 1 \\ -2 \\ 1 \end{bmatrix}$ がとれる．よって

$$\dim \mathrm{Ker}\, f = 1, \quad \dim \mathrm{Im}\, f = 2$$

■

問 11 線形写像 $f : \mathbb{R}^4 \to \mathbb{R}^3$ を

$$f\left(\begin{bmatrix} x \\ y \\ z \\ w \end{bmatrix}\right) = \begin{bmatrix} x - y + z + w \\ x + 2z - w \\ x + y + 3z - 3w \end{bmatrix}$$

で定めるとき，f の核と f の像の基底と次元を求めよ．

例 4.37 では，行列 H の定める線形写像 f に対し，$\dim \operatorname{Ker} f = n - \operatorname{rank} H = \dim K^n - \dim \operatorname{Im} f$ が成立したが，このことは一般に成り立つ．

定理 4.15（線形写像の次元定理）

線形写像 $f\colon V \to W$ に対し，

$$\dim V = \dim \operatorname{Ker} f + \dim \operatorname{Im} f$$

【証明】 $\dim V = n$, $\dim W = m$ とし，V, W の基底 $A = [\boldsymbol{a}_1 \cdots \boldsymbol{a}_n]$, $B = [\boldsymbol{b}_1 \cdots \boldsymbol{b}_m]$ を，f の表現行列 H が標準形 $F_r(m,n)$（$r = \operatorname{rank} H$）になる様にとれば（定理 4.13），$\operatorname{Im} f$ の基底は $[\boldsymbol{b}_1, \ldots, \boldsymbol{b}_r]$，$\dim \operatorname{Im} f = r$ で，$\operatorname{Ker} f$ の基底は $[\boldsymbol{a}_{r+1}, \ldots, \boldsymbol{a}_n]$，$\dim \operatorname{Ker} f = n - r$ より $r + (n-r) = n = \dim V$. ■

線形写像 $f\colon V \to W$ の像の次元を f の**階数**といい $\operatorname{rank} f$ と表す：

$$\operatorname{rank} f = \dim \operatorname{Im} f$$

f の任意の基底に関する表現行列 H に対し，$\operatorname{rank} f = \operatorname{rank} H$ である．

階数のまとめ　$m \times n$ 行列 H の階数を与える同値条件として次を得ている：

(1)　H の階段行列の $\mathbf{0}$ でない行数.
(2)　H の軸列の個数.
(3)　標準型に現れる 1 の個数.
(4)　H の一次独立な列ベクトルの最大個数.
(5)　H の一次独立な行ベクトルの最大個数.
(6)　線形写像 $f(\boldsymbol{x}) = H\boldsymbol{x}$ の階数 = 像 $\operatorname{Im} f$ の次元.

注意 4.17 **（同次元のベクトル空間の間の線形写像）**　同次元のベクトル空間 V, W の間の線形写像 $f\colon V \to W$ については，(1) 同型，(2) 単射，(3) 全射は全て同値であることが次の様にして分かる．（V, W は n 次元とする．）

f は全射かつ単射（**全単射**という）のとき，各 $\boldsymbol{b} \in W$ に対し $\boldsymbol{b} = f(\boldsymbol{a})$ となる $\boldsymbol{a} \in V$ が唯 1 つあるので逆写像 $f^{-1}(\boldsymbol{b}) = \boldsymbol{a}$ をもち同型になる．逆に f が逆写像をもてば，$\boldsymbol{b} = f(f^{-1}(\boldsymbol{b}))$（$\boldsymbol{b} \in W$）なので全射，$f(\boldsymbol{a}) = f(\boldsymbol{a}')$ ならば $\boldsymbol{a} = f^{-1}(f(\boldsymbol{a})) = f^{-1}(f(\boldsymbol{a}')) = \boldsymbol{a}'$ より単射である．従って (2) $\Leftrightarrow$ (3) を示せばよい．$\dim \operatorname{Ker} f + \dim \operatorname{Im} f = n$（定理 4.15）より $\dim \operatorname{Ker} f = 0 \Leftrightarrow \dim \operatorname{Im} f = n$. $\dim \operatorname{Ker} f = 0 \Leftrightarrow \operatorname{Ker} f = \{0\} \Leftrightarrow$ (2)（注意 4.16）$\dim \operatorname{Im} f = n \Leftrightarrow \operatorname{Im} f = W$（定理 4.7 (2)♠）$\Leftrightarrow$ (3) より，(2) $\Leftrightarrow$ (3) が成り立つ．

注意 4.18　V のベクトルの組 $A = [\boldsymbol{a}_1 \ \cdots \ \boldsymbol{a}_n]$ に対し，線形写像 $\varphi_A \colon K^n \to V$ を $\varphi_A(\boldsymbol{x}) = A\boldsymbol{x}$ で定めたが，

(1)　A が生成系 $\Leftrightarrow$（$\boldsymbol{b} \in V$ には $A\boldsymbol{x} = \boldsymbol{b}$ となる $\boldsymbol{x} \in K^n$ がある）$\Leftrightarrow \varphi_A$ は全射

(2)　A が一次独立 $\Leftrightarrow$（$A\boldsymbol{x} = \boldsymbol{0}_V \Rightarrow \boldsymbol{x} = \boldsymbol{0}$）$\Leftrightarrow \operatorname{Ker}\varphi_A = \{\boldsymbol{0}\} \Leftrightarrow \varphi_A$ は単射

(3)　A が基底 $\Leftrightarrow \varphi_A$ は全単射 $\Leftrightarrow K^n$ と V は線形同型で，φ_A の逆写像 $\psi_A = \varphi_A^{-1}$ が $\boldsymbol{v} \in V$ の座標 $\boldsymbol{x} = \psi_A(\boldsymbol{v})$ を与える．（同型であることを $\psi_A \colon K^n \xrightarrow{\cong} V$ などと表す．）

(4)　n 次元ベクトル空間は全て K^n と線形同型なので，n 次元ベクトル空間同士は（K^n を通じて）線形同型である．

以上より，抽象的なベクトル空間や線形写像でも，基底を定め，座標や表現行列を考えることにより，（理論的には）数ベクトルや行列に帰着することができる．（実際の計算においては直接求める方が早いかもしれないが．）

参考　A, A' を V の，B, B' を W の基底とし，座標を与える線形同型（$\boldsymbol{x} = \psi_A(\boldsymbol{v})$ など），線形写像 $f \colon V \to W$，表現行列 H，基底の変換行列 P, Q の関係を図示すると：

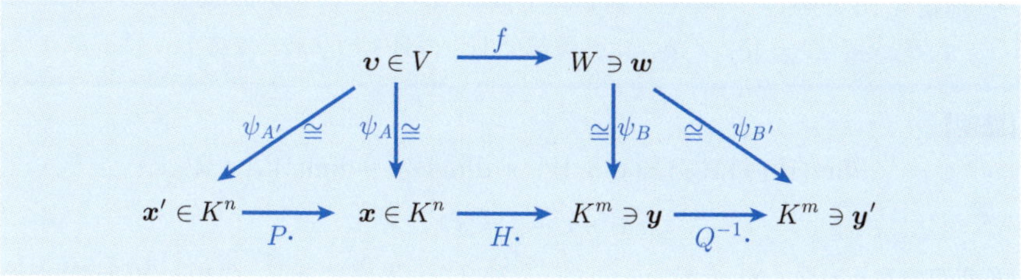

（これは，$f(\boldsymbol{v}) = \boldsymbol{w}$, $\psi_A(\boldsymbol{v}) = \boldsymbol{x}$, $\psi_B(\boldsymbol{w}) = \boldsymbol{y}$，$H \cdot \boldsymbol{x} = H\boldsymbol{x} = f_H(\boldsymbol{x})$，などを表している．）　□

4.6 補　　足

4.6.1 K^n の部分空間の共通部分と基底

注意 4.9 で述べた様に，K^n の部分空間 W_1，W_2 に基底 $A = [\boldsymbol{a}_1 \cdots \boldsymbol{a}_k]$，$B = [\boldsymbol{b}_1 \cdots \boldsymbol{b}_\ell]$ が与えられたとき，共通部分 $W_1 \cap W_2$ の基底が次の様に求められる．

行列 $[A\,B]$ を階段行列に変形することにより，$[A\,B]$ の軸列でない B の各列 $\boldsymbol{b}_j$ が次の関係式を与える（A は一次独立なので $\boldsymbol{a}_i$ は全て軸列になる）：

$$(*) \quad \boldsymbol{b}_j = \sum_{i=1}^{k} \boldsymbol{a}_i s_i + \sum_{i=1}^{j-1} \boldsymbol{b}_i t_i \quad (s_i, t_i \in K), \quad \therefore \quad \sum_{i=1}^{k} \boldsymbol{a}_i s_i = \boldsymbol{b}_j - \sum_{i=1}^{j-1} \boldsymbol{b}_i t_i =: \boldsymbol{c}_j$$

ここで $\boldsymbol{c}_j$ は右の式の，左辺 $\in W_1$，中辺 $\in W_2$ より共通部分 $W_1 \cap W_2$ に属し，${}^t[s_1 \cdots s_k\, t_1 \cdots t_{j-1}\, 0 \cdots 0]$ は $[A\,B]$ の階段行列の第 $(k+j)$ 列（$\boldsymbol{b}_j$ に対応する列）である．$r = \mathrm{rank}[A\,B]\,(\geqq k, \ell)$ とおくと，r は $[A\,B]$ の軸列の個数（$= \dim W_1 + W_2$）なので $s = k + \ell - r$ が $[A\,B]$ の軸列でない列の個数である．以下，$s \geqq 1$ とし，$\boldsymbol{b}_{j_1}, \ldots, \boldsymbol{b}_{j_s}$ を $[A\,B]$ の軸列でない列とする．また，$\boldsymbol{b}_{j_p}$ に対応する $\boldsymbol{c}_{j_p}$ を $\boldsymbol{c}_p$ と表す．（$s = 0$ のときは $W_1 \cap W_2 = \{\boldsymbol{0}\}$ で，$W_1 + W_2$ は直和 $W_1 \oplus W_2$ になる．）

補題 4.16
上のとき，$C = [\boldsymbol{c}_1 \cdots \boldsymbol{c}_s]$ は共通部分 $W_1 \cap W_2$ の基底になる．

【証明】

$$\begin{aligned}\dim(W_1 \cap W_2) &= \dim W_1 + \dim W_2 - \dim(W_1 + W_2) \\ &= k + \ell - r = s\end{aligned}$$

（和空間の次元定理 4.8）なので，C が一次独立なら基底になる．C の一次独立性を帰納法により示す．$\boldsymbol{c}_p = \boldsymbol{b}_{j_p} - \sum_{i=1}^{j_p-1} \boldsymbol{b}_i t_i$ と表せ，B は一次独立なので，$p = 1$ のとき $\boldsymbol{c}_1 \neq \boldsymbol{0}$．

次に $\boldsymbol{c}_1, \ldots, \boldsymbol{c}_{p-1}$ は一次独立と仮定する．$\boldsymbol{c}_p$ は $\boldsymbol{b}_{j_p}$ を含み，$\boldsymbol{c}_1, \ldots, \boldsymbol{c}_{j-1}$ は $\boldsymbol{b}_{j_p}$ を含まないので，$\boldsymbol{c}_p$ は $\boldsymbol{c}_1, \ldots, \boldsymbol{c}_{p-1}$ の一次結合で表せない．$\therefore \boldsymbol{c}_1, \ldots, \boldsymbol{c}_p$ は一次独立（定理 4.1）．よって $C = [\boldsymbol{c}_1, \ldots, \boldsymbol{c}_s]$ は一次独立，従って C は $W_1 \cap W_2$ の基底になる．■

注意 4.19　左の A の方は生成系でも良い．$[A\,B]$ の階段行列を作れば A の軸列でない列は上式 $(*)$ には現れない（係数が 0 になる）からである．

$W = \langle B \rangle = \langle \boldsymbol{b}_1, \ldots, \boldsymbol{b}_k \rangle$ のとき，$W = W_A = \{\boldsymbol{x} \in K^n \mid A\boldsymbol{x} = \boldsymbol{0}\}$ をみたす行列 A は次の様に求まる．

補題 4.17（生成系と解空間）

$n \times k$ 行列 B に対し，$({}^tB)\boldsymbol{x} = \boldsymbol{0}$ の基本解を $X = [\boldsymbol{x}_1 \cdots \boldsymbol{x}_s]$ とし，$A = {}^tX$ とすれば，

$$W_A = \{\boldsymbol{x} \in K^n \mid A\boldsymbol{x} = \boldsymbol{0}\} = \langle B \rangle$$

【証明】 $({}^tB)({}^tA) = ({}^tB)X = [({}^tB)\boldsymbol{x}_1 \cdots ({}^tB)\boldsymbol{x}_s] = [\boldsymbol{0} \cdots \boldsymbol{0}] = O$ より転置を取れば $AB = [A\boldsymbol{b}_1 \cdots A\boldsymbol{b}_k] = O = [\boldsymbol{0} \cdots \boldsymbol{0}]$，従って $\boldsymbol{b}_1, \ldots, \boldsymbol{b}_k$ は $A\boldsymbol{x} = \boldsymbol{0}$ の解，即ち，$\langle B \rangle = \langle \boldsymbol{b}_1, \ldots, \boldsymbol{b}_k \rangle \subset W_A$．$[\boldsymbol{x}_1 \cdots \boldsymbol{x}_s]$ は基本解なので一次独立，よって $\operatorname{rank} A = \operatorname{rank} {}^tA = \operatorname{rank}[\boldsymbol{x}_1 \ \cdots \ \boldsymbol{x}_s] = s$ であり，方程式 $A\boldsymbol{x} = \boldsymbol{0}$ の解空間 W_A の次元は

$$n - \operatorname{rank} A = n - s = n - (n - \operatorname{rank} B) = \operatorname{rank} B$$

即ち，$\dim\langle B \rangle = \operatorname{rank} B = \dim W_A$．よって $\langle B \rangle = W_A$ となる（定理 4.7 (2)♠）．

■

4.6.2 定理 4.10（直和と次元の一般形）の証明

ここでは和空間 $W = W_1 + W_2 + \cdots + W_k$ について次は同値であることを示す：

(1) $W = W_1 \oplus W_2 \oplus \cdots \oplus W_k$
（$\boldsymbol{w} \in W$ は $\boldsymbol{w} = \boldsymbol{w}_1 + \cdots + \boldsymbol{w}_k$ と一意的に表せる.）

(2) $W_i \cap (W_1 + \cdots + W_{i-1} + W_{i+1} + \cdots + W_k) = \{\boldsymbol{0}\} \quad (i = 1, 2, \ldots, k)$

(3) $\dim W = \dim W_1 + \dim W_2 + \cdots + \dim W_k$

【証明】 $k = 2$ のときは定理 4.9 なので，$k \geqq 3$ とし，$k-1$ のときは成り立つと仮定する．$U_i := W_1 + \cdots + W_{i-1} + W_{i+1} + \cdots + W_k$ とおく．このとき $U_i + W_i = W$ であり，(2) $\Leftrightarrow$ $U_i \cap W_i = \{\boldsymbol{0}\}$（$i = 1, \ldots, k$），(1) $\Leftrightarrow$ $W = U_k \oplus W_k$ かつ $U_k = W_1 \oplus \cdots \oplus W_{k-1}$．

(1) $\Rightarrow$ (3)： $\dim W = \dim U_k + \dim W_k$（定理 4.9）と帰納法の仮定より $\dim U_k = \sum_{i=1}^{k-1} \dim W_i$ なので (3) が成立する．

(3) $\Rightarrow$ (2)： 一般に $\dim U_i \leqq \sum_{j \neq i} \dim W_j$, $\dim W \leqq \dim U_i + \dim W_i$ が成り立つが，(3)： $\dim W = \sum_{j \neq i} \dim W_j + \dim W_i$ より $\dim U_i \leqq \sum_{j \neq i} \dim W_j = \dim W - \dim W_i \leqq \dim U_i$ なので

$$\dim U_i = \sum_{j \neq i} \dim W_j, \quad \dim W = \dim U_i + \dim W_i$$

定理 4.9 より (2)：$U_i \cap W_i = \{\mathbf{0}\}$ を得る．（なお，$W = U_k \oplus W_k$ も得られ，帰納法の仮定により $U_k = W_1 \oplus \cdots \oplus W_{k-1}$ が得られるので (3) ⇒ (1) も成立する．）

(2) ⇒ (1)：$\boldsymbol{w} \in W$ が $\boldsymbol{w} = \sum_{j=1}^{k} \boldsymbol{w}_j = \sum_{i=1}^{k} \boldsymbol{w}'_j$（$\boldsymbol{w}_j, \boldsymbol{w}'_j \in W_j$）と2通りに表されたとすると，

$$\boldsymbol{w}'_i - \boldsymbol{w}_i = \sum_{j \neq i}(\boldsymbol{w}_j - \boldsymbol{w}'_j), \quad \boldsymbol{w}'_i - \boldsymbol{w}_i \in W_i, \quad \sum_{j \neq i}(\boldsymbol{w}_j - \boldsymbol{w}'_j) \in U_i$$

より，両辺 $\in W_i \cap U_i \overset{(2)}{=} \{\mathbf{0}\}$．よって $\boldsymbol{w}'_i - \boldsymbol{w}_i = \mathbf{0}$（$i = 1, \ldots, k$）より (1) が成立する． ■

4.6.3 一般のベクトル空間と部分空間

ここでは一般のベクトル空間と微分積分学の結果を用いて示される部分空間について述べる．用いられる定理は微分積分学の教科書を参照のこと．以下，$s \in K$ とする．

数列空間とその部分空間

無限数列 $\{x_n\}$ は無限次元の数ベクトル ${}^t[x_1\ x_2\ \cdots]$ とみなされ，和・スカラー倍は項ごとの和・スカラー倍 $\{x_n\} + \{y_n\} := \{x_n + y_n\}$, $s\{x_n\} := \{sx_n\}$ で与えられ，その全体 K^∞ はベクトル空間になる．その部分空間の例として次のものがある．

(1) **収束数列全体の空間**　$\{x_n\}, \{y_n\}$ を収束数列，$x = \lim x_n$, $y = \lim y_n$ とするとき $\{x_n + y_n\}, \{sx_n\}$ はともに収束して $\lim(x_n + y_n) = x + y$, $\lim sx_n = sx$ が成り立つので収束数列全体は [S] をみたし K^∞ の部分空間になる．

(2) **同次線形漸化式の解空間**　$a_0, a_1, \ldots, a_{k-1} \in K$ とするとき，方程式

$$(*) \qquad x_{n+k} + a_{k-1}x_{n+k-1} + \cdots + a_0 x_n = 0 \quad (n = 1, 2, \ldots)$$

を**同次線形漸化式**という．3項漸化式 $x_{n+2} + ax_{n+1} + bx_n = 0$ はその例である．このとき，数列 $\{x_n\}, \{y_n\}$ が $(*)$ をみたすとすると，$\{x_n + y_n\}$ は，

$$\begin{aligned} &(x_{n+k} + y_{n+k}) + a_{k-1}(x_{n+k-1} + y_{n+k-1}) + \cdots + a_0(x_n + y_n) \\ &= (x_{n+k} + a_{k-1}x_{n+k-1} + \cdots + a_0 x_n) + (y_{n+k} + a_{k-1}y_{n+k-1} + \cdots + a_0 y_n) \\ &= 0 + 0 = 0 \end{aligned}$$

より $(*)$ をみたし，同様に $\{sx_n\}$ も $(*)$ をみたすので，$(*)$ をみたす数列全体（$(*)$ の**解空間**という）は部分空間になる．なお，$(*)$ の解 $\{x_n\}$ は最初の k 項 $x_1 = b_1, x_2 = b_2, \ldots, x_k = b_k$ を与えれば定まるので $(*)$ の解空間は k 次元になり，

$${}^t[x_1^{(j)}\ x_2^{(j)}\ \cdots x_k^{(j)}] = \boldsymbol{e}_j \quad (j = 1, 2, \ldots, k)$$

により定まる数列 $\{x_n^{(1)}\}, \{x_n^{(2)}\}, \ldots, \{x_n^{(k)}\}$ がその基底になる．

関数空間と写像空間

一般に，写像 $f, g\colon X \to Y$ が**等しい**（$f = g$）とは全ての $x \in X$ に対し値が等しいとき（$f(x) = g(x)$（$x \in X$））と定義される．値域 Y が体 K や K 上のベクトル空間 V のときは，関数や写像の和 $f + g$ やスカラー倍 sf が，値の和や s 倍で定められる：

$$(f+g)(x) := f(x) + g(x), \quad (sf)(x) := s\bigl(f(x)\bigr) \qquad (x \in X,\ s \in K)$$

（例えば，$f(x) = \sin x$, $g(x) = x^2 + 3x + 1$ のとき，和は $f + g$，2 倍は $2f$ と表され，$(f+g)(x) = f(x)+g(x) = \sin x + x^2 + 3x + 1$, $(2f)(x) = 2f(x) = 2\sin x$.）

このとき，各 $x \in X$ に対し $f(x)$, $g(x)$ は数やベクトルだから

$$\bigl((f+g)+h\bigr)(x) = \bigl(f(x)+g(x)\bigr)+h(x) = f(x)+\bigl(g(x)+h(x)\bigr) = \bigl(f+(g+h)\bigr)(x)$$

が全ての x について成り立つので $(f+g)+h = f+(g+h)$ であり，他も同様にして X 上の K 値関数全体 $F(X, K)$ や X から V への写像全体 $F(X, V)$ はベクトル空間の公理 [**V**] をみたすことが分かる．従って $F(X, K)$, $F(X, V)$ はベクトル空間になり，それぞれ**関数空間**，**写像空間**といわれる．なお，$F(X, K)$, $F(X, V)$ の零ベクトルは 0, $\mathbf{0}_V$．$f(x)$ の逆ベクトルは $-f(x)$ である．なお，$f = g$ は（方程式と区別するため，）$f(x) \equiv g(x)$ とも表され，**恒等的**に等しいといわれる．

関数空間の部分空間

以下では，X は $\mathbb{R}, \mathbb{R}^2, \mathbb{R}^3, \ldots$ やその部分集合，$K = \mathbb{R}$, $V = \mathbb{R}^m$, $s \in \mathbb{R}$ とする．

(1)　**連続関数の空間 $\boldsymbol{C^0(X, \mathbb{R})}$**　$X = \mathbb{R}$, (a, b) などとするとき，$f(x)$, $g(x)$ が連続なら $f(x) + g(x)$, $sf(x)$ はともに連続なので $C^0(X, \mathbb{R})$ は関数空間 $F(X, \mathbb{R})$（これは実ベクトル空間）の部分空間になる．

(2)　**$\boldsymbol{C^r}$ 級関数の空間 $\boldsymbol{C^r(X, \mathbb{R})}$（$\boldsymbol{r = 1, 2, \ldots, \infty}$）**　定数 0 は無限回微分可能．$f(x)$, $g(x)$ が微分可能なら $f(x) + g(x)$, $sf(x)$ はともに微分可能で，導関数は $(f + g)'(x) = f'(x) + g'(x)$, $(sf)'(x) = s(f'(x))$ なので，$f(x)$, $g(x)$ が r 回連続微分可能なら $f(x) + g(x)$, $sf(x)$ も r 回連続微分可能である．従って $C^r(X, \mathbb{R})$ は $C^0(X, \mathbb{R})$ の部分空間になる．

(3)　**同次線形常微分方程式の解空間**　y, $a_0, a_1, \ldots, a_{n-1}$ を x の関数とし，y の n 階導関数を $y^{(n)}$（$y' = y^{(1)}$, $y = y^{(0)}$）とするとき，次の形の方程式：
$y^{(n)} + a_{n-1}y^{(n-1)} + \cdots + a_1 y' + a_0 y = 0$（各 $y^{(i)}$ について一次で，定数項がない）を **$\boldsymbol{n}$ 階同次線形常微分方程式**という．この解関数全体も漸化式の場合と同様にして（数列を関数に置き換えて），部分空間になることが示せる．なお，微分方程式論（微積分の教科書参照）により，この解は初期値 $y(0), \ldots, y^{(n-1)}(0)$ により定まり，解空間の次元が n 次元になることが知られている．

4章の問題

□ **1**　次のベクトルの組 $B = [\boldsymbol{b}_1\ \boldsymbol{b}_2\ \boldsymbol{b}_3]$ を行列を用いて $A = [\boldsymbol{a}_1\ \boldsymbol{a}_2\ \boldsymbol{a}_3]$ の一次結合で表せ．

(1)　$\boldsymbol{b}_1 = 2\boldsymbol{a}_1 - \boldsymbol{a}_2 + 3\boldsymbol{a}_3,\ \boldsymbol{b}_2 = \boldsymbol{a}_1 + 4\boldsymbol{a}_2 - 2\boldsymbol{a}_3,\ \boldsymbol{b}_3 = -\boldsymbol{a}_1 + \boldsymbol{a}_2$

(2)　$A = [x^2, x, 1]$ のとき，$\boldsymbol{b}_1 = x^2 + 2x - 3,\ \boldsymbol{b}_2 = x^2 + 2,\ \boldsymbol{b}_3 = 4x - 1$

□ **2**　次の $\mathbb{R}^3$ の部分集合は部分空間か．

(1)　$\left\{ \begin{bmatrix} x \\ y \\ z \end{bmatrix} \middle| \ y = 0 \right\}$　　(2)　$\left\{ \begin{bmatrix} x \\ y \\ z \end{bmatrix} \middle| \ x^2 + y^2 - z^2 = 0 \right\}$

(3)　$\left\{ \begin{bmatrix} x \\ y \\ z \end{bmatrix} \middle| \ x + y \leqq 2z \right\}$　　(4)　$\left\{ \begin{bmatrix} x \\ y \\ z \end{bmatrix} \middle| \ x - 2y = 3y - z = 2x - 2z \right\}$

(5)　$\left\{ \begin{bmatrix} x \\ y \\ z \end{bmatrix} \middle| \ |x + y| = 2z \right\}$

□ **3**　次の $\mathbb{R}[x]_n$ の部分集合は部分空間か．ここで $f'(x) = \frac{df}{dx}(x),\ f''(x) = \frac{d^2 f}{dx^2}(x)$ とする．

(1)　$\{ f(x) \in \mathbb{R}[x]_n \mid f(1) = 0,\ f(2) = 0 \}$

(2)　$\{ f(x) \in \mathbb{R}[x]_n \mid f'(0) = 1,\ f(1) = 0 \}$

(3)　$\{ f(x) \in \mathbb{R}[x]_n \mid f(2) \geqq 0,\ f(3) = 0 \}$

(4)　$\{ f(x) \in \mathbb{R}[x]_n \mid f''(x) + 2f(x) = 0 \}$

□ **4**　次のベクトルの組 $A = [\boldsymbol{a}_1\ \boldsymbol{a}_2\ \boldsymbol{a}_3]$ は $\mathbb{R}^3$ の基底になるか．

(1)　$\begin{bmatrix} 1 & 2 & -2 \\ -2 & -3 & 2 \\ 3 & 6 & -5 \end{bmatrix}$　　(2)　$\begin{bmatrix} 1 & 2 & 3 \\ 1 & 3 & 5 \\ 3 & -1 & -5 \end{bmatrix}$

(3)　$\begin{bmatrix} 1 & 2 & 3 \\ -2 & -4 & -5 \\ 3 & 5 & 6 \end{bmatrix}$　　(4)　$\begin{bmatrix} 2 & 2 & 3 \\ 2 & 3 & 2 \\ 3 & 2 & 2 \end{bmatrix}$

□ **5**　次の同次連立一次方程式の解空間の基底と次元を求めよ．

(1)　$\begin{cases} x - 2y + 3z = 0 \\ 3x + 3y + 9z = 0 \end{cases}$　　(2)　$x - 2y - 3z = 0$

(3)　$\begin{cases} x + 2y + 3z = 0 \\ x + y - 2z = 0 \\ 2x + y + 3z = 0 \end{cases}$

□ **6** 次のベクトルの組が生成する部分空間の次元と基底を求めよ．

(1) $\left\{ \boldsymbol{a}_1 = \begin{bmatrix} 1 \\ 6 \\ -4 \end{bmatrix}, \boldsymbol{a}_2 = \begin{bmatrix} 2 \\ 3 \\ 1 \end{bmatrix}, \boldsymbol{a}_3 = \begin{bmatrix} 5 \\ 3 \\ 7 \end{bmatrix} \right\}$

(2) $\left\{ \boldsymbol{a}_1 = \begin{bmatrix} 1 \\ 3 \\ 7 \\ 5 \end{bmatrix}, \boldsymbol{a}_2 = \begin{bmatrix} 1 \\ 5 \\ 13 \\ 9 \end{bmatrix}, \boldsymbol{a}_3 = \begin{bmatrix} 2 \\ 4 \\ 8 \\ 6 \end{bmatrix}, \boldsymbol{a}_4 = \begin{bmatrix} 3 \\ 6 \\ 12 \\ 9 \end{bmatrix} \right\}$

□ **7** 次の $\mathbb{R}^4$ の部分空間 W_1, W_2 に対し，和空間 $W_1 + W_2$ と共通部分 $W_1 \cap W_2$ の基底と次元を求めよ．

(1) $W_1 = \left\langle \begin{bmatrix} 1 \\ 3 \\ 1 \\ 0 \end{bmatrix}, \begin{bmatrix} 1 \\ 0 \\ 2 \\ -1 \end{bmatrix} \right\rangle, W_2 = \left\langle \begin{bmatrix} -2 \\ 1 \\ -4 \\ -1 \end{bmatrix}, \begin{bmatrix} -1 \\ 7 \\ -4 \\ 0 \end{bmatrix} \right\rangle$

(2) $W_1 = \left\{ \begin{bmatrix} x \\ y \\ z \\ w \end{bmatrix} \middle| \begin{array}{r} x - 2y + 2z + 9w = 0 \\ 2x + y - z - 7w = 0 \end{array} \right\}$,

$W_2 = \left\{ \begin{bmatrix} x \\ y \\ z \\ w \end{bmatrix} \middle| \begin{array}{r} x + y + 2z + 3w = 0 \\ -2x + y + 2z + 6w = 0 \end{array} \right\}$

□ **8** ベクトルの組 $A = [\boldsymbol{a}_1\ \boldsymbol{a}_2\ \boldsymbol{a}_3]$ と $B = [\boldsymbol{b}_1\ \boldsymbol{b}_2\ \boldsymbol{b}_3]$ を

$$\boldsymbol{a}_1 = \begin{bmatrix} 1 \\ 1 \\ 0 \end{bmatrix}, \quad \boldsymbol{a}_2 = \begin{bmatrix} 0 \\ 1 \\ 1 \end{bmatrix}, \quad \boldsymbol{a}_3 = \begin{bmatrix} 1 \\ 1 \\ 1 \end{bmatrix},$$

$$\boldsymbol{b}_1 = \begin{bmatrix} 2 \\ 1 \\ 3 \end{bmatrix}, \quad \boldsymbol{b}_2 = \begin{bmatrix} 1 \\ 1 \\ 2 \end{bmatrix}, \quad \boldsymbol{b}_3 = \begin{bmatrix} 3 \\ 2 \\ 4 \end{bmatrix}$$

で定めるとき，

(1) A, B は $\mathbb{R}^3$ の基底になることを示せ．

(2) $\boldsymbol{b}_1$ の，基底 A に関する座標を求めよ．

(3) A から B への基底の変換行列 P を求めよ．

□ **9** 次の $\mathbb{R}[x]_2$ の基底 A から B への変換行列を求めよ．

(1) $A = [x^2, x, 1]$, $B = [1, x, x^2]$

(2) $A = [1, x, x^2]$, $B = [x^2 + 3x - 2,\ 2x^2 + 6x - 3,\ -2x^2 - 5x + 2]$

(3) $A = [x^2 + 3x - 2,\ 2x^2 + 6x - 3,\ -2x^2 - 5x + 2]$, $B = [x^2 + x,\ x^2 + 1,\ x + 1]$

□ **10** 次の写像は線形写像かどうかを判定せよ．

(1) $f\colon \mathbb{R}^2 \to \mathbb{R},\ f\left(\begin{bmatrix} x \\ y \end{bmatrix}\right) = 0$ (2) $f\colon \mathbb{R} \to \mathbb{R},\ f(x) = x+1$

(3) $f\colon \mathbb{R}^3 \to \mathbb{R}^2,\ f\left(\begin{bmatrix} x \\ y \\ z \end{bmatrix}\right) = \begin{bmatrix} x \\ y \end{bmatrix}$

□ **11** 次の線形写像の，指定された基底に関する表現行列を求めよ．

(1) $f\colon \mathbb{R}^3 \to \mathbb{R}^2,\quad f\left(\begin{bmatrix} x \\ y \\ z \end{bmatrix}\right) = \begin{bmatrix} x+2y+3z \\ -x+4y-2z \end{bmatrix}$，基底：標準基底 E_3 と E_2

(2) $f\colon \mathbb{R}^2 \to \mathbb{R}^3,\quad f\left(\begin{bmatrix} x \\ y \end{bmatrix}\right) = \begin{bmatrix} x-2y \\ -y \\ 2x \end{bmatrix}$，

基底：$A = \begin{bmatrix} 1 & 2 \\ 3 & 5 \end{bmatrix}$ と $B = \begin{bmatrix} 1 & 2 & 3 \\ 2 & 4 & 5 \\ 3 & 5 & 6 \end{bmatrix}$

□ **12** 次の一次変換の，指定された基底に関する表現行列を求めよ．

(1) $f\colon \mathbb{R}^2 \to \mathbb{R}^2,\quad f\left(\begin{bmatrix} x \\ y \end{bmatrix}\right) = \begin{bmatrix} x+2y \\ -x+4y \end{bmatrix}$，基底：$A = \begin{bmatrix} 1 & 3 \\ 2 & 5 \end{bmatrix}$

(2) $f\colon \mathbb{R}^3 \to \mathbb{R}^3,\quad f\left(\begin{bmatrix} x \\ y \\ z \end{bmatrix}\right) = \begin{bmatrix} y-z \\ x+z \\ -x+y \end{bmatrix}$，基底：$A = \begin{bmatrix} 1 & -1 & 1 \\ 1 & 0 & -1 \\ 0 & 1 & 1 \end{bmatrix}$

□ **13** 次の線形写像 f の核と f の像の基底と次元を求めよ．

(1) $f\colon \mathbb{R}^3 \to \mathbb{R}^3,\quad f\left(\begin{bmatrix} x \\ y \\ z \end{bmatrix}\right) = \begin{bmatrix} x+y-2z \\ x+2y-z \\ y+z \end{bmatrix}$

(2) $f\colon \mathbb{R}^4 \to \mathbb{R}^3,\quad f\left(\begin{bmatrix} x \\ y \\ z \\ w \end{bmatrix}\right) = \begin{bmatrix} x+y+z+w \\ 3x+4y+z+5w \\ 2x+y+4z \end{bmatrix}$

□ **14** ベクトルの組 $\{\boldsymbol{a}_1, \boldsymbol{a}_2, \ldots, \boldsymbol{a}_n\}$ が一次独立のとき，次のベクトルの組は一次独立か，一次従属かどうか判定せよ．

(1) $\{\boldsymbol{a}_1+\boldsymbol{a}_3,\ \boldsymbol{a}_1-\boldsymbol{a}_2+\boldsymbol{a}_3,\ \boldsymbol{a}_1-3\boldsymbol{a}_2+\boldsymbol{a}_3\}$

(2) $\{\boldsymbol{a}_1+\boldsymbol{a}_2,\ \boldsymbol{a}_2+\boldsymbol{a}_3, \ldots, \boldsymbol{a}_{n-1}+\boldsymbol{a}_n\}$

(3) $\{\boldsymbol{a}_1+\boldsymbol{a}_2,\ \boldsymbol{a}_2+\boldsymbol{a}_3, \ldots, \boldsymbol{a}_{n-1}+\boldsymbol{a}_n, \boldsymbol{a}_n+\boldsymbol{a}_1\}$

□ **15**　次のベクトルの組 A, B が同じ部分空間の基底になることを示し，A から B への基底変換の行列 P を求めよ．

(1)　$A = \begin{bmatrix} 1 & 1 \\ 1 & 2 \\ -2 & -3 \end{bmatrix}, \quad B = \begin{bmatrix} 1 & 0 \\ 0 & 2 \\ -1 & -2 \end{bmatrix}$

(2)　$A = [x^2+4x-3,\ x^2+2x-2,\ x^2+3x-2]$,

$B = [2x^2+x+1,\ x^2+x-2,\ 3x^2+2x+1]$

□ **16**　次の $\mathbb{R}[x]_3$ のベクトルの組 $p_1(x), p_2(x), \ldots, p_5(x)$ を順に見て一次独立なベクトルの組を 1 組選び出し，残りのベクトルをその一次結合で表せ．

(1)　$p_1(x) = 1+x+x^2,\ p_2(x) = -2x+x^2,\ p_3(x) = 2+3x^2,$

$p_4(x) = 3+x^2,\ p_5(x) = 1+4x-4x^2$

(2)　$p_1(x) = x^3+2x^2+3x,\ p_2(x) = x^3+3x^2+1,$

$p_3(x) = x^3+4x^2-3x+2,\ p_4(x) = -2x^3-6x^2+x+1,$

$p_5(x) = -x^3-5x^2+7x$

□ **17**　次の V のベクトルの組が一次独立であることを示し，それを含む V の基底を与えよ．

(1)　$V = \mathbb{R}^3, \quad \boldsymbol{a}_1 = \begin{bmatrix} 1 \\ 1 \\ 2 \end{bmatrix}, \boldsymbol{a}_2 = \begin{bmatrix} 2 \\ 1 \\ 2 \end{bmatrix}$

(2)　$V = \mathbb{R}[x]_2, \quad p_1(x) = x^2+1, \quad p_2(x) = x^2+2x+1$

□ **18**　次の $\mathbb{R}^4$ の部分空間 W_1, W_2 に対し，W_1, W_2 の基底と次元，および和空間 W_1+W_2 と共通部分 $W_1 \cap W_2$ の基底と次元を求めよ．

$$W_1 = \left\langle \begin{bmatrix} 1 \\ 5 \\ -3 \\ 1 \end{bmatrix}, \begin{bmatrix} 2 \\ -1 \\ 1 \\ 2 \end{bmatrix}, \begin{bmatrix} 4 \\ 9 \\ -5 \\ 4 \end{bmatrix} \right\rangle,$$

$$W_2 = \left\{ \begin{bmatrix} x \\ y \\ z \\ w \end{bmatrix} \;\middle|\; \begin{matrix} x-y-3z+5w=0 \\ 2x-y-4z+8w=0 \end{matrix} \right\}$$

□ **19** 次の写像 $F, G\colon \mathbb{R}[x]_2 \to \mathbb{R}[x]_2$

$$F(p)(x) = (x+1)\frac{d}{dx}\bigl(p(x-1)\bigr), \quad G(p)(x) = \int_{-1}^{1} (x-t)^2 p(t)\,dt$$

について，

(1) F, G は一次変換（線形写像）になることを示せ．

(2) F の，基底 $[\,x^2,\ x,\ 1\,]$ に関する表現行列を求めよ．

(3) F の，基底 $[\,1,\ x,\ x^2\,]$ に関する表現行列を求めよ．

(4) G の，基底 $[\,x^2,\ x,\ 1\,]$ に関する表現行列を求めよ．

□ **20** 線形写像 $f\colon V \to W$ と V のベクトルの組 $\{\boldsymbol{a}_1, \boldsymbol{a}_2, \ldots, \boldsymbol{a}_n\}$ に対し次を示せ．

(1) $\{f(\boldsymbol{a}_1), f(\boldsymbol{a}_2), \ldots, f(\boldsymbol{a}_n)\}$ が一次独立ならば $\{\boldsymbol{a}_1, \boldsymbol{a}_2, \ldots, \boldsymbol{a}_n\}$ も一次独立である．

(2) $\{\boldsymbol{a}_1, \boldsymbol{a}_2, \ldots, \boldsymbol{a}_n\}$ が一次独立で，$\operatorname{Ker} f = \{\boldsymbol{0}\}$ ならば，$\{f(\boldsymbol{a}_1), f(\boldsymbol{a}_2), \ldots, f(\boldsymbol{a}_n)\}$ も一次独立である．

□ **21** n 次元ベクトル空間 V の一次変換 $f\colon V \to V$ に対し，次は同値であることを示せ．

(1) $\operatorname{Ker} f = \{\boldsymbol{0}\}$　　(2) $\operatorname{Im} f = V$

□ **22** ベクトル空間 V の一次変換 $f\colon V \to V$ が $f \circ f = f$ をみたすとき，次式を示せ．

$$V = \operatorname{Im} f \oplus \operatorname{Ker} f$$

□ **23** 3 次実対称行列全体のつくる $M_3(\mathbb{R})$ の部分空間 $H_3(\mathbb{R})$ の次元と基底を求めよ．

□ **24** n 次正方行列全体 $M_n(\mathbb{C})$ から $\mathbb{C}$ への線形写像 $f\colon M_n(\mathbb{C}) \to \mathbb{C}$ は，ある n 次正方行列 A により，次式で表されることを示せ．

$$f(X) = \operatorname{tr} AX$$

□ **25** $m \times n$ 行列 A, B に対して，次式を示せ．

$$\operatorname{rank}(A+B) \leqq \operatorname{rank} A + \operatorname{rank} B$$

□ **26** $m \times n$ 行列 A と $n \times \ell$ 行列 B が $AB = O$ をみたすとき，次式を示せ．

$$\operatorname{rank} A + \operatorname{rank} B \leqq n$$

第5章

内　　　積

　本章では，3次元の数ベクトルの内積を高次元に
拡張して数ベクトルの（標準）内積を定義し，その
性質を保つ様に一般のベクトルの内積を定める．ま
た，内積から長さ（大きさ）が定義され，幾何ベク
トルの長さと同様な性質をみたすことも示す．ベク
トル空間に互いに直交する単位ベクトルからなる基
底（正規直交基底という）をとればベクトルの内積
は座標の標準内積になることが分かり，数空間の正
規直交基底，及び正規直交基底の間の変換行列は直
交行列やユニタリ行列になる．

5.1　内積

5.2　直交射影, 直交化法

5.3　ユニタリ行列, 直交行列

5.4　補足

5.1 内　　積

標準内積

$\mathbb{R}^n$ のベクトル $\boldsymbol{a} = \begin{bmatrix} a_1 \\ \vdots \\ a_n \end{bmatrix}$ と $\boldsymbol{b} = \begin{bmatrix} b_1 \\ \vdots \\ b_n \end{bmatrix}$ の**標準内積** $(\boldsymbol{a}, \boldsymbol{b}) = (\boldsymbol{a}, \boldsymbol{b})_{\mathbb{R}^n}$ を

$$(\boldsymbol{a}, \boldsymbol{b}) := a_1 b_1 + \cdots + a_n b_n = \sum_{i=1}^{n} a_i b_i = [a_1 \cdots a_n] \begin{bmatrix} b_1 \\ \vdots \\ b_n \end{bmatrix} = {}^t\boldsymbol{a}\boldsymbol{b} = {}^t\boldsymbol{b}\boldsymbol{a} \in \mathbb{R}$$

と定め，$\boldsymbol{a} \in \mathbb{R}^n$ の標準の**長さ**（あるいは**大きさ**，**ノルム**（norm））$\|\boldsymbol{a}\|$ を

$$\|\boldsymbol{a}\| := \sqrt{(\boldsymbol{a}, \boldsymbol{a})} = \sqrt{a_1^2 + \cdots + a_n^2} = \left(\sum_{i=1}^{n} a_i^2 \right)^{\frac{1}{2}} \quad (\geqq 0)$$

で定める．これらはそれぞれ**ユークリッド**（Euclid）**内積**，**ユークリッドノルム**ともいい，$\mathbb{R}^n$ は標準内積を与えたとき**ユークリッド空間**といわれる．（内積は $\boldsymbol{a} \cdot \boldsymbol{b}$ とも表されるが，行列の積と混同しない様に $(\boldsymbol{a}, \boldsymbol{b})$ と表している．）

複素数ベクトル $\boldsymbol{a}, \boldsymbol{b} \in \mathbb{C}^n$ の**標準内積** $(\boldsymbol{a}, \boldsymbol{b}) = (\boldsymbol{a}, \boldsymbol{b})_{\mathbb{C}^n}$ を

$$(\boldsymbol{a}, \boldsymbol{b}) := \overline{a_1}\, b_1 + \cdots + \overline{a_n}\, b_n = \sum_{i=1}^{n} \overline{a_i}\, b_i = [\, \overline{a_1} \cdots \overline{a_n} \,] \begin{bmatrix} b_1 \\ \vdots \\ b_n \end{bmatrix} = \boldsymbol{a}^* \boldsymbol{b} = \overline{\boldsymbol{b}^* \boldsymbol{a}} \in \mathbb{C}$$

（$\boldsymbol{a}^*$ は $\boldsymbol{a}$ の随伴行列 ${}^t\overline{\boldsymbol{a}}$）と定め，$\boldsymbol{a}$ の**長さ**（**大きさ**，**ノルム**）$\|\boldsymbol{a}\|$ を

$$\|\boldsymbol{a}\| := \sqrt{(\boldsymbol{a}, \boldsymbol{a})} = \sqrt{|a_1|^2 + \cdots + |a_n|^2} = \left(\sum_{i=1}^{n} |a_i|^2 \right)^{\frac{1}{2}} \quad (\geqq 0)$$

と定める．$\mathbb{C}^n$ の標準内積は**標準エルミート**（Hermite）**内積**，**標準複素内積**ともいう．

例題 5.1

$\boldsymbol{a} = \begin{bmatrix} 1 \\ i \end{bmatrix}, \boldsymbol{b} = \begin{bmatrix} 1+2i \\ 3 \end{bmatrix}$ に対し，$(\boldsymbol{a}, \boldsymbol{b}), \|\boldsymbol{a}\|, (\boldsymbol{b}, \boldsymbol{a}), \|\boldsymbol{b}\|^2$ を求めよ．

【解答】 $(\boldsymbol{a}, \boldsymbol{b}) = \overline{1} \cdot (1+2i) + \overline{i} \cdot 3 = (1+2i) + 3 \cdot (-i) = 1 - i$．$\|\boldsymbol{a}\|^2 = 1^2 + |i|^2 = 2$，$\|\boldsymbol{a}\| = \sqrt{2}$．$(\boldsymbol{b}, \boldsymbol{a}) = \overline{(1+2i)} \cdot 1 + (\,\overline{3}\,) \cdot i = (1-2i) + 3i = 1 + i$ （$= \overline{(\boldsymbol{a}, \boldsymbol{b})}$）．$\|\boldsymbol{b}\|^2 = (1^2 + 2^2) + 3^2 = 14$． ■

問 1 $\boldsymbol{a} = \begin{bmatrix} 2i \\ 1-i \end{bmatrix}$, $\boldsymbol{b} = \begin{bmatrix} -3i \\ 1+i \end{bmatrix}$ に対し，$(\boldsymbol{a}, \boldsymbol{b})$, $\|\boldsymbol{a}\|$, $(\boldsymbol{b}, \boldsymbol{a})$, $\|\boldsymbol{b}\|^2$ を求めよ．

$z, w \in \mathbb{C}$ に対し $\overline{zw} = \overline{z}\,\overline{w}$, $\overline{z}w = \overline{z}\,\overline{\overline{w}} = \overline{\overline{w}z}$ と，標準内積が行列の積で与えられていることに注意すれば，標準内積は次の性質 [**I**] をもつ．

内積の公理 [I]

[**I1**]　（エルミート性）$(\boldsymbol{a}, \boldsymbol{b}) = \overline{(\boldsymbol{b}, \boldsymbol{a})}$

[**I2**]$_{\boldsymbol{R}}$（線形性）　(i) $(\boldsymbol{a}, \boldsymbol{b}+\boldsymbol{c}) = (\boldsymbol{a}, \boldsymbol{b}) + (\boldsymbol{a}, \boldsymbol{c})$,

(ii) $(\boldsymbol{a}, \boldsymbol{b}s) = (\boldsymbol{a}, \boldsymbol{b})s \quad (s \in \mathbb{C})$

[**I2**]$_{\boldsymbol{L}}$（共役線形性）(i) $(\boldsymbol{a}+\boldsymbol{b}, \boldsymbol{c}) = (\boldsymbol{a}, \boldsymbol{c}) + (\boldsymbol{b}, \boldsymbol{c})$,

(ii) $(\boldsymbol{a}s, \boldsymbol{b}) = \overline{s}(\boldsymbol{a}, \boldsymbol{b}) \quad (s \in \mathbb{C})$

[**I3**]　（正値性）$(\boldsymbol{a}, \boldsymbol{a})$ は実数で $(\boldsymbol{a}, \boldsymbol{a}) \geqq 0$, かつ $(\boldsymbol{a}, \boldsymbol{a}) = 0 \Leftrightarrow \boldsymbol{a} = \boldsymbol{0}$

注意 5.1　[**I2**]$_L$ は [**I2**]$_R$ と [**I1**] から次の様に導ける：

(i)　$(\boldsymbol{a}+\boldsymbol{b}, \boldsymbol{c}) \overset{[\mathbf{I1}]}{=} \overline{(\boldsymbol{c}, \boldsymbol{a}+\boldsymbol{b})} \overset{[\mathbf{I2}]\,(\mathrm{i})}{=} \overline{(\boldsymbol{c}, \boldsymbol{a})} + \overline{(\boldsymbol{c}, \boldsymbol{b})} \overset{[\mathbf{I1}]}{=} (\boldsymbol{a}, \boldsymbol{c}) + (\boldsymbol{b}, \boldsymbol{c})$

(ii)　$(s\boldsymbol{a}, \boldsymbol{b}) \underset{[\mathbf{I1}]}{=} \overline{(\boldsymbol{b}, s\boldsymbol{a})} \underset{[\mathbf{I2}]\,(\mathrm{ii})}{=} \overline{(\boldsymbol{b}, \boldsymbol{a})s} = \overline{s}\,\overline{(\boldsymbol{b}, \boldsymbol{a})} = \overline{s}(\boldsymbol{a}, \boldsymbol{b})$

$\boldsymbol{a}$, $\boldsymbol{b}$ が実ベクトルのときは $(\boldsymbol{a}, \boldsymbol{b}) \in \mathbb{R}$ で，$z \in \mathbb{R} \Leftrightarrow \overline{z} = z$ より，[**I1**], [**I2**] (ii) は次式になる：（[**I2**]$_{\mathbb{R}}$ (i) は [**I2**] (i) と同じである．）

[**I1**$_{\mathbb{R}}$]　（対称性）　$(\boldsymbol{a}, \boldsymbol{b}) = (\boldsymbol{b}, \boldsymbol{a})$

[**I2**$_{\mathbb{R}}$] (ii)　（双線形性）$(s\boldsymbol{a}, \boldsymbol{b}) = s(\boldsymbol{a}, \boldsymbol{b}) = (\boldsymbol{a}, s\boldsymbol{b}) \quad (s \in \mathbb{R})$

注意 5.2　$\mathbb{C}^n$ の標準内積を $(\boldsymbol{a}, \boldsymbol{b}) = \sum_{i=1}^{n} a_i \overline{b_i} = {}^t\boldsymbol{a}\overline{\boldsymbol{b}}$, [**I2**] (ii) を $(s\boldsymbol{a}, \boldsymbol{b}) = s(\boldsymbol{a}, \boldsymbol{b})$, $(\boldsymbol{a}, s\boldsymbol{b}) = (\boldsymbol{a}, \boldsymbol{b})\overline{s}$ とする教科書もあり，本書と並行した議論ができるが，本書の定義の方が四元数体などに拡張するときに都合が良い．

内積空間

$K = \mathbb{C}, \mathbb{R}$ とする．K 上のベクトル空間 V の各ベクトル $\boldsymbol{a}$, $\boldsymbol{b}$ に，（**内積** (inner product) といわれる）数 $(\boldsymbol{a}, \boldsymbol{b}) \in K$ が定められていて，上記の内積の公理 [**I**] をみたすとき，V を**内積空間**，**計量ベクトル空間**，または**計量線形空間**という．

$\boldsymbol{a} \in V$ の**長さ**（**大きさ，ノルム**）$\|\boldsymbol{a}\|$ も次の様に定められる：

$$\|\boldsymbol{a}\| := \sqrt{(\boldsymbol{a}, \boldsymbol{a})} \qquad (\|\boldsymbol{a}\|^2 = (\boldsymbol{a}, \boldsymbol{a}) \geqq 0)$$

$K = \mathbb{C}$ のとき，複素ベクトル空間 V の内積は，特に**エルミート内積**，または**複素内積**といわれ，V は**複素内積空間**，**複素計量線形空間**，**複素計量ベクトル空間**や，**ユニタリ空間**といわれる．$K = \mathbb{R}$ のとき，実ベクトル空間 V の内積は，特に**実内積**といわれ，V は**実内積空間**，**実計量線形空間**や，**実計量ベクトル空間**といわれる．このとき，$[\mathbf{I1}]_{\mathbb{R}}$, $[\mathbf{I2}]_{\mathbb{R}}$, $[\mathbf{I3}]$ をみたしていることになる．

例 5.2（**幾何ベクトルの内積**） $\boldsymbol{a} = \overrightarrow{\mathrm{OA}}$ の長さ $\|\boldsymbol{a}\|$ を線分 OA の長さと定め，$\boldsymbol{b} = \overrightarrow{\mathrm{OB}}$ に対し，$\boldsymbol{a}, \boldsymbol{b}$ のなす角を $\theta = \angle\mathrm{AOB}$（$0 \leqq \theta \leqq \pi$）とするとき，$(\boldsymbol{a}, \boldsymbol{b}) := \|\boldsymbol{a}\|\,\|\boldsymbol{b}\| \cos\theta$ は実内積の公理 $[\mathbf{I}]_{\mathbb{R}}$ をみたす．□

問 2 このことを確かめよ．

例 5.3（**$\mathbb{C}^n$ の標準でない内積**） $A = [\boldsymbol{a}_1 \cdots \boldsymbol{a}_n]$ を $\mathbb{C}^n$ の基底，$\boldsymbol{v}, \boldsymbol{w} \in \mathbb{C}^n$ の A に関する座標を $\boldsymbol{x}$, $\boldsymbol{y}$（$\boldsymbol{v} = A\boldsymbol{x}$, $\boldsymbol{w} = A\boldsymbol{y}$）とし，$G := A^*A = G^*$ とするとき，

$$(\boldsymbol{x}, \boldsymbol{y})_G := (\boldsymbol{v}, \boldsymbol{w})_{\mathbb{C}^n} = (A\boldsymbol{x}, A\boldsymbol{y})_{\mathbb{C}^n} = (A\boldsymbol{x})^*(A\boldsymbol{y}) = \boldsymbol{x}^* A^* A\boldsymbol{y} = \boldsymbol{x}^* G\boldsymbol{y}$$

と定めると，A, G が正則行列より公理 $[\mathbf{I}]$ をみたし，$(\boldsymbol{x}, \boldsymbol{y})_G$ は $\mathbb{C}^n$ の 1 つの内積になる．□

問 3 このことを確かめよ．

共役線形性に注意すれば，線形写像のときの $[\mathbf{L4}]$ と同様，次式が成り立つ：

$$[\mathbf{I4}] \quad \left(\sum_{i=1}^{k} s_i\boldsymbol{a}_i,\ \sum_{j=1}^{\ell} t_j\boldsymbol{b}_j\right) = \sum_{i=1}^{k}\sum_{j=1}^{\ell} (s_i\boldsymbol{a}_i,\ t_j\boldsymbol{b}_j) = \sum_{i=1}^{k}\sum_{j=1}^{\ell} \overline{s_i}\, t_j (\boldsymbol{a}_i, \boldsymbol{b}_j)$$

$$\begin{aligned}[\mathbf{I5}] \quad \|s\boldsymbol{a} + t\boldsymbol{b}\|^2 &= (s\boldsymbol{a} + t\boldsymbol{b}, s\boldsymbol{a} + t\boldsymbol{b}) \\ &= |s|^2\|\boldsymbol{a}\|^2 + \overline{s}t(\boldsymbol{a}, \boldsymbol{b}) + \overline{\overline{s}t(\boldsymbol{a}, \boldsymbol{b})} + |t|^2\|\boldsymbol{b}\|^2 \\ &= |s|^2\|\boldsymbol{a}\|^2 + 2\,\mathrm{Re}\,\overline{s}t(\boldsymbol{a}, \boldsymbol{b}) + |t|^2\|\boldsymbol{b}\|^2\end{aligned}$$

（Re は実部を表す）

注意 5.3 $[\mathbf{I5}]$ で $s = t = 1$ とおけば内積 $(\boldsymbol{a}, \boldsymbol{b})$ の実部が，$\mathrm{Im}\, z = \mathrm{Re}(-iz)$ より $s = 1, t = -i$ とおくと虚部が得られる．即ち，長さから内積が得られる．

[**I6**] $\mathrm{Re}(\boldsymbol{a},\boldsymbol{b}) = \frac{1}{2}(\|\boldsymbol{a}+\boldsymbol{b}\|^2 - \|\boldsymbol{a}\|^2 - \|\boldsymbol{b}\|^2)$,
$\mathrm{Im}(\boldsymbol{a},\boldsymbol{b}) = \frac{1}{2}(\|\boldsymbol{a}-i\boldsymbol{b}\|^2 - \|\boldsymbol{a}\|^2 - \|\boldsymbol{b}\|^2)$

例 5.4（**グラム行列と内積**） 内積空間 V のベクトルの組 $A = [\boldsymbol{a}_1 \cdots \boldsymbol{a}_n]$ に対し，これらの内積を成分とする行列 $G = [g_{ij}]$, $g_{ij} := (\boldsymbol{a}_i, \boldsymbol{a}_j)$ を A の**グラム**（Gram）**行列**という．$(G^*)_{ij} = \overline{g_{ji}} = \overline{(\boldsymbol{a}_j, \boldsymbol{a}_i)} = (\boldsymbol{a}_i, \boldsymbol{a}_j) = g_{ij}$ より G はエルミート行列（$G^* = G$）になる．A が一次独立のとき G は正則行列になる（補足 5.4.1 項参照）．**例 5.3** の G は $(A^*A)_{ij} = \boldsymbol{a}_i^*\boldsymbol{a}_j = (\boldsymbol{a}_i, \boldsymbol{a}_j)$ より A のグラム行列である．

A を V の基底，$\boldsymbol{v}, \boldsymbol{w} \in V$ の A に関する座標を $\boldsymbol{x} = {}^t[x_1 \cdots x_n]$, $\boldsymbol{y} = {}^t[y_1 \cdots y_n]$（$\boldsymbol{v} = A\boldsymbol{x}$, $\boldsymbol{w} = A\boldsymbol{y}$）とするとき，[**I4**] より

$$(\boldsymbol{v},\boldsymbol{w}) = (A\boldsymbol{x}, A\boldsymbol{y}) = \left(\sum_{i=1}^{n} \boldsymbol{a}_i x_i,\ \sum_{j=1}^{n} \boldsymbol{a}_j y_j\right) = \sum_{i=1}^{n}\sum_{j=1}^{n} \overline{x_i}(\boldsymbol{a}_i, \boldsymbol{a}_j) y_j = \boldsymbol{x}^* G \boldsymbol{y}$$

即ち，**例 5.3** と同様の式 $(\boldsymbol{v},\boldsymbol{w}) = \boldsymbol{x}^*G\boldsymbol{y} =: (\boldsymbol{x},\boldsymbol{y})_G$ を得る．□

例 5.5（**行列の内積**） $m \times n$ 行列 $A = [a_{ij}]$, $B = [b_{ij}]$ の標準内積は次式で与えられ，$M_{m,n}(K)$ は内積空間になる．

$$(A, B) := \sum_{i=1}^{m}\sum_{j=1}^{n} \overline{a_{ij}} b_{ij} = \mathrm{tr}\, A^* B$$ □

例 5.6（**多項式や連続関数の内積**） 実係数多項式 $f(x)$, $g(x)$ に対し，

$$(f, g) := \int_a^b f(x)g(x)\,dx \quad (a < b)$$

と定めると，$\int_a^b |f(x)|^2\,dx = 0 \Rightarrow f(x) \equiv 0$ より内積の公理 [**I3**] をみたし，[**I1**], [**I2**] は積分の線形性より分かるので $\mathbb{R}[x]_n$, $\mathbb{R}[x]$ は実内積空間になる．より一般に，閉区間 $[a, b]$ 上の実数値連続関数 $f(x)$, $g(x)$ の内積も上の式で定義できる．□

ベクトルの長さの性質

一般のベクトルの長さ $\|\ \|$ も幾何ベクトルの長さと同様の性質をもっている．

定理 5.1（長さの公理 [N]）

[**N1**]　$\|\boldsymbol{a}\| \geqq 0$, かつ $\|\boldsymbol{a}\| = 0 \Leftrightarrow \boldsymbol{a} = \boldsymbol{0}$

[**N2**]　$\|s\boldsymbol{a}\| = |s|\,\|\boldsymbol{a}\|$

[**N3**]　（**シュヴァルツ**（Schwarz）**の不等式**）　$\bigl|(\boldsymbol{a}, \boldsymbol{b})\bigr| \leqq \|\boldsymbol{a}\|\,\|\boldsymbol{b}\|$

[**N4**]　（**三角不等式**）　$\|\boldsymbol{a} + \boldsymbol{b}\| \leqq \|\boldsymbol{a}\| + \|\boldsymbol{b}\|$

【証明】　[**N1**] は [**I3**] より，[**N2**] は [**I5**] で $t = 0$ とすれば出る．

[**N3**]：$\boldsymbol{b} = \boldsymbol{0}$ なら両辺ともに 0 なので成立する．$\boldsymbol{b} \neq \boldsymbol{0}$ とし，[**I5**] で $s = \|\boldsymbol{b}\|^2$ (> 0), $t = -\overline{(\boldsymbol{a}, \boldsymbol{b})}$ とおけば，

$$\begin{aligned} 0 \leqq \|s\boldsymbol{a} + t\boldsymbol{b}\|^2 &\overset{[\mathbf{I5}]}{=} |s|^2 \|\boldsymbol{a}\|^2 + 2\,\mathrm{Re}(\overline{s}t)(\boldsymbol{a}, \boldsymbol{b}) + |t|^2 \|\boldsymbol{b}\|^2 \\ &= s^2 \|\boldsymbol{a}\|^2 - 2\,\mathrm{Re}\, s|t|^2 + |t|^2 s = s\bigl(\|\boldsymbol{a}\|^2 s - |t|^2\bigr) = s\bigl(\|\boldsymbol{a}\|^2 \|\boldsymbol{b}\|^2 - |(\boldsymbol{a}, \boldsymbol{b})|^2\bigr) \end{aligned}$$

より s（> 0）で割って $|(\boldsymbol{a}, \boldsymbol{b})|^2$ を移項し，ルートをとれば出る．

[**N4**]：[**I5**] で $s = t = 1$ とおけば，$\mathrm{Re}(\boldsymbol{a}, \boldsymbol{b}) \leqq |(\boldsymbol{a}, \boldsymbol{b})|$ なので，[**N3**] と次式より出る．

$$\|\boldsymbol{a}+\boldsymbol{b}\|^2 = \|\boldsymbol{a}\|^2 + 2\,\mathrm{Re}(\boldsymbol{a}, \boldsymbol{b}) + \|\boldsymbol{b}\|^2 \overset{[\mathbf{N3}]}{\leqq} \|\boldsymbol{a}\|^2 + 2\|\boldsymbol{a}\|\,\|\boldsymbol{b}\| + \|\boldsymbol{b}\|^2 = \bigl(\|\boldsymbol{a}\| + \|\boldsymbol{b}\|\bigr)^2$$

■

実ベクトルのなす角

幾何ベクトルの内積はベクトルのなす角 θ を用いて定義されたが，実内積空間では逆に内積を用いて角 θ が次の様に定められる．内積 $(\boldsymbol{a}, \boldsymbol{b})$ が実数なので，$\boldsymbol{a}, \boldsymbol{b} \neq \boldsymbol{0}$ のときシュヴァルツの不等式 [**N3**] から

$$-1 \leqq \frac{(\boldsymbol{a}, \boldsymbol{b})}{\|\boldsymbol{a}\|\,\|\boldsymbol{b}\|} \leqq 1, \qquad \therefore \quad \cos\theta = \frac{(\boldsymbol{a}, \boldsymbol{b})}{\|\boldsymbol{a}\|\,\|\boldsymbol{b}\|} \quad (0 \leqq \theta \leqq \pi)$$

となる角 θ が一意的に存在する．この θ を実ベクトル $\boldsymbol{a}, \boldsymbol{b}$ の**なす角**という．

直交系，正規直交系

内積空間 V のベクトル $\boldsymbol{a}, \boldsymbol{b} \in V$ について，内積が 0，即ち $(\boldsymbol{a}, \boldsymbol{b}) = 0$ $(\Leftrightarrow (\boldsymbol{b}, \boldsymbol{a}) = 0)$ のとき，どちらかが $\boldsymbol{0}$ の場合も含めて $\boldsymbol{a}$ と $\boldsymbol{b}$ は互いに**直交**する（**垂直**である）といい，$\boldsymbol{a} \perp \boldsymbol{b}$ や $\boldsymbol{b} \perp \boldsymbol{a}$ と表す．

$\boldsymbol{b}$ が V の部分空間 W の全てのベクトル $\boldsymbol{a}$ と直交するとき，W と $\boldsymbol{b}$（$\boldsymbol{b}$ と W）は**直交**するといい，$W \perp \boldsymbol{b}$ や $\boldsymbol{b} \perp W$ と表す．

定理 5.2

部分空間 $W = \langle \boldsymbol{a}_1, \ldots, \boldsymbol{a}_k \rangle$ と $\boldsymbol{b} \in V$ に対し次は同値である.

(1) $(\boldsymbol{b}, \boldsymbol{a}_i) = 0 \quad (i = 1, \ldots, k)$　　(2) $\boldsymbol{b} \perp W$

【証明】 (1) ⇒ (2)： $\boldsymbol{w} = \sum_{i=1}^{k} \boldsymbol{a}_i s_i \in W$ に対し，$(\boldsymbol{b}, \boldsymbol{w}) \overset{[\mathrm{I4}]}{=} \sum_{i=1}^{k} (\boldsymbol{b}, \boldsymbol{a}_i) s_i = \sum_{i=1}^{k} 0 s_i = 0$ より $\boldsymbol{b} \perp W$. (2) ⇒ (1) は $\boldsymbol{a}_i \in W$ と $\boldsymbol{b} \perp W$ の定義による. ■

長さが 1 のベクトル $\boldsymbol{u}$（$\|\boldsymbol{u}\| = 1$）を**単位ベクトル**という.

ベクトル $\boldsymbol{a}$（$\neq \boldsymbol{0}$）を長さ $\|\boldsymbol{a}\|$ で割って，単位ベクトルにすること：

$$\boldsymbol{u} = \frac{1}{\|\boldsymbol{a}\|} \boldsymbol{a} = \|\boldsymbol{a}\|^{-1} \boldsymbol{a} \quad \left(\frac{\boldsymbol{a}}{\|\boldsymbol{a}\|} \text{ とも表す} \right)$$

を，$\boldsymbol{a}$ を**正規化**（または**規格化**）するといい，$\boldsymbol{u}$ を $\boldsymbol{a}$ の正規化（規格化），または $\boldsymbol{a}$ 方向の単位ベクトルという.

V のベクトルの組 $\{\boldsymbol{a}_1, \ldots, \boldsymbol{a}_n\}$ が全て $\boldsymbol{0}$ でなく，互いに直交するとき，$\{\boldsymbol{a}_1, \ldots, \boldsymbol{a}_n\}$ は**直交系**であるという：

$$(\boldsymbol{a}_i, \boldsymbol{a}_j) = 0 \quad (i \neq j), \quad \|\boldsymbol{a}_i\| \neq 0 \quad (i = 1, \ldots, n)$$

$$(\therefore \quad (\boldsymbol{a}_i, \boldsymbol{a}_j) = \|\boldsymbol{a}_i\|^2 \delta_{ij})$$

さらに $\boldsymbol{a}_i$ が全て単位ベクトルのとき, 即ち $(\boldsymbol{a}_i, \boldsymbol{a}_j) = \delta_{ij}$ $(i, j = 1, \ldots, n)$ のとき $\{\boldsymbol{a}_1, \ldots, \boldsymbol{a}_n\}$ は**正規直交系**（**規格直交系**）であるという.（正規）直交系が V の基底になるとき（**正規**）**直交基底**であるという．正規直交基底 $A = [\boldsymbol{a}_1 \cdots \boldsymbol{a}_n]$ のグラム行列は単位行列 E_n になり，**例 5.4** より $\boldsymbol{v}, \boldsymbol{w} \in V$ の内積は A に関する座標 $\boldsymbol{x}, \boldsymbol{y} \in \mathbb{C}^n$ の標準内積になる：$(\boldsymbol{v}, \boldsymbol{w}) = \boldsymbol{x}^* E_n \boldsymbol{y} = (\boldsymbol{x}, \boldsymbol{y})_{\mathbb{C}^n}$. 即ち，ベクトルの内積は，正規直交基底に関する座標の標準内積に等しい.

注意 5.4 $\{\boldsymbol{a}_1, \ldots, \boldsymbol{a}_n\}$ が直交系ならば，各 $\boldsymbol{a}_i$ の正規化を $\boldsymbol{u}_i = \frac{1}{\|\boldsymbol{a}_i\|} \boldsymbol{a}_i$ $(i = 1, \ldots, n)$ とすれば $\{\boldsymbol{u}_1, \ldots, \boldsymbol{u}_n\}$ は正規直交系になる．なお，（正規）直交系であることはベクトルの並び順を変えても変わらない.

例 5.7 K^n の標準内積に関し，基本ベクトルの組 $E_n = [\boldsymbol{e}_1 \cdots \boldsymbol{e}_n]$ は正規直交基底である（$(\boldsymbol{e}_i, \boldsymbol{e}_j) = \boldsymbol{e}_i^* \boldsymbol{e}_j = \boldsymbol{e}^i \boldsymbol{e}_j = \delta_{ij}$）．座標平面や座標空間の基本ベクトルの組やそれを回転した幾何ベクトルの組も正規直交系である. □

5.2 直交射影，直交化法

直交射影（正射影）

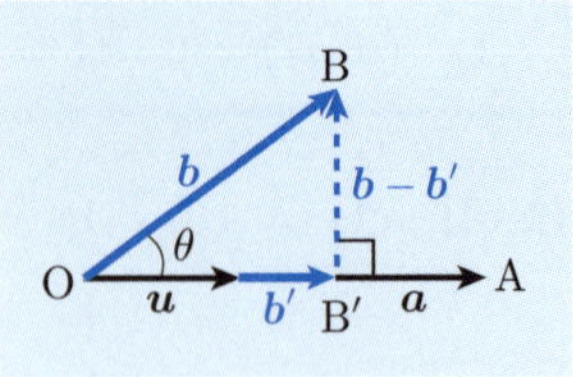

$\mathbf{0}$ でない幾何ベクトル $\boldsymbol{a} = \overrightarrow{\mathrm{OA}}$, $\boldsymbol{b} = \overrightarrow{\mathrm{OB}}$ について，$\boldsymbol{u} = \|\boldsymbol{a}\|^{-1}\boldsymbol{a}$, $\theta = \angle \mathrm{AOB}$ とし，B から直線 OA に下ろした垂線の足を B′，$\boldsymbol{b}' = \overrightarrow{\mathrm{OB}'}$ とすると，

$$\boldsymbol{b}' = \overrightarrow{\mathrm{OB}'} = (\overline{\mathrm{OB}}\cos\theta)\boldsymbol{u} = \boldsymbol{u}(\boldsymbol{u}, \boldsymbol{b}) = \boldsymbol{a}\,\frac{(\boldsymbol{a}, \boldsymbol{b})}{\|\boldsymbol{a}\|^2}, \quad \boldsymbol{b} - \boldsymbol{b}' = \overrightarrow{\mathrm{B}'\mathrm{B}} \perp \boldsymbol{a}$$

即ち，$\boldsymbol{b}$ は $\boldsymbol{a}$ に平行な $\boldsymbol{b}'$ と，$\boldsymbol{a}$ に直交する $\boldsymbol{b} - \boldsymbol{b}'$ に一意的に分解される．この $\boldsymbol{b}'$ を，$\boldsymbol{b}$ の直線 $\mathrm{OA} = \langle \boldsymbol{a} \rangle$ への**直交射影**，または**正射影**という．また，$\boldsymbol{b}$ から幾何ベクトルの直交系 $[\boldsymbol{a}_1, \boldsymbol{a}_2]$ の張る平面 $\langle \boldsymbol{a}_1, \boldsymbol{a}_2 \rangle$ に下ろした垂線の足を B′ とするとき，$\boldsymbol{b}' = \overrightarrow{\mathrm{OB}'}$ を $\boldsymbol{b}$ の $\langle \boldsymbol{a}_1, \boldsymbol{a}_2 \rangle$ への直交射影，または正射影という．$\boldsymbol{b}'$ は $\boldsymbol{b}' = \boldsymbol{a}_1 \dfrac{(\boldsymbol{a}_1, \boldsymbol{b})}{\|\boldsymbol{a}_1\|^2} + \boldsymbol{a}_2 \dfrac{(\boldsymbol{a}_2, \boldsymbol{b})}{\|\boldsymbol{a}_2\|^2}$ で与えられ，$\boldsymbol{b} - \boldsymbol{b}' \perp \langle \boldsymbol{a}_1, \boldsymbol{a}_2 \rangle$ であることが分かるが，このことが，より一般的に成り立つことを示す．

補題 5.3（直交射影）

直交系 $A = [\boldsymbol{a}_1 \cdots \boldsymbol{a}_n]$ とベクトル $\boldsymbol{b}$ に対し，

$$s_j = \frac{(\boldsymbol{a}_j, \boldsymbol{b})}{(\boldsymbol{a}_j, \boldsymbol{a}_j)} = \frac{(\boldsymbol{a}_j, \boldsymbol{b})}{\|\boldsymbol{a}_j\|^2} \quad (j = 1, \ldots, n),$$

$$\boldsymbol{b}' = \boldsymbol{a}_1 s_1 + \cdots + \boldsymbol{a}_n s_n = \sum_{j=1}^{n} \boldsymbol{a}_j \,\frac{(\boldsymbol{a}_j, \boldsymbol{b})}{(\boldsymbol{a}_j, \boldsymbol{a}_j)} \in \langle \boldsymbol{a}_1, \ldots, \boldsymbol{a}_n \rangle$$

（A が正規直交系のときは $s_j = (\boldsymbol{a}_j, \boldsymbol{b})$）とするとき次が成り立つ：

(1) （直交性）$(\boldsymbol{a}_i, \boldsymbol{b} - \boldsymbol{b}') = 0$ $(i = 1, \ldots, n)$，$\boldsymbol{b} - \boldsymbol{b}' \perp \langle \boldsymbol{a}_1, \ldots, \boldsymbol{a}_n \rangle$

(2) （冪等性）$\boldsymbol{b} = \boldsymbol{a}_1 t_1 + \cdots + \boldsymbol{a}_n t_n \in \langle \boldsymbol{a}_1, \ldots, \boldsymbol{a}_n \rangle \Rightarrow t_i = s_i$,

$$\boldsymbol{b} = \boldsymbol{b}' = \boldsymbol{a}_1 s_1 + \cdots + \boldsymbol{a}_n s_n = \sum_{i=1}^{n} \boldsymbol{a}_i \,\frac{(\boldsymbol{a}_i, \boldsymbol{b})}{(\boldsymbol{a}_i, \boldsymbol{a}_i)} = \sum_{i=1}^{n} \boldsymbol{a}_i \,\frac{(\boldsymbol{a}_i, \boldsymbol{b})}{\|\boldsymbol{a}_i\|^2}$$

(3) （一意性）$\boldsymbol{b}'' \in \langle \boldsymbol{a}_1, \ldots, \boldsymbol{a}_n \rangle$, $(\boldsymbol{b} - \boldsymbol{b}'', \boldsymbol{a}_i) = 0$ $(i = 1, \ldots, n)$ $\Rightarrow \boldsymbol{b}'' = \boldsymbol{b}'$

【証明】 (1) $(\boldsymbol{a}_i, \boldsymbol{a}_j) = 0$ $(j \neq i)$, $(\boldsymbol{a}_i, \boldsymbol{b}) = (\boldsymbol{a}_i, \boldsymbol{a}_i)s_i$ に注意すれば，

$$(\boldsymbol{a}_i, \boldsymbol{b}-\boldsymbol{b}') = \left(\boldsymbol{a}_i, \boldsymbol{b} - \sum_{j=1}^{n} \boldsymbol{a}_j s_j\right) = (\boldsymbol{a}_i, \boldsymbol{b}) - \sum_{j=1}^{n} (\boldsymbol{a}_i, \boldsymbol{a}_j) s_j = (\boldsymbol{a}_i, \boldsymbol{b}) - (\boldsymbol{a}_i, \boldsymbol{a}_i)s_i = 0$$

より $\boldsymbol{a}_i \perp (\boldsymbol{b} - \boldsymbol{b}')$ が得られ，定理 5.2 より $(\boldsymbol{b} - \boldsymbol{b}') \perp \langle \boldsymbol{a}_1, \ldots, \boldsymbol{a}_n \rangle$ を得る．

(2) $(\boldsymbol{a}_i, \boldsymbol{b} - \boldsymbol{b}') = 0$ に $\boldsymbol{b} = \sum_{j=1}^{n} \boldsymbol{a}_j t_j$, $\boldsymbol{b}' = \sum_{j=1}^{n} \boldsymbol{a}_j s_j$ を代入して，

$$0 = (\boldsymbol{a}_i, \boldsymbol{b} - \boldsymbol{b}') = \sum_{j=1}^{n} (\boldsymbol{a}_i, \boldsymbol{a}_j)(t_j - s_j) = (\boldsymbol{a}_i, \boldsymbol{a}_i)(t_i - s_i) \quad (i = 1, \ldots, n)$$

$(\boldsymbol{a}_i, \boldsymbol{a}_i) = \|\boldsymbol{a}_i\|^2 \neq 0$ より $t_i = s_i$ となり (2) を得る．

(3) $(\boldsymbol{a}_i, \boldsymbol{b} - \boldsymbol{b}'') = 0 \Leftrightarrow (\boldsymbol{a}_i, \boldsymbol{b}'') = (\boldsymbol{a}_i, \boldsymbol{b})$ $(i = 1, \ldots, n)$ と，$\boldsymbol{b}'' = \boldsymbol{a}_1 t_1 + \cdots + \boldsymbol{a}_n t_n$ として (2) を適用すれば，

$$\boldsymbol{b}'' = \sum_{i=1}^{n} \boldsymbol{a}_i \frac{(\boldsymbol{a}_i, \boldsymbol{b}'')}{(\boldsymbol{a}_i, \boldsymbol{a}_i)} = \sum_{i=1}^{n} \boldsymbol{a}_i \frac{(\boldsymbol{a}_i, \boldsymbol{b})}{(\boldsymbol{a}_i, \boldsymbol{a}_i)} = \boldsymbol{b}'$$ ■

$W = \langle \boldsymbol{a}_1, \ldots, \boldsymbol{a}_n \rangle \neq V$ のとき，この $\boldsymbol{b}'$ を，部分空間 W への $\boldsymbol{b}$ の**直交射影**，または**正射影**といい，$p_W(\boldsymbol{b})$ と表す．(2) より $p_W(p_W(\boldsymbol{b})) = p_W(\boldsymbol{b})$.

系 5.4（直交基底に関する座標）

内積空間の（正規）直交基底 $A = [\boldsymbol{a}_1 \ \cdots \ \boldsymbol{a}_n]$ に関する $\boldsymbol{b}$ の座標 $\boldsymbol{s} = {}^t[s_1 \ \cdots \ s_n]$ と $\boldsymbol{b} = A\boldsymbol{s}$ は次式で与えられる：

$$s_i = \frac{(\boldsymbol{a}_i, \boldsymbol{b})}{(\boldsymbol{a}_i, \boldsymbol{a}_i)} = \frac{(\boldsymbol{a}_i, \boldsymbol{b})}{\|\boldsymbol{a}_i\|^2},$$

$$\boldsymbol{b} = \sum_{i=1}^{n} \boldsymbol{a}_i \frac{(\boldsymbol{a}_i, \boldsymbol{b})}{(\boldsymbol{a}_i, \boldsymbol{a}_i)} = \sum_{i=1}^{n} \boldsymbol{a}_i \frac{(\boldsymbol{a}_i, \boldsymbol{b})}{\|\boldsymbol{a}_i\|^2}$$

（正規直交基底のときは $s_i = (\boldsymbol{a}_i, \boldsymbol{b})$, $\boldsymbol{b} = \sum_{i=1}^{n} \boldsymbol{a}_i (\boldsymbol{a}_i, \boldsymbol{b})$.）

定理 5.5（一次独立性）

内積空間の直交系 $[\boldsymbol{a}_1 \ \cdots \ \boldsymbol{a}_n]$ は一次独立である．

【証明】 $\boldsymbol{b} = \boldsymbol{a}_1 t_1 + \cdots + \boldsymbol{a}_n t_n = \boldsymbol{0}$ とすると，各 i について $(\boldsymbol{a}_i, \boldsymbol{b}) = (\boldsymbol{a}_i, \boldsymbol{0}) = 0$ なので，上の補題 5.3 (2) より $t_i = 0$. よって $[\boldsymbol{a}_1 \ \cdots \ \boldsymbol{a}_n]$ は一次独立である． ■

次の定理の証明は基底から正規直交基底を構成する方法を与える．

定理 5.6（グラム-シュミット（Gram-Schmidt）の直交化法）

有限次元内積空間 $V \neq \{\mathbf{0}\}$ には直交基底および正規直交基底が存在する．$[\boldsymbol{a}_1 \cdots \boldsymbol{a}_r]$ が（正規）直交系ならば，これに付け加えて（正規）直交基底 $[\boldsymbol{a}_1 \cdots \boldsymbol{a}_n]$ が構成できる．

【証明】 基底の存在・延長定理 4.5 により V には基底 $[\boldsymbol{b}_1 \cdots \boldsymbol{b}_n]$ が存在し，$\boldsymbol{a}_1, \ldots, \boldsymbol{a}_r$ が与えられたときは $\boldsymbol{b}_i = \boldsymbol{a}_i$ $(i = 1, \ldots, r)$ とできる．

直交系 $\boldsymbol{a}_1, \ldots, \boldsymbol{a}_k$ を，補題 5.3 の n を $k-1$ に，$\boldsymbol{b}$ を $\boldsymbol{b}_k$ に置き替え，$\boldsymbol{a}_k := \boldsymbol{b}_k - \boldsymbol{b}'_k$ とすることにより，次の様に帰納的に $\boldsymbol{a}_n$ まで構成し，$\boldsymbol{u}_i = \frac{1}{\|\boldsymbol{a}_i\|}\boldsymbol{a}_i$ と正規化して正規直交基底 $[\boldsymbol{u}_1, \ldots, \boldsymbol{u}_n]$ を得る．

（後で使える様に $\boldsymbol{a}_i$ を用いた式と $\boldsymbol{u}_i$ を用いた式の両方を書いておく．）

(S_1) $k = 1$ のとき $\boldsymbol{a}_1 := \boldsymbol{b}_1$

(S_2) $k = 2$ のとき $\boldsymbol{a}_2 := \boldsymbol{b}_2 - \boldsymbol{a}_1 \dfrac{(\boldsymbol{a}_1, \boldsymbol{b}_2)}{(\boldsymbol{a}_1, \boldsymbol{a}_1)}$ $(= \boldsymbol{b}_2 - \boldsymbol{b}'_2)$ $= \boldsymbol{b}_2 - \boldsymbol{u}_1(\boldsymbol{u}_1, \boldsymbol{b}_2)$

以下同様に $\boldsymbol{a}_1, \ldots, \boldsymbol{a}_{k-1}, \boldsymbol{u}_1, \ldots, \boldsymbol{u}_{k-1}$ が構成されたとき，$\boldsymbol{a}_k = \boldsymbol{b}_k - \boldsymbol{b}'_k$, 即ち，

$$(\mathrm{S}_k) \quad \boldsymbol{a}_k := \boldsymbol{b}_k - \sum_{i=1}^{k-1} \boldsymbol{a}_i \frac{(\boldsymbol{a}_i, \boldsymbol{b}_k)}{(\boldsymbol{a}_i, \boldsymbol{a}_i)} = \boldsymbol{b}_k - \boldsymbol{a}_1 \frac{(\boldsymbol{a}_1, \boldsymbol{b}_k)}{(\boldsymbol{a}_1, \boldsymbol{a}_1)} - \cdots - \boldsymbol{a}_{k-1} \frac{(\boldsymbol{a}_{k-1}, \boldsymbol{b}_k)}{(\boldsymbol{a}_{k-1}, \boldsymbol{a}_{k-1})}$$

$$= \boldsymbol{b}_k - \sum_{i=1}^{k-1} \boldsymbol{u}_i(\boldsymbol{u}_i, \boldsymbol{b}_k)$$

$\boldsymbol{a}_1 = \boldsymbol{b}_1$ より帰納的に，$\boldsymbol{a}_1, \ldots, \boldsymbol{a}_{k-1}$ は $\boldsymbol{b}_1, \ldots, \boldsymbol{b}_{k-1}$ の一次結合で表せ，$\boldsymbol{b}_k$ が $\boldsymbol{b}_1, \ldots, \boldsymbol{b}_{k-1}$ の一次結合で表せないから $\boldsymbol{a}_1, \ldots, \boldsymbol{a}_{k-1}$ の一次結合で表せず，(S_k) 式により $\boldsymbol{a}_k$ もそうなので $\boldsymbol{a}_k \neq \mathbf{0}$. 補題 5.3 により $\boldsymbol{a}_1, \ldots, \boldsymbol{a}_n$ は互いに直交する．
また，(S_k) を移項すれば $\langle \boldsymbol{b}_1, \ldots, \boldsymbol{b}_k \rangle = \langle \boldsymbol{a}_1, \ldots, \boldsymbol{a}_k \rangle$ $(k = 1, \ldots, n)$ も分かる．■

一次独立なベクトルの組から（正規）直交系を構成するこの方法を **（グラム-）シュミットの直交化法** という．

注意 5.5 直交化法により計算する際，次に注意する．s が正の実数のとき，内積，長さの性質および $|s| = s$ により

$$s\boldsymbol{a} \frac{(s\boldsymbol{a}, \boldsymbol{b})}{(s\boldsymbol{a}, s\boldsymbol{a})} = s\boldsymbol{a} \frac{\overline{s}(\boldsymbol{a}, \boldsymbol{b})}{\overline{s}s(\boldsymbol{a}, \boldsymbol{a})} = \boldsymbol{a}\frac{(\boldsymbol{a}, \boldsymbol{b})}{(\boldsymbol{a}, \boldsymbol{a})}, \quad \|s\boldsymbol{a}\| = |s|\,\|\boldsymbol{a}\|, \quad \boldsymbol{u} = \frac{s\boldsymbol{a}}{\|s\boldsymbol{a}\|} = \frac{\boldsymbol{a}}{\|\boldsymbol{a}\|}$$

即ち，直交系 $[\boldsymbol{a}_1, \ldots, \boldsymbol{a}_{k-1}]$ から $\boldsymbol{a}_k$ を計算する際に，各 $\boldsymbol{a}_1, \ldots, \boldsymbol{a}_{k-1}$ をそれらの正の実数倍 $\boldsymbol{a}'_i = s_i\boldsymbol{a}_i$, $(s_i > 0)$ に置き換えても同じ $\boldsymbol{a}_k$ と $\boldsymbol{u}_k$ が得られる．ただし，もとの $\boldsymbol{b}_1, \ldots, \boldsymbol{b}_n$ の順序を並べ替えると異なった $\boldsymbol{a}_1, \ldots, \boldsymbol{a}_n$ が得られる．

例題 5.8

$\boldsymbol{b}_1 = \begin{bmatrix} 1 \\ 1 \\ 0 \end{bmatrix}, \boldsymbol{b}_2 = \begin{bmatrix} 1 \\ 0 \\ 1 \end{bmatrix}, \boldsymbol{b}_3 = \begin{bmatrix} 0 \\ 1 \\ 1 \end{bmatrix}$ をこの順で正規直交化せよ．

【解答】 $\boldsymbol{a}_1 := \boldsymbol{b}_1$, $(\boldsymbol{a}_1, \boldsymbol{a}_1) = 2$, $(\boldsymbol{a}_1, \boldsymbol{b}_2) = 1$ より

$$\boldsymbol{a}_2 = \boldsymbol{b}_2 - \boldsymbol{a}_1 \frac{(\boldsymbol{a}_1, \boldsymbol{b}_2)}{(\boldsymbol{a}_1, \boldsymbol{a}_1)} = \begin{bmatrix} 1 \\ 0 \\ 1 \end{bmatrix} - \frac{1}{2}\begin{bmatrix} 1 \\ 1 \\ 0 \end{bmatrix} = \frac{1}{2}\begin{bmatrix} 1 \\ -1 \\ 2 \end{bmatrix}. \ \boldsymbol{a}_2' := \begin{bmatrix} 1 \\ -1 \\ 2 \end{bmatrix} \text{とおくと}$$

$((\boldsymbol{a}_2', \boldsymbol{a}_1) = 0$ で$)$ $(\boldsymbol{a}_2', \boldsymbol{a}_2') = 6$, $(\boldsymbol{a}_1, \boldsymbol{b}_3) = 1$, $(\boldsymbol{a}_2', \boldsymbol{b}_3) = 1$ より

$$\boldsymbol{a}_3 = \boldsymbol{b}_3 - \frac{1}{2}\boldsymbol{a}_1 - \frac{1}{6}\boldsymbol{a}_2' = \begin{bmatrix} 0 \\ 1 \\ 1 \end{bmatrix} - \frac{1}{2}\begin{bmatrix} 1 \\ 1 \\ 0 \end{bmatrix} - \frac{1}{6}\begin{bmatrix} 1 \\ -1 \\ 2 \end{bmatrix} = \frac{2}{3}\begin{bmatrix} -1 \\ 1 \\ 1 \end{bmatrix}. \ \boldsymbol{a}_3' := \begin{bmatrix} -1 \\ 1 \\ 1 \end{bmatrix}$$

として $(\boldsymbol{a}_1, \boldsymbol{a}_2') = (\boldsymbol{a}_1, \boldsymbol{a}_3') = (\boldsymbol{a}_2', \boldsymbol{a}_3') = 0$.（ここで検算できる.）これらを正規化して次の正規直交基底 $[\boldsymbol{u}_1, \boldsymbol{u}_2, \boldsymbol{u}_3]$ を得る：

$$\boldsymbol{u}_1 = \frac{1}{\sqrt{2}}\boldsymbol{a}_1 = \frac{1}{\sqrt{2}}\begin{bmatrix} 1 \\ 1 \\ 0 \end{bmatrix}, \ \boldsymbol{u}_2 = \frac{1}{\sqrt{6}}\boldsymbol{a}_2' = \frac{1}{\sqrt{6}}\begin{bmatrix} 1 \\ -1 \\ 2 \end{bmatrix}, \ \boldsymbol{u}_3 = \frac{1}{\sqrt{3}}\boldsymbol{a}_3' = \frac{1}{\sqrt{3}}\begin{bmatrix} -1 \\ 1 \\ 1 \end{bmatrix}$$

$$U := [\boldsymbol{u}_1 \ \boldsymbol{u}_2 \ \boldsymbol{u}_3] = \begin{bmatrix} \frac{1}{\sqrt{2}} & \frac{1}{\sqrt{6}} & \frac{-1}{\sqrt{3}} \\ \frac{1}{\sqrt{2}} & \frac{-1}{\sqrt{6}} & \frac{1}{\sqrt{3}} \\ 0 & \frac{2}{\sqrt{6}} & \frac{1}{\sqrt{3}} \end{bmatrix} = \frac{1}{\sqrt{6}}\begin{bmatrix} \sqrt{3} & 1 & -\sqrt{2} \\ \sqrt{3} & -1 & \sqrt{2} \\ 0 & 2 & \sqrt{2} \end{bmatrix}$$

とおくと，後述の定理 5.9 により U は直交行列になり，$U^{-1} = {}^tU$ となる． ■

問 4 上の $\boldsymbol{b}_1, \boldsymbol{b}_2, \boldsymbol{b}_3$ を $\boldsymbol{b}_2, \boldsymbol{b}_3, \boldsymbol{b}_1$ の順で正規直交化せよ．

直交補空間

内積空間 V の部分空間 W に対し，

$$W^{\perp} = \{\boldsymbol{a} \in V \mid \boldsymbol{a} \perp W\} = \{\boldsymbol{a} \in V \mid \text{全ての } \boldsymbol{w} \in W \text{ に対し } (\boldsymbol{a}, \boldsymbol{w}) = 0\}$$

は V の部分空間になる．$W^{\perp}$ を W の**直交補空間**という．

問 5 $W^{\perp}$ は部分空間になることを示せ．

例 5.9 $\mathbb{R}^3$ において，xy 平面 $\langle \boldsymbol{e}_1, \boldsymbol{e}_2 \rangle$ の直交補空間は z 軸 $\langle \boldsymbol{e}_3 \rangle$ で，z 軸の直交補空間は xy 平面である．$(\langle \boldsymbol{e}_1, \boldsymbol{e}_2 \rangle^{\perp} = \langle \boldsymbol{e}_3 \rangle$, $\langle \boldsymbol{e}_3 \rangle^{\perp} = \langle \boldsymbol{e}_1, \boldsymbol{e}_2 \rangle)$

また，$\boldsymbol{x} = {}^t[x, y, z]$ の xy 平面への正射影は ${}^t[x, y]$ である． □

定理 5.7 (直交補空間)

内積空間 V の部分空間 W ($\neq \{\mathbf{0}\}, V$) に対し，

(1) $V = W \oplus W^{\perp}$ (2) $(W^{\perp})^{\perp} = W$

((1)：$\boldsymbol{v} \in V$ は $\boldsymbol{v} = \boldsymbol{w} + \boldsymbol{w}'$, $\boldsymbol{w} \in W$, $\boldsymbol{w}' \in W^{\perp}$ の形に一意的に表せる.)

【証明】 定理 5.6 より W に正規直交基底 $[\boldsymbol{u}_1 \cdots \boldsymbol{u}_r]$ が存在し，これを延長して V の正規直交基底 $[\boldsymbol{u}_1 \cdots \boldsymbol{u}_n]$ をつくる．$W = \langle \boldsymbol{u}_1, \ldots, \boldsymbol{u}_r \rangle$ なので定理 5.2 より $W \perp \boldsymbol{u}_{r+1}, \ldots, \boldsymbol{u}_n$ であり $\langle \boldsymbol{u}_{r+1}, \ldots, \boldsymbol{u}_n \rangle = W^{\perp}$, $V = W \oplus W^{\perp}$, $(W^{\perp})^{\perp} = W$. ■

問 6 次を示せ.

(1) $(W_1 + W_2)^{\perp} = W_1^{\perp} \cap W_2^{\perp}$ (2) $(W_1 \cap W_2)^{\perp} = W_1^{\perp} + W_2^{\perp}$

例 5.10 **(K^m の部分空間の直交補空間)** $m \times n$ K-行列 $A = [\boldsymbol{a}_1 \cdots \boldsymbol{a}_n]$ に対し，K^m の部分空間 $\langle A \rangle = \langle \boldsymbol{a}_1, \ldots, \boldsymbol{a}_n \rangle$ の直交補空間 $\langle A \rangle^{\perp}$ は,

$$\boldsymbol{x} \in \langle A \rangle^{\perp} \quad \Leftrightarrow \quad 0 = (\boldsymbol{a}_j, \boldsymbol{x}) = \boldsymbol{a}_j^* \boldsymbol{x} \ (j = 1, \ldots, n) \quad \Leftrightarrow \quad A^* \boldsymbol{x} = \mathbf{0}$$

より，方程式 $A^* \boldsymbol{x} = \mathbf{0}$ の解空間 W_{A^*} であり ($\langle A \rangle^{\perp} = W_{A^*}$)，同様に，$A\boldsymbol{x} = \mathbf{0}$ の解空間 $W_A \subset K^n$ の直交補空間は $\langle A^* \rangle = \langle \boldsymbol{a}^{1*}, \ldots, \boldsymbol{a}^{m*} \rangle$ ($\boldsymbol{a}^i$ は A の行ベクトル) である ($(W_A)^{\perp} = \langle A^* \rangle$). □

例題 5.11

$\mathbb{C}^3$ において，$\boldsymbol{a} = \begin{bmatrix} 1 \\ 0 \\ -1 \end{bmatrix}$, $\boldsymbol{b} = \begin{bmatrix} 1 \\ -1 \\ 2 \end{bmatrix}$ を基底とする部分空間 W の直交補空間 $W^{\perp}$ を求めよ.

【解答】 $A = [\boldsymbol{a}\,\boldsymbol{b}] = \begin{bmatrix} 1 & 1 \\ 0 & -1 \\ -1 & 2 \end{bmatrix}$ とおくと，$A^* = {}^tA = \begin{bmatrix} 1 & 0 & -1 \\ 1 & -1 & 2 \end{bmatrix}$ であり，

${}^tA\boldsymbol{x} = \mathbf{0}$ の基本解 = 解空間の基底 は $\begin{bmatrix} 1 \\ 3 \\ 1 \end{bmatrix}$ で，$W^{\perp} = \left\langle \begin{bmatrix} 1 \\ 3 \\ 1 \end{bmatrix} \right\rangle$ である. ■

問 7 $\mathbb{C}^3$ において，次の部分空間 W の直交補空間 $W^{\perp}$ を求めよ.

(1) $W = \left\langle \begin{bmatrix} 1 \\ 3 \\ -2 \end{bmatrix} \right\rangle$ (2) $W = \left\{ \begin{bmatrix} x \\ y \\ z \end{bmatrix} \in \mathbb{C}^3 \;\middle|\; \begin{matrix} x - y + 2iz = 0 \\ 2x + y - iz = 0 \end{matrix} \right\}$

5.3 ユニタリ行列，直交行列

ユニタリ行列，直交行列

以下 $\mathbb{C}^n$（$\mathbb{R}^n$）の内積は標準内積 $(\boldsymbol{a}, \boldsymbol{b}) = \boldsymbol{a}^*\boldsymbol{b}$ とする．

補題 5.8

$m \times n$ 行列 A, $n \times m$ 行列 B, $\boldsymbol{a}, \boldsymbol{e}_i \in \mathbb{C}^n$, $\boldsymbol{b}, \boldsymbol{e}_j \in \mathbb{C}^m$ に対し，

(1) $(A\boldsymbol{a}, \boldsymbol{b}) = (\boldsymbol{a}, A^*\boldsymbol{b})$, $(\boldsymbol{a}, B\boldsymbol{b}) = (B^*\boldsymbol{a}, \boldsymbol{b})$

(2) $(\boldsymbol{e}_i, B\boldsymbol{e}_j) = b_{ij}$ $(B = [b_{ij}])$

(3) $(A\boldsymbol{a}, \boldsymbol{b}) = (\boldsymbol{a}, B\boldsymbol{b})$ $(\boldsymbol{a} \in \mathbb{C}^n, \boldsymbol{b} \in \mathbb{C}^m)$ ならば $B = A^*$

【証明】 (1) $(A\boldsymbol{a}, \boldsymbol{b}) = (A\boldsymbol{a})^*\boldsymbol{b} = \boldsymbol{a}^*A^*\boldsymbol{b} = (\boldsymbol{a}, A^*\boldsymbol{b})$
もう一方は $A = B^*$ とおけば $(B^*\boldsymbol{a}, \boldsymbol{b}) = (\boldsymbol{a}, (B^*)^*\boldsymbol{b}) = (\boldsymbol{a}, B\boldsymbol{b})$
(2) $(\boldsymbol{e}_i, B\boldsymbol{e}_j) = \boldsymbol{e}_i^* B\boldsymbol{e}_j = \boldsymbol{e}^i B\boldsymbol{e}_j = b_{ij}$
(3) $(\boldsymbol{a}, A^*\boldsymbol{b}) = (A\boldsymbol{a}, \boldsymbol{b}) = (\boldsymbol{a}, B\boldsymbol{b})$ が全ての $\boldsymbol{a}$, $\boldsymbol{b}$, 特に全ての $\boldsymbol{e}_i$, $\boldsymbol{e}_j$ について成り立つので (2) より $(A^*)_{ij} = (\boldsymbol{e}_i, A^*\boldsymbol{e}_j) = (\boldsymbol{e}_i, B\boldsymbol{e}_j) = b_{ij}$. よって $A^* = B$. ■

n 次正方行列 U（n 次実正方行列 U）が

$$U^*U = E_n \qquad ({}^tUU = E_n)$$

をみたすとき U を n 次**ユニタリ行列**（unitary matrix）（n 次**直交行列**（orthogonal matrix)）という．直交行列は実ユニタリ行列である．この式より $U^{-1} = U^*$（$U^{-1} = {}^tU$）であり，両辺の行列式をとると

$$1 = \det U^*U = (\det U^*)(\det U) = \overline{(\det U)}\det U = |\det U|^2$$

（右辺は絶対値の 2 乗）．即ち

$$U^{-1} = U^*, \quad |\det U| = 1 \qquad (\text{直交行列では } U^{-1} = {}^tU, \det U = \pm 1)$$

例 5.12（**回転行列**） $a, b \in \mathbb{R}$, $a^2 + b^2 = 1$ とするとき，行列 $A = \begin{bmatrix} a & -b \\ b & a \end{bmatrix}$ は直交行列である．$a^2 + b^2 = 1$ をみたす a, b には $a = \cos\theta$, $b = \sin\theta$ となる θ が $-\pi < \theta \leqq \pi$ の範囲で（$0 \leqq \theta < 2\pi$ でも良い）一意的に定まり，

$$A = \begin{bmatrix} \cos\theta & -\sin\theta \\ \sin\theta & \cos\theta \end{bmatrix}$$

と表される．この A を $R(\theta)$ と表し，**回転行列**という． □

問 8 例 5.12 の A が直交行列であること，および，θ が一意的に定まることを示せ．

問 9 m を実数とするとき，行列 $A_m = \dfrac{1}{1+m^2}\begin{bmatrix} 1-m^2 & 2m \\ 2m & -1+m^2 \end{bmatrix}$ は直交行列であること，および行列式 $|A_m|$ の値が -1 になることを示せ．

問 10 n 次ユニタリ行列 U_1, U_2, U に対し，次もユニタリ行列になることを示せ：
(1) E_n (2) U_1U_2 (3) $U^{-1} = U^*$
（このとき，n 次ユニタリ行列（直交行列）全体 $U(n)$（$O(n)$）は**群**になるという.）

定理 5.9（ユニタリ行列，直交行列の性質）

n 次正方行列（正方実行列）$U = [\boldsymbol{u}_1 \ \cdots \ \boldsymbol{u}_n]$ について次は同値である．

(1) U はユニタリ行列（直交行列）である．即ち $U^*U = E$.

(2) U は内積を保つ．即ち，全ての $\boldsymbol{a}, \boldsymbol{b} \in \mathbb{C}^n$（$\boldsymbol{a}, \boldsymbol{b} \in \mathbb{R}^n$）に対し
$$(U\boldsymbol{a}, U\boldsymbol{b}) = (\boldsymbol{a}, \boldsymbol{b})$$

(3) $U = [\boldsymbol{u}_1 \ \cdots \ \boldsymbol{u}_n]$ は $\mathbb{C}^n$（$\mathbb{R}^n$）の正規直交基底である．即ち
$$(\boldsymbol{u}_i, \boldsymbol{u}_j) = \delta_{ij}$$

(4) U は長さを保つ．即ち，全ての $\boldsymbol{a} \in \mathbb{C}^n$（$\boldsymbol{a} \in \mathbb{R}^n$）に対し
$$\|U\boldsymbol{a}\| = \|\boldsymbol{a}\|$$

【証明】 (1) $\Rightarrow$ (2)：補題 5.8 (1) より，$(U\boldsymbol{a}, U\boldsymbol{b}) = (\boldsymbol{a}, U^*U\boldsymbol{b}) = (\boldsymbol{a}, E\boldsymbol{b}) = (\boldsymbol{a}, \boldsymbol{b})$.

(2) $\Rightarrow$ (1)：$(U^*U)_{ij} = \delta_{ij}$ を示せばよい．補題 5.8 (1), (2) より
$$(U^*U)_{ij} = (\boldsymbol{e}_i, U^*U\boldsymbol{e}_j) = (U\boldsymbol{e}_i, U\boldsymbol{e}_j) = (\boldsymbol{e}_i, \boldsymbol{e}_j) = \delta_{ij}$$

(1) $\Leftrightarrow$ (3)：$(\boldsymbol{u}_i, \boldsymbol{u}_j) = (U\boldsymbol{e}_i, U\boldsymbol{e}_j) = (U^*U)_{ij}$ より
$$(U^*U)_{ij} = \delta_{ij} \quad \Leftrightarrow \quad (\boldsymbol{u}_i, \boldsymbol{u}_j) = \delta_{ij}$$

(2) $\Rightarrow$ (4)：$\boldsymbol{b} = \boldsymbol{a}$ として $\|U\boldsymbol{a}\|^2 = (U\boldsymbol{a}, U\boldsymbol{a}) = (\boldsymbol{a}, \boldsymbol{a}) = \|\boldsymbol{a}\|^2$.

(4) $\Rightarrow$ (2)：**[I6]** より長さから $(\boldsymbol{a}, \boldsymbol{b})$ の実部，虚部が求まり，U が長さを変えなければ内積を変えない. ■

定理 5.10

内積空間の正規直交基底 U_1, U_2 の間の変換行列 U（$U_2 = U_1U$）はユニタリ行列（実内積空間では直交行列）になる．

【証明】 $U = [\boldsymbol{u}_1 \, \boldsymbol{u}_2 \ \cdots \ \boldsymbol{u}_n]$ とすると $U_2 = U_1U = [U_1\boldsymbol{u}_1 \ \cdots \ U_1\boldsymbol{u}_n]$ で，U_2, U_1 が正規直交基底なので $\delta_{ij} \underset{U_2}{=} (U_1\boldsymbol{u}_i, U_1\boldsymbol{u}_j) \underset{U_1}{=} (\boldsymbol{u}_i, \boldsymbol{u}_j)_{\mathbb{C}^n}$．よって U は $\mathbb{C}^n$（$\mathbb{R}^n$）の正規直交基底となり，定理 5.9 よりユニタリ行列（直交行列）になる. ■

内積を保つ一次変換

複素（実）内積空間 V 上の一次変換 $f\colon V \to V$ は，内積を保つ，即ち

$$\bigl(f(\boldsymbol{a}), f(\boldsymbol{b})\bigr) = (\boldsymbol{a}, \boldsymbol{b}) \qquad (\boldsymbol{a}, \boldsymbol{b} \in V)$$

のとき，**ユニタリ変換**（**直交変換**）であるという．これは $\|f(\boldsymbol{a})\|^2 = \|\boldsymbol{a}\|^2$ より長さも保つので，**等長変換**ともいわれる．

定理 5.11

複素（実）内積空間 V 上の一次変換 $f\colon V \to V$ について次は同値である．

(1)　f はユニタリ変換（直交変換）である．

(2)　f の正規直交基底 $U = [\boldsymbol{u}_1 \cdots \boldsymbol{u}_n]$ に関する表現行列 F（$f(U) = UF$）はユニタリ行列（直交行列）である．

【証明】　$F = [f_{ij}]$ とする．

$$f(\boldsymbol{u}_j) = \sum_{i=1}^{n} \boldsymbol{u}_i f_{ij}, \quad f(\boldsymbol{u}_q) = \sum_{p=1}^{n} \boldsymbol{u}_p f_{pq}, \quad (\boldsymbol{u}_i, \boldsymbol{u}_p) = \delta_{ip}$$

より，

$$\begin{aligned}\bigl(f(\boldsymbol{u}_j), f(\boldsymbol{u}_q)\bigr) &= \sum_{i,p=1}^{n} \overline{f_{ij}} f_{pq} (\boldsymbol{u}_i, \boldsymbol{u}_p) = \sum_{i=1}^{n} \overline{f_{ij}} f_{iq} = \sum_{i=1}^{n} (F^*)_{ji} (F)_{iq} \\ &= (F^* F)_{jq}\end{aligned}$$

よって，$(f(\boldsymbol{u}_j), f(\boldsymbol{u}_q)) = (\boldsymbol{u}_j, \boldsymbol{u}_q) = \delta_{jq} \Leftrightarrow F^* F = E$. ■

例 5.13（**直交変換**）　(1)　**例 5.12** の回転行列 $R(\theta)$ の定める $\mathbb{R}^2$ の一次変換は原点を中心とする θ 回転である．

(2)　問 9 の行列 A_m の定める $\mathbb{R}^2$ の一次変換 f_{A_m} は直線 $\ell\colon y = mx$ に関する対称移動である．実際，ℓ と直交する直線 $\langle \boldsymbol{a} \rangle$（$\boldsymbol{a} = \begin{bmatrix} m \\ -1 \end{bmatrix}$）への $\boldsymbol{x} \in \mathbb{R}^2$ の直交射影は $\boldsymbol{a}\dfrac{(\boldsymbol{a}, \boldsymbol{x})}{\|\boldsymbol{a}\|^2}$ であり，

$$f_{A_m}(\boldsymbol{x}) = \boldsymbol{x} - 2\boldsymbol{a}\frac{(\boldsymbol{a}, \boldsymbol{x})}{\|\boldsymbol{a}\|^2}$$

が成り立つ． □

問 11　このことを示せ．

5.4 補 足

5.4.1 グラム行列と一次独立性

内積空間 V のベクトルの組 $A = [\boldsymbol{a}_1 \ \cdots \ \boldsymbol{a}_n]$ に対し，$g_{ij} = (\boldsymbol{a}_i, \boldsymbol{a}_j)$（内積）を (i,j) 成分とする $n \times n$ 行列 $G = [g_{ij}]$ を A の**グラム行列**といい，その行列式 $|G|$ を**グラム行列式**，または**グラミアン**（Gramian）という．このとき，

グラム行列とベクトルの一次独立性

次は同値である：

(1) A は一次独立．

(2) G は正則行列．

(3) $|G| \neq 0$.

【証明】 G を列ベクトルの組と考えると，(4)：G は一次独立，と (2), (3) は同値なので，(1) $\Leftrightarrow$ (4) の対偶を示せばよい．$\boldsymbol{s} = {}^t[s_1 \cdots s_n] \in \mathbb{C}^n$ と $G\boldsymbol{s}$ の各成分 $(G\boldsymbol{s})_i$ に対し，

$$(G\boldsymbol{s})_i = \sum_{j=1}^{n} g_{ij} s_j = \sum_{j=1}^{n} (\boldsymbol{a}_i, \boldsymbol{a}_j) s_j = \left(\boldsymbol{a}_i, \sum_{j=1}^{n} \boldsymbol{a}_j s_j \right) = (\boldsymbol{a}_i, A\boldsymbol{s})$$

A が一次従属とすると $A\boldsymbol{s} = \boldsymbol{0}$ をみたす $\boldsymbol{s} \neq \boldsymbol{0}$ があるので 各 i について $(G\boldsymbol{s})_i = (\boldsymbol{a}_i, A\boldsymbol{s}) = 0$ より $G\boldsymbol{s} = \boldsymbol{0}$ となり，$\boldsymbol{s} \neq \boldsymbol{0}$ より G は一次従属である．

逆に G が一次従属とすると $G\boldsymbol{s} = \boldsymbol{0}$ をみたす $\boldsymbol{s} \neq \boldsymbol{0}$ がある．$(G\boldsymbol{s})_i = 0$,

$$0 = \sum_{i=1}^{n} \overline{s_i} (G\boldsymbol{s})_i = \sum_{i=1}^{n} \overline{s_i} (\boldsymbol{a}_i, A\boldsymbol{s}) = \left(\sum_{i=1}^{n} \boldsymbol{a}_i s_i, A\boldsymbol{s} \right) = (A\boldsymbol{s}, A\boldsymbol{s}) = \|A\boldsymbol{s}\|^2$$

より $A\boldsymbol{s} = \boldsymbol{0}$. $\boldsymbol{s} \neq \boldsymbol{0}$ より A は一次従属である．よって (1) $\Leftrightarrow$ (4) の対偶が示された． ■

5.4.2 関数空間における直交系（直交関数系）

閉区間 $[a,b]$ 上の実数値（複素数値）連続関数 $f(x)$, $g(x)$ の内積は

$$(f,g) := \int_a^b f(x)g(x)\,dx \qquad \left((f,g) := \int_a^b \overline{f(x)} g(x)\,dx \right)$$

で与えられる．ここで複素数値関数 $f(x) = g(x) + ih(x)$（$g(x)$, $h(x)$ は実数値）の積分は実部と虚部をそれぞれ積分した $\displaystyle\int f(x)\,dx := \int g(x)\,dx + i \int h(x)\,dx$ とする．

三角関数の直交性

三角関数 $\cos nx$, $\sin nx$（$n = 0, 1, 2, \ldots$）を1周期区間 $[-\pi, \pi]$ 上で考えると，

$$1\ (= \cos 0x),\ \cos x,\ \sin x,\ \cos 2x,\ \sin 2x, \ldots,\ \cos nx,\ \sin nx, \ldots$$

は直交系になる．実際内積は，$n \neq 0$ のとき $\displaystyle\int_{-\pi}^{\pi} \cos nx\, dx = \int_{-\pi}^{\pi} \sin nx\, dx = 0$ に注意して，加法定理より得られる積和公式

$$\cos mx \cos nx = \frac{\cos(m+n)x + \cos(m-n)x}{2},$$

$$\sin mx \sin nx = \frac{\cos(m-n)x - \cos(m+n)x}{2},$$

$$\cos mx \sin nx = \frac{\sin(m+n)x - \sin(m-n)x}{2}$$

を用いれば，$m \geqq 1$, $m \neq n$ のとき $m+n \neq 0$, $m-n \neq 0$ より

$$(\cos mx, \cos nx) = \int_{-\pi}^{\pi} \cos mx \cos nx\, dx = 0, \quad \|\cos mx\|^2 = \int_{-\pi}^{\pi} \cos^2 mx\, dx = \pi,$$

$$(\sin mx, \sin nx) = \int_{-\pi}^{\pi} \sin mx \sin nx\, dx = 0, \quad \|\sin mx\|^2 = \int_{-\pi}^{\pi} \sin^2 mx\, dx = \pi,$$

$$(\cos mx, \sin nx) = \int_{-\pi}^{\pi} \cos mx \sin nx\, dx = 0$$

$$\left(\|\cos 0x\|^2 = \|1\|^2 = \int_{-\pi}^{\pi} 1^2\, dx = 2\pi \right)$$

なので互いに直交する．オイラーの公式 $e^{inx} = \cos nx + i \sin nx$ により複素形で考えると，$\overline{e^{imx}} = \cos mx - i \sin mx = e^{-imx}$ より，

$$(e^{imx}, e^{inx}) = \int_{-\pi}^{\pi} \overline{e^{imx}} e^{inx}\, dx = \int_{-\pi}^{\pi} e^{i(n-m)x}\, dx = 2\pi \delta_{mn}$$

が得られ，$1, e^{\pm ix}, e^{\pm 2ix}, \ldots$ は直交系，$\frac{1}{\sqrt{2\pi}} 1, \frac{1}{\sqrt{2\pi}} e^{\pm ix}, \frac{1}{\sqrt{2\pi}} e^{\pm 2ix}, \ldots$ は正規直交系になる．

ルジャンドルの多項式

多項式を $[-1, 1]$ 上の関数と考え，$1 = x^0, x^1, x^2, \ldots$ を正規直交化すると，**ルジャンドル**（Legendre）**の多項式**と呼ばれる n 次多項式（$n = 0, 1, 2, \ldots$）

$$P_n(x) = \frac{1}{2^n n!} \frac{d^n}{dx^n} (x^2 - 1)^n \quad (P_0(x) = 1), \qquad \|P_n(x)\|^2 = \frac{2}{2n+1}$$

を正規化した多項式列になる．（章末問題 18, 19 参照）

5.4.3 随 伴 変 換

内積空間 V 上の一次変換 $f\colon V \to V$ と，ある正規直交基底 U に関する表現行列 H（$f(U) = UH$）に対し，H の随伴行列 H^* を表現行列とする一次変換 $f^*\colon V \to V$ を f の**随伴変換**という．（$\boldsymbol{a} \in V$ の U に関する座標を $\boldsymbol{x} \in \mathbb{C}^n$（$\boldsymbol{a} = U\boldsymbol{x}$）とすると $f(\boldsymbol{a}) = f(U\boldsymbol{x}) = f(U)\boldsymbol{x} = UH\boldsymbol{x}$ より，$f^*(\boldsymbol{a}) = UH^*\boldsymbol{x}$.）

$\boldsymbol{b} \in V$, $\boldsymbol{b} = U\boldsymbol{y}$（$\boldsymbol{y} \in \mathbb{C}^n$）とするとき，$(H^*\boldsymbol{x}, \boldsymbol{y})_{\mathbb{C}^n} = (\boldsymbol{x}, H\boldsymbol{y})_{\mathbb{C}^n}$ であり，正規直交基底 U に関し $(\boldsymbol{a}, \boldsymbol{b}) = (U\boldsymbol{x}, U\boldsymbol{y}) = (\boldsymbol{x}, \boldsymbol{y})_{\mathbb{C}^n}$ より，

$$\begin{aligned}\big(f^*(\boldsymbol{a}), \boldsymbol{b}\big) &= (UH^*\boldsymbol{x}, U\boldsymbol{y}) = (H^*\boldsymbol{x}, \boldsymbol{y})_{\mathbb{C}^n} \\ &= (\boldsymbol{x}, H\boldsymbol{y})_{\mathbb{C}^n} = (U\boldsymbol{x}, UH\boldsymbol{y}) \\ &= \big(\boldsymbol{a}, f(\boldsymbol{b})\big)\end{aligned}$$

即ち，

$$\big(f^*(\boldsymbol{a}), \boldsymbol{b}\big) = \big(\boldsymbol{a}, f(\boldsymbol{b})\big) \quad (\boldsymbol{a}, \boldsymbol{b} \in V)$$

ユニタリ変換 f は

$$f^* = f^{-1}$$

が成り立つ様な変換で，正規直交基底に関する表現行列はユニタリ行列である．

$$f^* = f$$

となる一次変換を**エルミート変換**，または**自己随伴変換**という．その正規直交基底に関する表現行列はエルミート行列である．

ユニタリ変換，エルミート変換は，正規直交基底をうまくとると，その表現行列は対角行列になることが，次の第6章の結果から分かる．

5 章の問題

以下，$\mathbb{R}^n$, $\mathbb{C}^n$ の内積 (,) は標準内積とする．

□ **1** 次の実数ベクトル $\boldsymbol{a}, \boldsymbol{b}$ について，$\|\boldsymbol{a}\|$, $\|\boldsymbol{b}\|$, $(\boldsymbol{a}, \boldsymbol{b})$，および，なす角 θ を求めよ．

(1) $\boldsymbol{a} = \begin{bmatrix} 1 \\ 0 \\ 1 \end{bmatrix}, \boldsymbol{b} = \begin{bmatrix} 1 \\ 1 \\ 2 \end{bmatrix}$　　(2) $\boldsymbol{a} = \begin{bmatrix} 1 \\ -2 \\ 2 \\ -1 \end{bmatrix}, \boldsymbol{b} = \begin{bmatrix} -4 \\ 2 \\ -3 \\ 1 \end{bmatrix}$

□ **2** 次の複素数ベクトル $\boldsymbol{a}, \boldsymbol{b}$ について，$\|\boldsymbol{a}\|$, $\|\boldsymbol{b}\|$, $(\boldsymbol{a}, \boldsymbol{b})$，および，$(\boldsymbol{b}, \boldsymbol{a})$ を求めよ．

(1) $\boldsymbol{a} = \begin{bmatrix} 1 \\ i \\ 1 \end{bmatrix}, \boldsymbol{b} = \begin{bmatrix} 2i \\ -1 \\ 3 \end{bmatrix}$　　(2) $\boldsymbol{a} = \begin{bmatrix} 1+i \\ 2i \\ 2-i \end{bmatrix}, \boldsymbol{b} = \begin{bmatrix} 1-2i \\ 3i \\ 3i \end{bmatrix}$

□ **3** 座標空間 $\mathbb{R}^3$ 内の次のベクトル $\boldsymbol{b}$ の平面 W への直交射影を求めよ．

(1) $W = \left\langle \begin{bmatrix} 1 \\ 2 \\ 2 \end{bmatrix}, \begin{bmatrix} 2 \\ 1 \\ -2 \end{bmatrix} \right\rangle, \quad \boldsymbol{b} = \begin{bmatrix} 1 \\ 2 \\ -1 \end{bmatrix}$

(2) $W = \left\langle \begin{bmatrix} 1 \\ 0 \\ 1 \end{bmatrix}, \begin{bmatrix} 1 \\ 1 \\ 0 \end{bmatrix} \right\rangle, \quad \boldsymbol{b} = \begin{bmatrix} 1 \\ 2 \\ 1 \end{bmatrix}$

□ **4** 次のベクトルの組から，この順で正規直交化せよ．

(1) $\begin{bmatrix} 1 \\ 1 \\ 1 \end{bmatrix}, \begin{bmatrix} 1 \\ 1 \\ 2 \end{bmatrix}, \begin{bmatrix} 1 \\ 0 \\ 3 \end{bmatrix}$　　(2) $\begin{bmatrix} 1 \\ 1 \\ 0 \end{bmatrix}, \begin{bmatrix} 2 \\ 0 \\ 1 \end{bmatrix}, \begin{bmatrix} 1 \\ 1 \\ 1 \end{bmatrix}$

(3) $\begin{bmatrix} 1 \\ 1 \\ 1 \\ -1 \end{bmatrix}, \begin{bmatrix} 2 \\ 3 \\ 2 \\ 1 \end{bmatrix}, \begin{bmatrix} 0 \\ 3 \\ 0 \\ 1 \end{bmatrix}, \begin{bmatrix} 0 \\ 0 \\ -1 \\ 0 \end{bmatrix}$　　(4) $\begin{bmatrix} i \\ 1 \end{bmatrix}, \begin{bmatrix} i \\ 2 \end{bmatrix}$

□ **5** 単位ベクトル $\boldsymbol{a} = \dfrac{1}{3}\begin{bmatrix} 1 \\ 2 \\ -2 \end{bmatrix}$ を含む $\mathbb{R}^3$ の正規直交基底を構成せよ．

□ **6** 次の $\mathbb{C}^4$ の部分空間 W と直交補空間 $W^{\perp}$ の正規直交基底を求めよ．

(1) $\left\langle \begin{bmatrix} 1 \\ 1 \\ 0 \\ 1 \end{bmatrix}, \begin{bmatrix} 1 \\ 2 \\ 2 \\ 1 \end{bmatrix} \right\rangle$　　(2) $\left\langle \begin{bmatrix} 1 \\ i \\ 0 \\ 1 \end{bmatrix}, \begin{bmatrix} 0 \\ 1 \\ i \\ -i \end{bmatrix} \right\rangle$

(3) $\left\{ \begin{bmatrix} x \\ y \\ z \\ w \end{bmatrix} \in \mathbb{C}^4 \;\middle|\; \begin{matrix} x + \ \ y + \ \ z + w = 0 \\ x + 2y + 2z + w = 0 \end{matrix} \right\}$

(4) $W = \left\{ \begin{bmatrix} x \\ y \\ z \\ w \end{bmatrix} \in \mathbb{C}^4 \;\middle|\; \begin{matrix} x + iy + \ \ z + iw = 0 \\ x + \ \ y + iz + iw = 0 \end{matrix} \right\}$

□ **7**　次の行列は直交行列であることを示せ．

(1) $\begin{bmatrix} -\frac{1}{\sqrt{3}} & \frac{1}{\sqrt{2}} & \frac{1}{\sqrt{6}} \\ \frac{1}{\sqrt{3}} & \frac{1}{\sqrt{2}} & -\frac{1}{\sqrt{6}} \\ \frac{1}{\sqrt{3}} & 0 & \frac{2}{\sqrt{6}} \end{bmatrix}$　　(2) $\begin{bmatrix} \sin\theta\cos\varphi & \cos\theta\cos\varphi & -\sin\varphi \\ \sin\theta\sin\varphi & \cos\theta\sin\varphi & \cos\varphi \\ \cos\theta & -\sin\theta & 0 \end{bmatrix}$

□ **8**　2次の直交行列 U は，$\begin{bmatrix} \cos\theta & -\sin\theta \\ \sin\theta & \cos\theta \end{bmatrix}$，または $\begin{bmatrix} \cos\theta & \sin\theta \\ \sin\theta & -\cos\theta \end{bmatrix}$ と表されることを示せ．

□ **9**　$\boldsymbol{a} = \begin{bmatrix} 1 \\ 1 \\ 0 \end{bmatrix}$, $\boldsymbol{b} = \begin{bmatrix} 1 \\ 0 \\ 1 \end{bmatrix}$ とし，$W = \langle \boldsymbol{a}, \boldsymbol{b} \rangle$ とする．

(1)　$\boldsymbol{a}$, $\boldsymbol{b}$ の順で正規直交化して，W の正規直交基底 $U_1 = [\boldsymbol{u}_1\ \boldsymbol{u}_2]$ を求めよ．

(2)　$\boldsymbol{b}$, $\boldsymbol{a}$ の順で正規直交化して，W の正規直交基底 $U_2 = [\boldsymbol{u}_3\ \boldsymbol{u}_4]$ を求めよ．

(3)　U_1 から U_2 への変換行列 U（$U_2 = U_1 U$）を求め，U が直交行列であることを確かめよ．

□ **10**　n 次正方実行列 A, B に対し次は同値であることを示せ．

(1)　$A + iB$ はユニタリ行列である．　　(2)　$\begin{bmatrix} A & -B \\ B & A \end{bmatrix}$ は直交行列である．

□ **11**　$\mathbb{R}^n$ の一般の実内積 $(\boldsymbol{a}, \boldsymbol{b})'$ は，ある実対称行列 G により

$$(\boldsymbol{a}, \boldsymbol{b})' = {}^t\boldsymbol{a}G\boldsymbol{b} \quad (= (\boldsymbol{a}, \boldsymbol{b})_G)$$

と表されることを示せ．

□ **12**　実内積空間 V のベクトル $\boldsymbol{a}$, $\boldsymbol{b}$ に対し，次を示せ．

(1)　（菱形）$\|\boldsymbol{a}\| = \|\boldsymbol{b}\| \Leftrightarrow (\boldsymbol{a} + \boldsymbol{b}) \perp (\boldsymbol{a} - \boldsymbol{b})$

(2)　（三平方の定理）$\boldsymbol{a} \perp \boldsymbol{b} \Leftrightarrow \|\boldsymbol{a} + \boldsymbol{b}\|^2 = \|\boldsymbol{a}\|^2 + \|\boldsymbol{b}\|^2$

(3)　$(\boldsymbol{a}, \boldsymbol{b}) = \frac{1}{4}\left(\|\boldsymbol{a} + \boldsymbol{b}\|^2 - \|\boldsymbol{a} - \boldsymbol{b}\|^2\right)$

□ **13**　内積空間 V のベクトル $\boldsymbol{a}$, $\boldsymbol{b}$ に対し，次を示せ．

(1)　（中線定理）$\|\boldsymbol{a} + \boldsymbol{b}\|^2 + \|\boldsymbol{a} - \boldsymbol{b}\|^2 = 2\left(\|\boldsymbol{a}\|^2 + \|\boldsymbol{b}\|^2\right)$

(2) （三角不等式）$\bigl|\|\boldsymbol{a}\| - \|\boldsymbol{b}\|\bigr| \leqq \|\boldsymbol{a} - \boldsymbol{b}\|$

(3) $(\boldsymbol{a}, \boldsymbol{b}) = \frac{1}{4}\bigl\{\bigl(\|\boldsymbol{a}+\boldsymbol{b}\|^2 - \|\boldsymbol{a}-\boldsymbol{b}\|^2\bigr) + i\bigl(\|\boldsymbol{a}-i\boldsymbol{b}\|^2 - \|\boldsymbol{a}+i\boldsymbol{b}\|^2\bigr)\bigr\}$

(4) $\bigl|(\boldsymbol{a}, \boldsymbol{b})\bigr| = \|\boldsymbol{a}\|\,\|\boldsymbol{b}\| \Leftrightarrow \boldsymbol{a}, \boldsymbol{b}$ は一次従属である．

□ **14** 内積空間の正規直交系 $\{\boldsymbol{u}_1, \boldsymbol{u}_2, \ldots, \boldsymbol{u}_n\}$ に対し次を示せ．

$$\|\boldsymbol{u}_1 + \boldsymbol{u}_2 + \cdots + \boldsymbol{u}_n\| = \sqrt{n}$$

□ **15** 内積空間 V のベクトル $\boldsymbol{b}$ の，部分空間 W への直交射影 $p_W(\boldsymbol{b})$ を $\boldsymbol{b}'$ とする．このとき W のベクトル $\boldsymbol{a}$ に対し次を示せ．

$$\|\boldsymbol{b} - \boldsymbol{b}'\| \leqq \|\boldsymbol{b} - \boldsymbol{a}\| \quad \text{（等号成立は } \boldsymbol{a} = \boldsymbol{b}' \text{ のときに限る）}$$

□ **16** 内積空間 V の正規直交系 $U = [\boldsymbol{u}_1 \ \cdots \ \boldsymbol{u}_n]$ と任意の $\boldsymbol{b} \in V$ に対し次を示せ．

(1) $\left\|\boldsymbol{b} - \sum_{j=1}^{n} \boldsymbol{u}_j(\boldsymbol{u}_j, \boldsymbol{b})\right\|^2 = \|\boldsymbol{b}\|^2 - \sum_{j=1}^{n}\bigl|(\boldsymbol{u}_j, \boldsymbol{b})\bigr|^2$

(2) $\|\boldsymbol{b}\|^2 \geqq \sum_{j=1}^{n}\bigl|(\boldsymbol{u}_j, \boldsymbol{b})\bigr|^2 \quad \left(\text{等号成立は } \boldsymbol{b} = \sum_{j=1}^{n} \boldsymbol{u}_j(\boldsymbol{u}_j, \boldsymbol{b}) \text{ のときに限る}\right)$

□ **17** （最小二乗法）$m \times n$ K-行列 $A = [\boldsymbol{a}_1\ \boldsymbol{a}_2\ \cdots\ \boldsymbol{a}_n]$ と $\boldsymbol{b} \in K^m$ に対し，$\|A\boldsymbol{x} - \boldsymbol{b}\|$ を最小にする $\boldsymbol{x} \in K^n$ は，次の連立一次方程式の解であることを示せ．

$$A^* A\boldsymbol{x} = A^* \boldsymbol{b}$$

□ **18** $\mathbb{R}[x]$ の内積を，$p, q \in \mathbb{R}[x]$ に対し，次式で定める．

$$(p, q) = \int_{-1}^{1} p(x)q(x)\,dx$$

(1) $1, x, x^2$ の長さ，および内積 $(1, x), (1, x^2), (x, x^2)$ を求めよ．

(2) $1, x, x^2$ をこの順で正規直交化せよ．

□ **19** ルジャンドルの多項式

$$P_n(x) = \frac{1}{2^n n!}\frac{d^n}{dx^n}(x^2 - 1)^n \quad (n = 0, 1, 2, \ldots, P_0(x) = 1)$$

と上の問題 18 の内積に関し次を示せ．

(1) $n = 0, 1, 2$ について，$\sqrt{\frac{2n+1}{2}}\,P_n(x)$ を求めよ．

(2) $m < n$ のとき，m 次多項式 $f(x)$ に対し $(f, P_n) = 0$．特に，$(P_m, P_n) = 0$．
（従って，$P_0(x), P_1(x), P_2(x), \ldots$ は直交系．）

(3) $\|P_n\|^2 = \frac{2}{2n+1}$ $\left(\text{従って } \left\{\sqrt{\frac{2n+1}{2}}\,P_n(x)\right\} (n = 0, 1, 2, \ldots) \text{ は正規直交系.}\right)$

第6章

固有値と固有ベクトル

本章では，互いに相似な正方行列の中で最も簡単な形，特に対角行列になる場合を考える．その際に現れるのが固有値と固有ベクトルであり，それらが分かれば元の行列の性質がある程度分かる．

内積空間では，直交行列やユニタリ行列で対角化できる行列が重要であり応用も多い．応用のいくつかは補足で述べる．ここで取り扱われることは，線形的な現象を理解するための方法などを示すものであり，数学，物理学，工学関係科目では特に基本的な基礎部分をなすものである．

6.1 対角化可能性

固有値と固有ベクトル

この章では行列は全て（n 次）正方行列とし，n 次正方行列 A と相似な行列，即ち，ある正則行列 P により $C = P^{-1}AP$ となる行列 C の中で最も簡単な形をもつ行列 B を求めることを考える．これは一次変換 $f\colon V \to V$ の表現行列が最も簡単な形をもつ様に V の基底を変換することに相当する．

n 次正方行列 A が対角行列と相似なとき，即ち，ある正則行列 P により

[EV1] $$P^{-1}AP = B = \begin{bmatrix} \alpha_1 & & \\ & \ddots & \\ & & \alpha_n \end{bmatrix}$$

となるとき，A は**対角化可能**であるという．

$P = [\boldsymbol{p}_1 \ \cdots \ \boldsymbol{p}_n]$ と分割すると，$AP = [A\boldsymbol{p}_1 \ \cdots \ A\boldsymbol{p}_n]$ と $AP = PB$ より，

$$\begin{aligned}[A\boldsymbol{p}_1 \ \cdots \ A\boldsymbol{p}_n] = AP = PB &= [\boldsymbol{p}_1 \ \cdots \ \boldsymbol{p}_n] \begin{bmatrix} \alpha_1 & & \\ & \ddots & \\ & & \alpha_n \end{bmatrix} \\ &= [\boldsymbol{p}_1\alpha_1 \ \cdots \ \boldsymbol{p}_n\alpha_n]\end{aligned}$$

P は正則だから $[\boldsymbol{p}_1 \ \cdots \ \boldsymbol{p}_n]$ は一次独立なので，**[EV1]** は次と同値である：

[EV1]′ $A\boldsymbol{p}_i = \alpha_i \boldsymbol{p}_i$ $(i = 1, \ldots, n)$，$[\boldsymbol{p}_1 \ \cdots \ \boldsymbol{p}_n]$ は一次独立，特に $\boldsymbol{p}_i \neq \boldsymbol{0}$

n 次正方行列 A に対し，

[EV2] $A\boldsymbol{p} = \alpha\boldsymbol{p}$ $(\Leftrightarrow (A - \alpha E)\boldsymbol{p} = \boldsymbol{0})$，$\boldsymbol{p} \neq \boldsymbol{0}$ $(\alpha \in \mathbb{C},\ \boldsymbol{p} \in \mathbb{C}^n)$

をみたすスカラー α とベクトル $\boldsymbol{p}$ が存在するとき，α を A の**固有値**（eigen value），$\boldsymbol{p}$ を固有値 α に対する A の**固有ベクトル**（eigen vector）といい，

[EV3] $W_\alpha := \{\boldsymbol{x} \in \mathbb{C}^n \mid A\boldsymbol{x} = \alpha\boldsymbol{x}\} = \{\alpha$ に対する固有ベクトルと $\boldsymbol{0}\}$

を固有値 α に対する A の**固有空間**（eigen space）という．

W_α は $(A-\alpha E)\boldsymbol{x}=\boldsymbol{0}$ の解空間なので $\mathbb{C}^n$ の部分空間であり，$\boldsymbol{p}\in W_\alpha \neq \{\boldsymbol{0}\}$ なので $\dim W_\alpha \geqq 1$．解空間の次元 $= n-\mathrm{rank}(A-\alpha E)$ より次を得た．

定理 6.1（固有空間の次元）

n 次正方行列 A の固有値 α に対する固有空間 W_α は $\mathbb{C}^n$ の線形部分空間であり，その次元は

[**EV4**] $$\dim W_\alpha = n-\mathrm{rank}(A-\alpha E) \geqq 1$$

注意 6.1 一次変換 $f\colon V\to V$ についても $f(\boldsymbol{p})=\alpha\boldsymbol{p}$（$\alpha\in K, \boldsymbol{p}\in V, \boldsymbol{p}\neq\boldsymbol{0}$）となるとき，$\alpha$ を f の**固有値**，$\boldsymbol{p}$ を**固有ベクトル**，$W_\alpha := \{\boldsymbol{v}\in V \mid f(\boldsymbol{v})=\alpha\boldsymbol{v}\}$ を**固有空間**という．また，V が関数空間のとき，固有ベクトルは**固有関数**といわれる．

固有多項式，固有方程式

α が A の固有値 $\Leftrightarrow \mathrm{rank}(A-\alpha E)<n \Leftrightarrow A-\alpha E$ は正則でない，より

$$\det(A-\alpha E)=(-1)^n\det(\alpha E-A)=0$$

$F_A(x):=\det(xE-A)$ とおき，A の**固有多項式**（eigen polynomial），または**特性多項式**（characteristic polynomial）という．また，方程式 $F_A(x)=0$ を A の**固有方程式**（eigen equation），または**特性方程式**（characteristic equation）という．このとき $F_A(\alpha)=\det(\alpha E-A)=0$ より次を得た．

固有値

α が A の固有値 $\Leftrightarrow$ α は $F_A(x)=\det(xE-A)=0$ の根

代数学の基本定理により，n 次多項式は複素数の範囲で n 個の一次式の積に分解する．即ち

[**EV5**] $$F_A(x)=|xE-A|=(x-\alpha_1)(x-\alpha_2)\cdots(x-\alpha_n)$$

従って $\alpha_1,\ldots,\alpha_n$ が $F_A(x)=0$ の根である．ここで同じ根をまとめて，相異なる根を $\beta_1,\beta_2,\ldots,\beta_k$ とすると [**EV5**] は

[**EV5**]$'$ $$F_A(x)=(x-\beta_1)^{m_1}(x-\beta_2)^{m_2}\cdots(x-\beta_k)^{m_k},\quad \sum_{i=1}^{k}m_i=n$$

と表される．m_i を β_i の**重複度**といい，β_i を $\boldsymbol{m_i}$ **重根**という．なお，1重根を単根といい，2重根は単に重根といわれることがある．また，固有値は**特性根**ともいわれる．

例題 6.1

次の行列 A の固有値 β を求めよ．

(1) $\begin{bmatrix} 0 & 1 \\ 1 & 0 \end{bmatrix}$ (2) $\begin{bmatrix} 1 & -1 \\ 1 & 1 \end{bmatrix}$ (3) $\begin{bmatrix} 1 & -1 \\ 4 & 5 \end{bmatrix}$ (4) $\begin{bmatrix} -1 & 3 & -4 \\ -1 & 3 & 0 \\ 1 & -1 & 4 \end{bmatrix}$

【解答】 (1) $F_A(x) = \begin{vmatrix} x & -1 \\ -1 & x \end{vmatrix} = x^2 - 1 = (x-1)(x+1)$ より $\beta = 1, -1$.

(2) $F_A(x) = \begin{vmatrix} x-1 & 1 \\ -1 & x-1 \end{vmatrix} = x^2 - 2x + 2 = (x-1-i)(x-1+i)$ より $\beta = 1 \pm i$.

(3) $F_A(x) = \begin{vmatrix} x-1 & 1 \\ -4 & x-5 \end{vmatrix} = x^2 - 6x + 9 = (x-3)^2$ より $\beta = 3$（重根）.

(4) $F_A(x) = \begin{vmatrix} x+1 & -3 & 4 \\ 1 & x-3 & 0 \\ -1 & 1 & x-4 \end{vmatrix} = x^3 - 6x^2 + 12x - 8 = (x-2)^3$ より $\beta = 2$（3重根）. ■

問1 次の行列 A の固有値 β を求めよ．

(1) $\begin{bmatrix} 2 & 4 \\ 1 & -1 \end{bmatrix}$ (2) $\begin{bmatrix} 1 & 2 \\ 3 & 4 \end{bmatrix}$ (3) $\begin{bmatrix} 1 & i \\ i & 1 \end{bmatrix}$

(4) $\begin{bmatrix} 0 & 1 & -1 \\ 1 & 0 & 1 \\ 1 & 1 & 3 \end{bmatrix}$ (5) $\begin{bmatrix} 1 & 0 & -1 \\ 1 & 2 & 1 \\ 2 & 2 & 1 \end{bmatrix}$

$A = [a_{ij}]$ とするとき，

$$F_A(x) = \begin{vmatrix} x - a_{11} & -a_{12} & \cdots & -a_{1n} \\ -a_{21} & x - a_{22} & \cdots & -a_{2n} \\ \vdots & \vdots & \ddots & \vdots \\ -a_{n1} & \cdots & \cdots & x - a_{nn} \end{vmatrix}$$

$$= (x - a_{11})(x - a_{22}) \cdots (x - a_{nn}) + (x \text{ の } n-2 \text{ 次以下の項})$$

$$= x^n - (a_{11} + \cdots + a_{nn})x^{n-1} + \cdots + (-1)^n |A|$$

(ここで，定数項 $= F_A(0) = |-A| = (-1)^n|A|$) より $F_A(x)$ は n 次多項式である．よって $a_{11} + \cdots + a_{nn} = \mathrm{tr}\, A$ (対角成分の和) より

[EV6] $$F_A(x) = |xE - A| = x^n - (\mathrm{tr}\, A)x^{n-1} + \cdots + (-1)^n|A|$$

[EV5], **[EV6]** より，

$F_A(x) = x^n - (\mathrm{tr}\, A)x^{n-1} + \cdots + (-1)^n|A| = (x - \alpha_1)(x - \alpha_2)\cdots(x - \alpha_n)$

右辺を展開して $(n-1)$ 次の項と定数項を比較して次を得る：

[EV7] $$\mathrm{tr}\, A = \alpha_1 + \cdots + \alpha_n, \qquad \det A = \alpha_1 \cdots \alpha_n$$

これより，A が正則 $\Leftrightarrow \det A \neq 0 \Leftrightarrow$ 固有値が全て 0 でない，が分かる．

また正則行列 P に対し，

$$|xE - P^{-1}AP| = |P^{-1}(xE - A)P| = |P^{-1}||xE - A||P| = |xE - A|$$

より

[EV8] $$F_{P^{-1}AP}(x) = F_A(x)$$

即ち，A と，相似な行列 $P^{-1}AP$ の固有多項式および固有値は等しい．

注意 6.2 一次変換 $f\colon V \to V$ については，V の基底 B を (任意に) とったときの，B に関する f の表現行列 A の固有多項式 $F_A(x)$ を f の**固有多項式**といい，$F_f(x)$ と表す．$F_f(x)$ は **[EV8]** より基底 B の取り方によらず定まる．また，A の固有値 α は $\alpha \in K$ のとき，α に対する固有ベクトルが $\boldsymbol{p} \in K^n$ とすると，$f(B\boldsymbol{p}) = f(B)\boldsymbol{p} = BA\boldsymbol{p} = B(\alpha\boldsymbol{p}) = \alpha(B\boldsymbol{p})$ より f の固有値であり，$B\boldsymbol{p}$ が f の固有ベクトルになる．

以下，$\alpha_1, \alpha_2, \ldots, \alpha_n$ は A の重複を含めた全ての固有値とし，$\beta_1, \beta_2, \ldots, \beta_k$ は A の全ての相異なる固有値とする．このとき，固有値 β に対する固有空間 W_β は方程式 $(A - \beta E)\boldsymbol{x} = \boldsymbol{0}$ の解空間である．

例題 6.2 (固有値と固有空間)

次の行列 A の固有値と固有空間の基底を求めよ．

$$A = \begin{bmatrix} 1 & 2 & 1 \\ -1 & 4 & 1 \\ 2 & -4 & 0 \end{bmatrix}$$

【解答】 (1)　まず固有値を，固有方程式を解くことにより重複も含めて全て求める．

$$|xE-A| = \begin{vmatrix} x-1 & -2 & -1 \\ 1 & x-4 & -1 \\ -2 & 4 & x \end{vmatrix} = x^3-5x^2+8x-4 = (x-2)^2(x-1)$$

より固有値は $\beta = 1, 2$（重根）.

(2-1)　$\beta = 1$ に対する固有空間 W_1 の基底を方程式 $(A-E)\boldsymbol{x} = \boldsymbol{0}$ を解いて求める．

$$A-E = \begin{bmatrix} 0 & 2 & 1 \\ -1 & 3 & 1 \\ 2 & -4 & -1 \end{bmatrix} \overset{\text{行簡約化}}{\longmapsto} \begin{bmatrix} 1 & 0 & \frac{1}{2} \\ 0 & 1 & \frac{1}{2} \\ 0 & 0 & 0 \end{bmatrix},$$

$$W_1 = \left\langle \begin{bmatrix} -\frac{1}{2} \\ -\frac{1}{2} \\ 1 \end{bmatrix} \right\rangle = \left\langle \boldsymbol{p}_1 = \begin{bmatrix} 1 \\ 1 \\ -2 \end{bmatrix} \right\rangle$$

(2-2)　$\beta = 2$ に対する固有空間 W_2 を求める．

$$A-2E = \begin{bmatrix} -1 & 2 & 1 \\ -1 & 2 & 1 \\ 2 & -4 & -2 \end{bmatrix} \mapsto \begin{bmatrix} 1 & -2 & -1 \\ 0 & 0 & 0 \\ 0 & 0 & 0 \end{bmatrix},$$

$$W_2 = \left\langle \boldsymbol{p}_2 = \begin{bmatrix} 2 \\ 1 \\ 0 \end{bmatrix}, \boldsymbol{p}_3 = \begin{bmatrix} 1 \\ 0 \\ 1 \end{bmatrix} \right\rangle$$

ここで $\boldsymbol{p}_1, \boldsymbol{p}_2, \boldsymbol{p}_3$ は一次独立だから（次の補題 6.2，定理 6.4 からも分かる）

$$P = [\boldsymbol{p}_1\ \boldsymbol{p}_2\ \boldsymbol{p}_3] = \begin{bmatrix} 1 & 2 & 1 \\ 1 & 1 & 0 \\ -2 & 0 & 1 \end{bmatrix} \qquad \left(Q = [\boldsymbol{p}_2\ \boldsymbol{p}_3\ \boldsymbol{p}_1] = \begin{bmatrix} 2 & 1 & 1 \\ 1 & 0 & 1 \\ 0 & 1 & -2 \end{bmatrix} \right)$$

とおけば P（Q）は正則で，$A\boldsymbol{p}_i = \alpha_i \boldsymbol{p}_i$．[**EV1**] より固有ベクトルの並び順に従って固有値が並ぶので

$$P^{-1}AP = \begin{bmatrix} 1 & 0 & 0 \\ 0 & 2 & 0 \\ 0 & 0 & 2 \end{bmatrix} \qquad \left(Q^{-1}AQ = \begin{bmatrix} 2 & 0 & 0 \\ 0 & 2 & 0 \\ 0 & 0 & 1 \end{bmatrix} \right)$$

[検算]

1. 基本解を元の方程式 $(A-\beta E)\boldsymbol{x} = \boldsymbol{0}$ に代入して検算する．
（$\dim W_\beta = n - \mathrm{rank}(A-\beta E)$ より「基本解の個数 = 固有空間の次元」が分かる.）
2. $(A-\beta E)\boldsymbol{x} = \boldsymbol{0}$ の解が $\boldsymbol{0}$ しかないときは固有値の計算を間違えた可能性が高い．■

問 2 次の行列の固有値と固有空間の基底を求めよ.

(1) $\begin{bmatrix} 1 & 1 \\ 1 & 1 \end{bmatrix}$ (2) $\begin{bmatrix} 0 & -1 \\ 1 & 0 \end{bmatrix}$ (3) $\begin{bmatrix} 4 & 4 & 2 \\ 1 & 6 & 1 \\ -3 & -10 & -1 \end{bmatrix}$ (4) $\begin{bmatrix} 4 & -1 & 5 \\ 1 & 0 & 1 \\ -1 & 1 & 0 \end{bmatrix}$

行列の対角化

対角化可能性については $[\mathbf{EV1}]'$ より容易な判定法がある.

補題 6.2 (固有ベクトルの一次独立性)

正方行列 A の相異なる固有値 $\beta_1, \beta_2, \ldots, \beta_k$ に対する固有ベクトル $\boldsymbol{p}_1, \boldsymbol{p}_2, \ldots, \boldsymbol{p}_k$ は一次独立である. 従って, 全ての固有空間の和空間は直和である. 即ち

$$W_{\beta_1} + W_{\beta_2} + \cdots + W_{\beta_k} = W_{\beta_1} \oplus W_{\beta_2} \oplus \cdots \oplus W_{\beta_k}$$

【証明】 一次独立性を数学的帰納法で示す： $\boldsymbol{p}_1 \neq \mathbf{0}$ より $\{\boldsymbol{p}_1\}$ は一次独立である. $\{\boldsymbol{p}_1, \boldsymbol{p}_2, \ldots, \boldsymbol{p}_{j-1}\}$ が一次独立と仮定し,

$$(*) \qquad s_1\boldsymbol{p}_1 + \cdots + s_j\boldsymbol{p}_j = \mathbf{0}, \qquad s_1, \ldots, s_j \in \mathbb{C}$$

ならば $s_1 = \cdots = s_j = 0$ を示せば良い. 左辺を $\boldsymbol{x}$ とおくと $\boldsymbol{x} = \mathbf{0}$ より

$$(A - \beta_j E)\boldsymbol{x} = \mathbf{0}$$

$(A - \beta_j E)s_i\boldsymbol{p}_i = s_i(A\boldsymbol{p}_i - \beta_j\boldsymbol{p}_i) = s_i(\beta_i - \beta_j)\boldsymbol{p}_i$ より

$$\begin{aligned}\mathbf{0} &= (A - \beta_j E)\boldsymbol{x} = (A - \beta_j E)(s_1\boldsymbol{p}_1 + \cdots + s_j\boldsymbol{p}_j) \\ &= s_1(\beta_1 - \beta_j)\boldsymbol{p}_1 + \cdots + s_{j-1}(\beta_{j-1} - \beta_j)\boldsymbol{p}_{j-1} \ (+\, s_j(\beta_j - \beta_j)\boldsymbol{p}_j = \mathbf{0})\end{aligned}$$

$\boldsymbol{p}_1, \boldsymbol{p}_2, \ldots, \boldsymbol{p}_{j-1}$ が一次独立より

$$s_1(\beta_1 - \beta_j) = \cdots = s_{j-1}(\beta_{j-1} - \beta_j) = 0$$

$\beta_i \neq \beta_j$ $(i = 1, \ldots, j-1)$ より

$$s_1 = \cdots = s_{j-1} = 0$$

$(*)$ に代入して $s_j\boldsymbol{p}_j = \mathbf{0}$. $\boldsymbol{p}_j \neq \mathbf{0}$ より $s_j = 0$. 従って帰納法が成立し, $\boldsymbol{p}_1, \boldsymbol{p}_2, \ldots, \boldsymbol{p}_k$ が一次独立となる.

直和になることは, $\boldsymbol{x}_1 + \cdots + \boldsymbol{x}_k = \boldsymbol{x}'_1 + \cdots + \boldsymbol{x}'_k$, $\boldsymbol{x}_i, \boldsymbol{x}'_i \in W_{\beta_i}$ ならば $\boldsymbol{x}_i = \boldsymbol{x}'_i$ $(i = 1, \ldots, k)$ を示せばよい. 仮定より $(\boldsymbol{x}_1 - \boldsymbol{x}'_1) + \cdots + (\boldsymbol{x}_k - \boldsymbol{x}'_k) = \mathbf{0}$, $\boldsymbol{x}_i - \boldsymbol{x}'_i \in W_{\beta_i}$. ここで $\boldsymbol{x}_i - \boldsymbol{x}'_i \neq \mathbf{0}$ なる i があるとすると, $\boldsymbol{x}_i - \boldsymbol{x}'_i$ は固有値 β_i に対する固有ベクトルだから, 上で示した一次独立性に反する. よって全ての i について $\boldsymbol{x}_i - \boldsymbol{x}'_i = \mathbf{0}$. ■

系 6.3

正方行列 A の固有値が全て異なれば対角化可能である．

例 6.3 行列 $A = \begin{bmatrix} 0 & 1 & 0 \\ 0 & 0 & 1 \\ 1 & 0 & 0 \end{bmatrix}$ の固有多項式は，

$$F_A(x) = \begin{vmatrix} x & -1 & 0 \\ 0 & x & -1 \\ -1 & 0 & x \end{vmatrix}$$

$$= x^3 - 1 = (x-1)(x-\omega)(x-\omega^2) \quad \left(\omega := \tfrac{-1+\sqrt{3}\,i}{2}\right)$$

3つの固有値 $1, \omega, \omega^2$ は全て異なるので対角化可能で，各固有値に対する固有ベクトルを並べた正則行列

$$P = \begin{bmatrix} 1 & \omega & \omega^2 \\ 1 & \omega^2 & \omega \\ 1 & 1 & 1 \end{bmatrix} \text{ により，} P^{-1}AP = \begin{bmatrix} 1 & 0 & 0 \\ 0 & \omega & 0 \\ 0 & 0 & \omega^2 \end{bmatrix}$$

と対角化される． □

定理 6.4（対角化の同値条件）

n 次正方行列 A について次は同値である：

(1) A は対角化可能である．

(2) A は一次独立な n 個の固有ベクトル $P = [\boldsymbol{p}_1 \ \cdots \ \boldsymbol{p}_n]$ をもつ．このとき α_i を $\boldsymbol{p}_i$ の固有値とすれば

$$P^{-1}AP = \begin{bmatrix} \alpha_1 & & \\ & \ddots & \\ & & \alpha_n \end{bmatrix}$$

(3) A の相異なる全ての固有値を $\beta_1, \ldots, \beta_k$，その重複度を $m_1, \ldots, m_k$ とする，即ち

$F_A(x) = |xE - A| = (x-\beta_1)^{m_1} \cdots (x-\beta_k)^{m_k} \ (m_1 + \cdots + m_k = n)$

とする．このとき

$$\dim W_{\beta_i} = m_i \quad (i = 1, \ldots, k)$$

（固有空間の次元 = 固有値の重複度）

(4) $\mathbb{C}^n = W_{\beta_1} \oplus W_{\beta_2} \oplus \cdots \oplus W_{\beta_k}$

【証明】 (1) $\Leftrightarrow$ (2) は $[\mathbf{EV1}]'$.

(2) $\Rightarrow$ (3)： (2) より，ある正則行列 $P = [\boldsymbol{p}_1 \ \cdots \ \boldsymbol{p}_n]$ により（$\boldsymbol{p}_i$ を同じ固有値ごとにまとまる様に並べれば）

$$P^{-1}AP = B = \begin{bmatrix} \beta_1 E_{m_1} & & \\ & \ddots & \\ & & \beta_k E_{m_k} \end{bmatrix}$$

とできる．このとき

$$\operatorname{rank}(A - \beta_i E) = \operatorname{rank} P^{-1}(A - \beta_i E)P = \operatorname{rank}(P^{-1}AP - \beta_i E) = n - m_i$$

$[\mathbf{EV4}]$ より

$$\dim W_{\beta_i} = n - \operatorname{rank}(A - \beta_i E) = n - (n - m_i) = m_i \quad (i = 1, \ldots, k)$$

(3) $\Rightarrow$ (4)： $W := W_{\beta_1} \oplus \cdots \oplus W_{\beta_k}$ とおくと $W \subset \mathbb{C}^n$ であり，

$$\dim W = \dim W_{\beta_1} + \cdots + \dim W_{\beta_k} = m_1 + \cdots + m_k = n$$

より $\mathbb{C}^n$ と次元が等しい．よって $W = \mathbb{C}^n$.

(4) $\Rightarrow$ (2)： 各 W_{β_i} の基底 $\boldsymbol{p}_{i,1}, \ldots, \boldsymbol{p}_{i,m_i}$ は固有ベクトルで，これら全体は $\mathbb{C}^n$ の基底になる．即ちこれら全体は一次独立な n 個の固有ベクトルの組である． ■

この定理 6.4 により，正方行列 A が対角化可能かどうか判定するには：

(1) 固有方程式 $F_A(x) = |xE - A| = 0$ を解いて固有値を求める．
（$(-1)^n F_A(x) = |A - xE| = 0$ を解いても良い．）

(2) 各固有値 β_i に対し，同次方程式 $(A - \beta_i E)\boldsymbol{x} = \boldsymbol{0}$ を解いて，W_{β_i} の基底（= この方程式の基本解）を求める．（これで固有値と固有空間（の基底）が求まる．）

(3) 各固有値 β_i に対し，

$$\beta_i \text{ の重複度 } m_i = \dim W_{\beta_i} \equiv \text{基本解の個数}$$

が成り立てば対角化可能であり，基本解を全て並べた行列 P は正則で，A は P により対角化される．

ある β_i について $m_i > \dim W_{\beta_i}$ なら対角化不能である．

例 6.4 例題 6.2 の $\boldsymbol{p}_2$, $\boldsymbol{p}_3$ は W_2 の基底だから $\dim W_2 = 2$（= 固有値 2 の重複度）．従ってこの定理により例題 6.2 の P, Q は正則であることが分かる． □

例題 6.5

$A = \begin{bmatrix} 1 & 2 & 2 \\ 1 & 2 & -1 \\ -1 & 1 & 4 \end{bmatrix}$ の固有値と固有空間（の基底）を全て求め，A が対角化可能かどうか判定せよ．また対角化可能なら $P^{-1}AP = D$ となる正則行列 P と対角行列 D を求めよ．

【解答】 まず固有値を求める：$|A - xE| = \begin{vmatrix} 1-x & 2 & 2 \\ 1 & 2-x & -1 \\ -1 & 1 & 4-x \end{vmatrix} = -(x-1)(x-3)^2$ より固有値は $x = 1, 3$（重根）.

$x = 1$（重複度 1）のとき：

$$A - E = \begin{bmatrix} 0 & 2 & 2 \\ 1 & 1 & -1 \\ -1 & 1 & 3 \end{bmatrix} \mapsto \begin{bmatrix} 1 & 0 & -2 \\ 0 & 1 & 1 \\ 0 & 0 & 0 \end{bmatrix}, \quad W_1 = \left\langle \begin{bmatrix} 2 \\ -1 \\ 1 \end{bmatrix} \right\rangle$$

$x = 3$（重複度 2）のとき：

$$A - 3E = \begin{bmatrix} -2 & 2 & 2 \\ 1 & -1 & -1 \\ -1 & -1 & 1 \end{bmatrix} \mapsto \begin{bmatrix} 1 & -1 & -1 \\ 0 & 0 & 0 \\ 0 & 0 & 0 \end{bmatrix}, \quad W_2 = \left\langle \begin{bmatrix} 1 \\ 1 \\ 0 \end{bmatrix}, \begin{bmatrix} 1 \\ 0 \\ 1 \end{bmatrix} \right\rangle$$

$\dim W_2 = 3 - \mathrm{rank}(A - 3E) = 2 =$ 重複度 より A は対角化可能であり，求まった固有空間の基底を並べた行列 P は正則で，対応する固有値を対角線に並べた対角行列が D になる．即ち，

$$P = \begin{bmatrix} 2 & 1 & 1 \\ -1 & 1 & 0 \\ 1 & 0 & 1 \end{bmatrix}, \qquad P^{-1}AP = \begin{bmatrix} 1 & 0 & 0 \\ 0 & 3 & 0 \\ 0 & 0 & 3 \end{bmatrix} = D$$ ■

例題 6.6

$A = \begin{bmatrix} 3 & 0 & -1 \\ 0 & 1 & 0 \\ 1 & 2 & 1 \end{bmatrix}$ の固有値と固有空間（の基底）を全て求め，A が対角化可能かどうか判定せよ．

【解答】 まず固有値を求める：$|A - xE| = \begin{vmatrix} 3-x & 0 & -1 \\ 0 & 1-x & 0 \\ 1 & 2 & 1-x \end{vmatrix} = -(x-1)(x-2)^2 = 0$ より固有値は $x = 1, 2$（重根）.

$x=1$（重複度 1）のとき：

$$A-E=\begin{bmatrix}2&0&-1\\0&0&0\\1&2&0\end{bmatrix}\mapsto\begin{bmatrix}1&0&-\frac{1}{2}\\0&1&\frac{1}{4}\\0&0&0\end{bmatrix},\quad W_1=\left\langle\begin{bmatrix}\frac{1}{2}\\-\frac{1}{4}\\1\end{bmatrix}\right\rangle=\left\langle\begin{bmatrix}2\\-1\\4\end{bmatrix}\right\rangle$$

$x=2$（重複度 2）のとき：

$$A-2E=\begin{bmatrix}1&0&-1\\0&-1&0\\1&2&-1\end{bmatrix}\mapsto\begin{bmatrix}1&0&-1\\0&1&0\\0&0&0\end{bmatrix},\quad W_2=\left\langle\begin{bmatrix}1\\0\\1\end{bmatrix}\right\rangle$$

$\dim W_2=3-\operatorname{rank}(A-2E)=1<2=$ 重複度 より A は対角化不能である．
なお，これらと一次独立な ${}^t[0,0,-1]$ を加えると次の P は正則で，

$$P=\begin{bmatrix}2&1&0\\-1&0&0\\4&1&-1\end{bmatrix},$$

$$P^{-1}AP=\begin{bmatrix}0&-1&0\\1&2&0\\1&-2&-1\end{bmatrix}\begin{bmatrix}3&0&-1\\0&1&0\\1&2&1\end{bmatrix}\begin{bmatrix}2&1&0\\-1&0&0\\4&1&-1\end{bmatrix}=\begin{bmatrix}1&0&0\\0&2&1\\0&0&2\end{bmatrix}$$ ■

例 6.7 次の行列は対角化できない．（次の $J(\alpha,n)$ は n 次行列である．）

$$A=\begin{bmatrix}1&1\\0&1\end{bmatrix},\qquad J=J(\alpha,n)=\begin{bmatrix}\alpha&1&&&\\&\alpha&1&&\\&&\ddots&\ddots&\\&&&\alpha&1\\&&&&\alpha\end{bmatrix}\quad(n\geqq 2)$$

$A=J(1,2)$ である．J の固有値は α の n 重根で $\operatorname{rank}(J-\alpha E)=n-1$，$\dim W_\alpha=1\neq n$ より対角化できないことが分かる．（$J(\alpha,n)$ は**ジョルダン細胞**（Jordan block）といわれる．） □

注意 6.3 n 次正方行列 A はある正則行列 P により**ジョルダン標準形**といわれる次の形のブロック対角型の行列に変形できることが知られている．（証明略）

$$P^{-1}AP=\begin{bmatrix}J(\alpha_1,n_1)&&\\&\ddots&\\&&J(\alpha_k,n_k)\end{bmatrix},\qquad n_1,\ldots,n_k\geqq 1,\quad \sum_{i=1}^{k}n_i=n$$

A が対角化可能 $\Leftrightarrow k=n,\ n_1=\cdots=n_k=1$ である．（$J(\alpha_i,1)=[\alpha_i]$）

問 3 問 2 の行列 A が対角化可能かどうかを判定し，対角化可能なら $P^{-1}AP=D$ となる正則行列 P と対角行列 D を求めよ．

6.2 ユニタリ行列による三角化と対角化

正方行列の三角化

正方行列 A がある三角行列 T と相似なとき，A は**三角化可能**であるという．T の対角成分を $\alpha_1,\ldots,\alpha_n$ とすれば固有多項式は $F_T(x)=(x-\alpha_1)\cdots(x-\alpha_n)$ だから $\alpha_1,\ldots,\alpha_n$ は T の固有値であり，これと相似な A の固有値でもある（[**EV8**]）．（注意 6.3 を証明するのは難しいが，次の定理はそれよりは容易に示せる．）

定理 6.5（行列の三角化）

n 次正方行列 A は三角化可能，即ち，ある正則行列 P により

$$P^{-1}AP=\begin{bmatrix}\alpha_1 & & * \\ & \ddots & \\ & & \alpha_n\end{bmatrix}$$

と上三角行列にできる．さらに，P としてユニタリ行列をとることができる．また，A の固有値 $\alpha_1,\alpha_2,\ldots,\alpha_n$ は任意の順序，特に相異なる固有値ごとに，重複度と同じ個数だけ並ぶ様にできる．また，A が実行列で固有値が全て実数のときは P として直交行列をとることができる．

【**証明**】 n に関する帰納法で示す．$n=1$, $A=[\alpha]$ のときは成り立っている（$P=[1]$）．$(n-1)$ 次行列まで定理が成り立つと仮定する．A の固有値を任意にとって α_1 とし，α_1 に対する長さ 1 の固有ベクトルを $\boldsymbol{u}_1$ とする．（α_1 に対する固有ベクトル $\boldsymbol{p}_1$ を正規化すれば良い．）$\boldsymbol{u}_1$ を延長して正規直交基底 $[\boldsymbol{u}_1,\ldots,\boldsymbol{u}_n]$ を作れば（定理 5.6（グラム-シュミットの直交化法））$U=[\boldsymbol{u}_1\ \cdots\ \boldsymbol{u}_n]$ はユニタリ行列になる（定理 5.9）．このとき $A\boldsymbol{u}_1=\alpha_1\boldsymbol{u}_1$ より

$$AU=[\alpha_1\boldsymbol{u}_1\ A\boldsymbol{u}_2\ \cdots\ A\boldsymbol{u}_n]=[\boldsymbol{u}_1\ \cdots\ \boldsymbol{u}_n]\left[\begin{array}{c|c}\alpha_1 & * \\ \hline \mathbf{0} & A_1\end{array}\right]=U\begin{bmatrix}\alpha_1 & * \\ \mathbf{0} & A_1\end{bmatrix}$$

（A_1 は $U^{-1}[A\boldsymbol{u}_2\ \cdots\ A\boldsymbol{u}_n]$ の 2 行目以下の部分．）従って $U^{-1}AU=\begin{bmatrix}\alpha_1 & * \\ \mathbf{0} & A_1\end{bmatrix}$.

仮定より A_1 には $U_1^{-1}A_1U_1=\begin{bmatrix}\alpha_2 & & * \\ & \ddots & \\ & & \alpha_n\end{bmatrix}$ となる $(n-1)$ 次ユニタリ行列 U_1 がある．$Q:=\begin{bmatrix}1 & \mathbf{0} \\ \mathbf{0} & U_1\end{bmatrix}$ とおけば

$$Q^*Q = \begin{bmatrix} 1 & \mathbf{0} \\ \mathbf{0} & U_1^* \end{bmatrix} \begin{bmatrix} 1 & \mathbf{0} \\ \mathbf{0} & U_1 \end{bmatrix} = \begin{bmatrix} 1 & \mathbf{0} \\ \mathbf{0} & U_1^* U_1 \end{bmatrix} = \begin{bmatrix} 1 & \mathbf{0} \\ \mathbf{0} & E_{n-1} \end{bmatrix} = E_n$$

より Q はユニタリ行列で，$P = UQ$ とおけばユニタリ行列の積である P もユニタリ行列であり，

$$P^{-1}AP = (UQ)^{-1}A(UQ) = Q^{-1}(U^{-1}AU)Q$$

$$= \begin{bmatrix} 1 & \mathbf{0} \\ \mathbf{0} & U_1^{-1} \end{bmatrix} \begin{bmatrix} \alpha_1 & * \\ \mathbf{0} & A_1 \end{bmatrix} \begin{bmatrix} 1 & \mathbf{0} \\ \mathbf{0} & U_1 \end{bmatrix} = \begin{bmatrix} \alpha_1 & * \\ \mathbf{0} & U_1^{-1}A_1U_1 \end{bmatrix} = \begin{bmatrix} \alpha_1 & & & * \\ & \alpha_2 & & \\ & & \ddots & \\ & & & \alpha_n \end{bmatrix}$$

より定理が示された．A が実行列のとき，α_1 が実数ならば，$(A - \alpha_1 E)\boldsymbol{x} = \mathbf{0}$ の解である $\boldsymbol{u}_1$ も実ベクトルにとれるので，U は「実ユニタリ行列 = 直交行列」とできる．$\alpha_2, \ldots, \alpha_n$ も実数なら，帰納的に Q, P も直交行列にとれる． ■

行列の多項式

一般に，x の多項式 $f(x) = a_m x^m + \cdots + a_1 x + a_0$ と正方行列 A に対し，（x に A を代入した）正方行列 $f(A)$ を，

$$f(A) = a_m A^m + \cdots + a_1 A + a_0 E$$

と定める．（$a_0 = a_0 x^0$, $A^0 = E$ より定数項は $a_0 E$ とする．）

A を正則行列 P により三角化して $T = P^{-1}AP$（上三角行列）とすると，$T^2 = P^{-1}APP^{-1}AP = P^{-1}A^2P, \ldots, T^k = P^{-1}A^kP$ より

$$f(T) = a_m T^m + \cdots + a_0 E = P^{-1}(a_m A^m + \cdots + a_0 E)P = P^{-1}f(A)P,$$

$$f(A) = Pf(T)P^{-1}$$

上三角行列 T の和，スカラー倍，積はまた上三角行列で，その (i,i) 成分もまた T の (i,i) 成分の和，スカラー倍，積になるので，T の対角成分を $\alpha_1, \ldots, \alpha_n$ とすると $f(T)$ の対角成分は $f(\alpha_1), \ldots, f(\alpha_n)$ になり，$f(T)$ と相似な $f(A)$ の固有値になる．即ち次を得た．

定理 6.6（フロベニウス（Frobenius）の定理）

$f(x)$ を x の多項式，n 次正方行列 A の固有値を $\alpha_1, \ldots, \alpha_n$ とするとき，行列 $f(A)$ の固有値は $f(\alpha_1), \ldots, f(\alpha_n)$ である．

特に T が対角行列のときは $f(T)$ もそうで，これより $f(A)$ が計算できる．

例題 6.8

$A = \begin{bmatrix} 5 & -2 \\ 3 & 0 \end{bmatrix}$ を対角化し，A^n を求めよ．

【解答】 $xE - A = \begin{vmatrix} x-5 & 2 \\ -3 & x \end{vmatrix} = x^2 - 5x + 6 = (x-2)(x-3)$ より $\beta = 2, 3$.

$(A-3E)\boldsymbol{x} = \mathbf{0}$, $(A-2E)\boldsymbol{x} = \mathbf{0}$ を解いて対角化すると，

$$P = \begin{bmatrix} 1 & 2 \\ 1 & 3 \end{bmatrix}, \quad P^{-1}AP = \begin{bmatrix} 3 & 0 \\ 0 & 2 \end{bmatrix} =: T, \quad P^{-1} = \begin{bmatrix} 3 & -2 \\ -1 & 1 \end{bmatrix}$$

$P^{-1}A^nP = (P^{-1}AP)^n = T^n = \begin{bmatrix} 3^n & 0 \\ 0 & 2^n \end{bmatrix}$ より，

$$A^n = PD^nP^{-1} = \begin{bmatrix} 3^{n+1} - 2^{n+1} & 2^{n+1} - 2\cdot 3^n \\ 3^{n+1} - 3\cdot 2^n & 3\cdot 2^n - 2\cdot 3^n \end{bmatrix}$$ ■

問 4　次の行列 A に対し，A^n を求めよ．

(1) $\begin{bmatrix} 7 & 3 \\ -6 & -2 \end{bmatrix}$　　(2) $\begin{bmatrix} 1 & 0 & 0 \\ 1 & 1 & 1 \\ 0 & 1 & 1 \end{bmatrix}$

定理 6.7（ケーリー-ハミルトン（Cayley-Hamilton）の定理）

正方行列 A の固有多項式 $F_A(x)$ に対し，$F_A(A) = O$.

【証明】 定理 6.6 の前の記号の元に，$F_A(x) = (x-\alpha_1)\cdots(x-\alpha_n) = F_T(x)$ より

$$F_A(T) = (T - \alpha_1 E)\cdots(T - \alpha_n E)$$

右辺を $B_1 \cdots B_n$ とおく．各 $B_i = T - \alpha_i E$ は上三角行列で，(i,i) 成分が 0 である．

$$T = \begin{bmatrix} \alpha_1 & & * \\ & \ddots & \\ & & \alpha_n \end{bmatrix},$$

$$B_1 = \begin{bmatrix} 0 & & * \\ & \cdot & \\ & & \ddots \end{bmatrix}, \ B_2 = \begin{bmatrix} \cdot & & * \\ & 0 & \\ & & \ddots \end{bmatrix}, \ \ldots, \ B_n = \begin{bmatrix} \cdot & & * \\ & \ddots & \\ & & 0 \end{bmatrix}$$

B_1 は1列目が，B_1B_2 は2列目までが $\mathbf{0}$ になり，順次掛けていくと $B_1 \cdots B_k$ は k 列目までが $\mathbf{0}$ になり，$F_A(T) = B_1 \cdots B_n = O$ となる．よって $F_A(A) = PF_A(T)P^{-1} = O$．なお，$|AE - A| = 0$ は数で，$F_A(A) = O$ は行列なので

$$F_A(A) \neq |AE - A|$$ ■

注意 6.4 $f(x)$ を $F_A(x)$ で割った商を $q(x)$，余りを $r(x)$ とするとき，この定理を用いれば，

$$f(A) = q(A)F_A(A) + r(A) = O + r(A) = r(A)$$

が成り立つ．

例題 6.9

定理 6.7 を用いて次の A と $f(x)$ に対する $f(A)$ を求めよ．

(1) $A = \begin{bmatrix} 5 & -2 \\ 3 & 0 \end{bmatrix}$, $f(x) = x^n$

(2) $A = \begin{bmatrix} 1 & -3 \\ 1 & -2 \end{bmatrix}$, $f(x) = x^{20}$

【解答】 (1) 例題 6.8 より

$$F_A(x) = (x-2)(x-3)$$

$x^n = q(x)F_A(x) + ax + b$ とおくと，$x = 2, 3$ のとき，

$$2^n = 2a + b,\ 3^n = 3a + b, \qquad \therefore\ a = 3^n - 2^n,\ b = 3 \cdot 2^n - 2 \cdot 3^n$$

$\therefore A^n = (3^n - 2^n)A + (3 \cdot 2^n - 2 \cdot 3^n)E =$ 例題 6.8 の結果，を得る．

(2) $F_A(x) = x^2 + x + 1$ より

$$A^2 + A + E = O, \quad A^3 - E = (A - E)(A^2 + A + E) = O$$

より $A^3 = E$．また，$A^2 = -A - E$．これらを用いると，

$$A^{20} = A^2 = -A - E = \begin{bmatrix} -2 & 3 \\ -1 & 1 \end{bmatrix}$$

■

問 5 次の A と $f(x)$ に対する $f(A)$ を求めよ．

(1) $A = \begin{bmatrix} 1 & -1 \\ 1 & 0 \end{bmatrix}$, $f(x) = x^5 + x^4$

(2) $A = \begin{bmatrix} 2 & -8 & 7 \\ 0 & 0 & 1 \\ -1 & 4 & -2 \end{bmatrix}$, $f(x) = x^8 + x^6 - 2$

注意 6.5 最高次の係数が 1 の多項式 $m(x)$ で $m(A) = O$ をみたすものの中で次数が最小のものを A の**最小多項式**という．$F_A(x)$ は最小多項式で割り切れるので，最小多項式が求まれば，$f(A)$ はより次数の低い A の多項式に還元できる可能性がある．

6.3　正規行列のユニタリ行列による対角化

正規行列

内積空間では基底は正規直交基底を用いるが，それらの間の変換行列はユニタリ行列になる．そこで正方行列 A がユニタリ行列で対角化されるための条件を考える．A があるユニタリ行列 $U = [\boldsymbol{u}_1\ \boldsymbol{u}_2\ \cdots\ \boldsymbol{u}_n]$（$U^*U = E$）により

$$U^{-1}AU = \begin{bmatrix} \alpha_1 & & \\ & \ddots & \\ & & \alpha_n \end{bmatrix} =: D$$

と対角化されたとする．$U^{-1} = U^*$ だから，

$$D^* = (U^{-1}AU)^* = (U^*AU)^* = U^*A^*U^{**} = U^*A^*U = U^{-1}A^*U$$

従って，左右より U, U^{-1} を掛けて $A^* = UD^*U^{-1}$．同様に，$A = UDU^{-1}$．
D, D^* は対角行列なので可換，即ち，

$$DD^* = \begin{bmatrix} \alpha_1 & & \\ & \ddots & \\ & & \alpha_n \end{bmatrix}\begin{bmatrix} \overline{\alpha_1} & & \\ & \ddots & \\ & & \overline{\alpha_n} \end{bmatrix} = \begin{bmatrix} \alpha_1\overline{\alpha_1} & & \\ & \ddots & \\ & & \alpha_n\overline{\alpha_n} \end{bmatrix}$$

$$= \begin{bmatrix} \overline{\alpha_1}\alpha_1 & & \\ & \ddots & \\ & & \overline{\alpha_n}\alpha_n \end{bmatrix} = D^*D,$$

$$\therefore AA^* = (UDU^{-1})(UD^*U^{-1}) = UDD^*U^{-1} = UD^*DU^{-1} = A^*A$$

即ち，

$$A \text{ がユニタリ行列で対角化できる} \quad \Rightarrow \quad AA^* = A^*A$$

$AA^* = A^*A$ のとき，A を**正規行列**という．次にこの逆が成り立つことを示す．

定理 6.8（正規行列の対角化）

正方行列 A について次は同値である：

(1)　A は正規行列である．（$A^*A = AA^*$）

(2)　A はユニタリ行列で対角化される．

(3)　A をユニタリ行列 U で三角化すると対角行列になっている．

【証明】　(3) ⇒ (2) は明らか．(2) ⇒ (1) は上で示した．

(1) ⇒ (3)： $AA^* = A^*A$, $B = U^{-1}AU = \begin{bmatrix} \alpha_1 & & b_{ij} \\ & \ddots & \\ O & & \alpha_n \end{bmatrix}$ とし，$b_{ij} = 0$ $(i < j)$ を示せばよい．D^* と同様に $B^* = U^{-1}A^*U$ より，$BB^* = U^{-1}AA^*U = U^{-1}A^*AU = B^*B$．ここで，$B^*B = BB^*$ の両辺を成分で表して対角成分を $(1,1)$ 成分から順に比較する：

$$\begin{bmatrix} \overline{\alpha_1} & & & \\ \overline{b_{12}} & \overline{\alpha_2} & & \\ \vdots & \ddots & \ddots & \\ \overline{b_{1n}} & \cdots & \overline{b_{n-1,n}} & \overline{\alpha_n} \end{bmatrix} \begin{bmatrix} \alpha_1 & b_{12} & \cdots & b_{1n} \\ & \alpha_2 & \ddots & \vdots \\ & & \ddots & b_{n-1,n} \\ & & & \alpha_n \end{bmatrix}$$

$$= \begin{bmatrix} \alpha_1 & b_{12} & \cdots & b_{1n} \\ & \alpha_2 & \ddots & \vdots \\ & & \ddots & b_{n-1,n} \\ & & & \alpha_n \end{bmatrix} \begin{bmatrix} \overline{\alpha_1} & & & \\ \overline{b_{12}} & \overline{\alpha_2} & & \\ \vdots & \ddots & \ddots & \\ \overline{b_{1n}} & \cdots & \overline{b_{n-1,n}} & \overline{\alpha_n} \end{bmatrix}$$

$i = 1$ のとき： 左辺 $= (B^*B)_{11} = \overline{\alpha_1}\alpha_1 = |\alpha_1|^2$,
右辺 $= (BB^*)_{11} = \alpha_1\overline{\alpha_1} + b_{12}\overline{b_{12}} + \cdots + b_{1n}\overline{b_{1n}} = |\alpha_1|^2 + \sum_{j=2}^{n} |b_{1j}|^2$
$\Rightarrow \sum_{j=2}^{n} |b_{1j}|^2 = 0$,
$\therefore\ |b_{1j}|^2 = 0$ $(j = 2, \ldots, n)$, $\therefore\ b_{12} = b_{13} = \cdots = b_{1n} = 0$
$i = 2$ のとき： $b_{12} = 0$ より

$$(B^*B)_{22} = |b_{12}|^2 + |\alpha_2|^2 = |\alpha_2|^2, \quad (BB^*)_{22} = |\alpha_2|^2 + \sum_{j=3}^{n} |b_{2j}|^2$$

$\Rightarrow \sum_{j=3}^{n} |b_{2j}|^2 = 0$,
$\therefore\ |b_{2j}|^2 = 0$ $(j = 3, \ldots, n)$, $\therefore\ b_{23} = b_{24} = \cdots = b_{2n} = 0$
以下帰納的に $k < i$ で $b_{kj} = 0$ $(k < j)$ と仮定すると，$j = i$ のとき $b_{ki} = 0$ $(k < i)$ より
$(B^*B)_{ii} = \sum_{k<i} |b_{ki}|^2 + |\alpha_i|^2 = |\alpha_i|^2$, $(BB^*)_{ii} = |\alpha_i|^2 + \sum_{j>i} |b_{ij}|^2$
$\Rightarrow \sum_{j>i} |b_{ij}|^2 = 0$,
$\therefore\ |b_{ij}|^2 = 0$ $(j = i+1, \ldots, n)$, $\therefore\ b_{i,i+1} = b_{i,i+2} = \cdots = b_{in} = 0$
よって帰納的に $b_{ij} = 0$ $(i < j)$ が示された． ■

正規行列の例と性質

次の行列は（ ）内に示すその定義により正規行列であることが分かる．

(1) エルミート行列 H $(H^* = H)$

(2)　ユニタリ行列 U（$U^*U = E = UU^*$）

(3)　**歪エルミート行列** S（$S^* = -S$）

これらの実行列版である実対称行列，直交行列，実交代行列も正規行列であり，これらの定数倍も正規行列になる．

従って，前定理 6.8 によりこれらは全てユニタリ行列で対角化できる．

以下，内積 $(\ ,\ )$ は $\mathbb{C}^n$ の標準内積とする．

定理 6.9（正規行列の固有値と固有ベクトル）

(1)　正規行列 A の固有値 α と固有ベクトル $\boldsymbol{p}$ について $A^*\boldsymbol{p} = \overline{\alpha}\boldsymbol{p}$.

(2)　正規行列 A の相異なる固有値 β_1, β_2 に対する固有ベクトル $\boldsymbol{p}_1, \boldsymbol{p}_2$ は直交する．

【証明】　(1)　$AA^* = A^*A$ より

$$(A^*\boldsymbol{p},\ A^*\boldsymbol{p}) = (\boldsymbol{p},\ AA^*\boldsymbol{p}) = (\boldsymbol{p},\ A^*A\boldsymbol{p}) = (\boldsymbol{p},\ A^*\alpha\boldsymbol{p}) = \alpha(\boldsymbol{p},\ A^*\boldsymbol{p})$$

に注意すれば，

$$\begin{aligned}\|A^*\boldsymbol{p} - \overline{\alpha}\boldsymbol{p}\|^2 &= (A^*\boldsymbol{p},\ A^*\boldsymbol{p}) - (\overline{\alpha}\boldsymbol{p},\ A^*\boldsymbol{p}) - (A^*\boldsymbol{p},\ \overline{\alpha}\boldsymbol{p}) + (\overline{\alpha}\boldsymbol{p},\ \overline{\alpha}\boldsymbol{p})\\ &= \alpha(\boldsymbol{p},\ A^*\boldsymbol{p}) - \alpha(\boldsymbol{p},\ A^*\boldsymbol{p}) - (\boldsymbol{p},\ \overline{\alpha}A\boldsymbol{p}) + (\boldsymbol{p},\ \alpha\overline{\alpha}\boldsymbol{p}) = 0, \qquad \therefore\ A^*\boldsymbol{p} = \overline{\alpha}\boldsymbol{p}\end{aligned}$$

(2)（定理 6.8 より出るが，別証明を与える．）

$$\beta_2(\boldsymbol{p}_1, \boldsymbol{p}_2) = (\boldsymbol{p}_1, \beta_2\boldsymbol{p}_2) = (\boldsymbol{p}_1, A\boldsymbol{p}_2) = (A^*\boldsymbol{p}_1, \boldsymbol{p}_2) = (\overline{\beta_1}\boldsymbol{p}_1, \boldsymbol{p}_2) = \beta_1(\boldsymbol{p}_1, \boldsymbol{p}_2)$$

$\beta_1 \neq \beta_2$ より $(\boldsymbol{p}_1, \boldsymbol{p}_2) = 0$．よって $\boldsymbol{p}_1$ と $\boldsymbol{p}_2$ は直交する．■

定理 6.10（エルミート行列，ユニタリ行列の固有値）

次の正規行列の固有値について次が成り立つ（α を固有値とする）：

(1)　エルミート行列 H の固有値は全て実数である．（$\alpha \in \mathbb{R}$）

(2)　ユニタリ行列 U の固有値は全て絶対値 1 の複素数である．（$|\alpha| = 1$）

(3)　歪エルミート行列 S の固有値は純虚数または 0 である．（$\alpha \in i\mathbb{R}$）

【証明】　(1)　$H\boldsymbol{p} = \alpha\boldsymbol{p},\ \boldsymbol{p} \neq \boldsymbol{0}$ とすると

$$\alpha(\boldsymbol{p}, \boldsymbol{p}) = (\boldsymbol{p}, \alpha\boldsymbol{p}) = (\boldsymbol{p}, H\boldsymbol{p}) = (H^*\boldsymbol{p}, \boldsymbol{p}) = (H\boldsymbol{p}, \boldsymbol{p}) = (\alpha\boldsymbol{p}, \boldsymbol{p}) = \overline{\alpha}(\boldsymbol{p}, \boldsymbol{p})$$

$(\boldsymbol{p}, \boldsymbol{p}) = \|\boldsymbol{p}\|^2 \neq 0$ より $\alpha = \overline{\alpha}$．よって α は実数である．

(2)　$U\boldsymbol{p} = \alpha\boldsymbol{p},\ \boldsymbol{p} \neq \boldsymbol{0}$ とすると

$$|\alpha|^2(\boldsymbol{p}, \boldsymbol{p}) = \alpha\overline{\alpha}(\boldsymbol{p}, \boldsymbol{p}) = (\alpha\boldsymbol{p}, \alpha\boldsymbol{p}) = (U\boldsymbol{p}, U\boldsymbol{p}) = (\boldsymbol{p}, \boldsymbol{p})$$

$(\boldsymbol{p}, \boldsymbol{p}) \neq 0$ より $|\alpha|^2 = 1$.

(3) $S\boldsymbol{p} = \alpha\boldsymbol{p}$, $\boldsymbol{p} \neq \boldsymbol{0}$ とすると

$$\alpha(\boldsymbol{p}, \boldsymbol{p}) = (\boldsymbol{p}, \alpha\boldsymbol{p}) = (\boldsymbol{p}, S\boldsymbol{p}) = (S^*\boldsymbol{p}, \boldsymbol{p}) = (-S\boldsymbol{p}, \boldsymbol{p}) = -(\alpha\boldsymbol{p}, \boldsymbol{p}) = -\overline{\alpha}(\boldsymbol{p}, \boldsymbol{p})$$

$(\boldsymbol{p}, \boldsymbol{p}) = \|\boldsymbol{p}\|^2 \neq 0$ より $\overline{\alpha} = -\alpha$. よって α は純虚数または 0 である. ■

実対称行列はエルミート行列だから,

系 6.11

実対称行列の固有値は全て実数である.

定理 6.12（実対称行列の直交行列による対角化）

実正方行列 A について次は同値である：

(1) A は実対称行列である.

(2) A は直交行列により対角化できる.

【証明】 (1) ⇒ (2)： 実対称行列の固有値は全て実数なので直交行列により三角化できる（定理 6.5）. 実対称行列は正規行列で, 直交行列はユニタリ行列だから三角化すると対角化されている（定理 6.8）.

(2) ⇒ (1)： ある直交行列 U により $U^{-1}AU = D$ が対角行列になったとすると $A = UDU^{-1} = UD\,{}^tU$, ${}^tD = D$ より,

$${}^tA = {}^t(UD\,{}^tU) = {}^t{}^tU\,{}^tD\,{}^tU = UD\,{}^tU = A$$ ■

例題 6.10（実対称行列の対角化）

$A = \begin{bmatrix} 0 & 1 & -1 \\ 1 & 0 & 1 \\ -1 & 1 & 0 \end{bmatrix}$ を直交行列で対角化せよ. 即ち, $U^{-1}AU = D$ となる直交行列 U と対角行列 D を求めよ.

【解答】 (I) $|xE - A| = (x+2)(x-1)^2$, $\therefore\ \beta = -2, 1$（重根）

(II-1) $\beta = -2$ のとき,

$$(A + 2E) = \begin{bmatrix} 2 & 1 & -1 \\ 1 & 2 & 1 \\ -1 & 1 & 2 \end{bmatrix} \mapsto \begin{bmatrix} 1 & 0 & -1 \\ 0 & 1 & 1 \\ 0 & 0 & 0 \end{bmatrix},$$

$$\therefore\ \boldsymbol{p}_1 = \begin{bmatrix} 1 \\ -1 \\ 1 \end{bmatrix}, \quad \boldsymbol{u}_1 = \frac{\boldsymbol{p}_1}{\sqrt{3}} = \frac{1}{\sqrt{3}}\begin{bmatrix} 1 \\ -1 \\ 1 \end{bmatrix}$$

$W_{-2} = \langle \boldsymbol{p}_1 \rangle = \langle \boldsymbol{u}_1 \rangle$

(II-2)　$\beta = 1$ のとき，

$$(A-E) = \begin{bmatrix} -1 & 1 & -1 \\ 1 & -1 & 1 \\ -1 & 1 & -1 \end{bmatrix} \mapsto \begin{bmatrix} 1 & -1 & 1 \\ 0 & 0 & 0 \\ 0 & 0 & 0 \end{bmatrix}, \qquad \therefore\ \boldsymbol{p}_2 = \begin{bmatrix} 1 \\ 1 \\ 0 \end{bmatrix},\quad \boldsymbol{p}_3 = \begin{bmatrix} -1 \\ 0 \\ 1 \end{bmatrix}$$

$W_1 = \langle \boldsymbol{p}_2, \boldsymbol{p}_3 \rangle$．$\boldsymbol{p}_2$, $\boldsymbol{p}_3$ からシュミットの直交化法で W_1 の正規直交基底を作る：

$$\boldsymbol{u}_2 = \frac{1}{\sqrt{2}}\boldsymbol{p}_2 = \frac{1}{\sqrt{2}}\begin{bmatrix} 1 \\ 1 \\ 0 \end{bmatrix},$$

$$\boldsymbol{u}_3' = \boldsymbol{p}_3 - \frac{(\boldsymbol{p}_3, \boldsymbol{p}_2)}{\|\boldsymbol{p}_2\|^2}\boldsymbol{p}_2 = \boldsymbol{p}_3 + \frac{1}{2}\boldsymbol{p}_2 = \begin{bmatrix} -1 \\ 0 \\ 1 \end{bmatrix} + \frac{1}{2}\begin{bmatrix} 1 \\ 1 \\ 0 \end{bmatrix} = \frac{1}{2}\begin{bmatrix} -1 \\ 1 \\ 2 \end{bmatrix},$$

$$\boldsymbol{u}_3 = \frac{1}{\sqrt{6}}\begin{bmatrix} -1 \\ 1 \\ 2 \end{bmatrix}$$

$\boldsymbol{u}_1$ と $\boldsymbol{u}_2$, $\boldsymbol{u}_3$ は直交しているので（定理 6.9 (2)）$U = [\boldsymbol{u}_1\ \boldsymbol{u}_2\ \boldsymbol{u}_3]$ は直交行列になる（定理 5.9）．このとき，$U^{-1}AU$ は $\boldsymbol{u}_1$, $\boldsymbol{u}_2$, $\boldsymbol{u}_3$ に対応する固有値 -2, 1, 1 をこの順に対角線に並べた対角行列である．従って，

$$U = [\boldsymbol{u}_1\ \boldsymbol{u}_2\ \boldsymbol{u}_3] = \begin{bmatrix} \frac{1}{\sqrt{3}} & \frac{1}{\sqrt{2}} & -\frac{1}{\sqrt{6}} \\ -\frac{1}{\sqrt{3}} & \frac{1}{\sqrt{2}} & \frac{1}{\sqrt{6}} \\ \frac{1}{\sqrt{3}} & 0 & \frac{2}{\sqrt{6}} \end{bmatrix} = \frac{1}{\sqrt{6}}\begin{bmatrix} \sqrt{2} & \sqrt{3} & -1 \\ -\sqrt{2} & \sqrt{3} & 1 \\ \sqrt{2} & 0 & 2 \end{bmatrix},$$

$$U^{-1}AU = \begin{bmatrix} -2 & 0 & 0 \\ 0 & 1 & 0 \\ 0 & 0 & 1 \end{bmatrix}$$

[検算]

1. 行列の対角化のときと同じく，$\boldsymbol{p}_1$, $\boldsymbol{p}_2$, $\boldsymbol{p}_3$ を元の方程式に代入して検算する．特にシュミットの直交化を行った $\boldsymbol{u}_3$ の定数倍を元の方程式 $(A-E)\boldsymbol{x} = \boldsymbol{0}$ に代入して検算する．
2. $\boldsymbol{u}_1$, $\boldsymbol{u}_2$, $\boldsymbol{u}_3$（の定数倍）の内の 2 つの内積が 0 になることを確かめる．■

問 6　次の実対称行列 A を直交行列 U で対角化せよ．

(1) $\begin{bmatrix} 0 & 2 \\ 2 & 0 \end{bmatrix}$　　(2) $\begin{bmatrix} 0 & 0 & 1 \\ 0 & 1 & 0 \\ 1 & 0 & 0 \end{bmatrix}$　　(3) $\begin{bmatrix} 1 & 1 & 1 \\ 1 & 1 & 1 \\ 1 & 1 & 1 \end{bmatrix}$

例題 6.11（正規行列の対角化）

次の正規行列 A をユニタリ行列で対角化せよ．

(1) 直交行列 $\begin{bmatrix} \cos\theta & -\sin\theta \\ \sin\theta & \cos\theta \end{bmatrix}$ (2) エルミート行列 $\begin{bmatrix} 0 & 0 & i \\ 0 & 1 & 0 \\ -i & 0 & 0 \end{bmatrix}$

【解答】 (1) $\sin\theta = 0$ のときは対角行列なので，以下 $\sin\theta \neq 0$ とする．

$$|xE - A| = \begin{vmatrix} x - \cos\theta & \sin\theta \\ -\sin\theta & x - \cos\theta \end{vmatrix} = x^2 - 2x\cos\theta + 1 = (x - e^{i\theta})(x - e^{-i\theta})$$

より固有値は $\beta = e^{\pm i\theta}$ $(= \cos\theta \pm i\sin\theta)$．

$\beta = e^{i\theta}$ のとき，

$$A - e^{i\theta}E = \begin{bmatrix} -i\sin\theta & -\sin\theta \\ \sin\theta & -i\sin\theta \end{bmatrix} \mapsto \begin{bmatrix} 1 & -i \\ 0 & 0 \end{bmatrix}, \quad \therefore \boldsymbol{p}_1 = \begin{bmatrix} i \\ 1 \end{bmatrix}, \ \boldsymbol{u}_1 = \frac{1}{\sqrt{2}}\begin{bmatrix} i \\ 1 \end{bmatrix}$$

$\beta = e^{-i\theta}$ のとき，

$$A - e^{-i\theta}E = \begin{bmatrix} i\sin\theta & -\sin\theta \\ \sin\theta & i\sin\theta \end{bmatrix} \mapsto \begin{bmatrix} 1 & i \\ 0 & 0 \end{bmatrix}, \quad \therefore \boldsymbol{p}_2 = \begin{bmatrix} -i \\ 1 \end{bmatrix}, \ \boldsymbol{u}_2 = \frac{1}{\sqrt{2}}\begin{bmatrix} -i \\ 1 \end{bmatrix}$$

$U = [\boldsymbol{u}_1\ \boldsymbol{u}_2] = \dfrac{1}{\sqrt{2}}\begin{bmatrix} i & -i \\ 1 & 1 \end{bmatrix}$ はユニタリ行列で，$D = U^{-1}AU = \begin{bmatrix} e^{i\theta} & 0 \\ 0 & e^{-i\theta} \end{bmatrix}$．

(2) $|xE - A| = (x-1)^2(x+1)$ より固有値は $\beta = -1, 1$（重根）．

$\beta = -1$ のとき，

$$\begin{bmatrix} 1 & 0 & i \\ 0 & 2 & 0 \\ -i & 0 & 1 \end{bmatrix} \mapsto \begin{bmatrix} 1 & 0 & i \\ 0 & 1 & 0 \\ 0 & 0 & 0 \end{bmatrix}, \ \boldsymbol{p}_1 = \begin{bmatrix} -i \\ 0 \\ 1 \end{bmatrix}, \ \boldsymbol{u}_1 = \frac{1}{\sqrt{2}}\begin{bmatrix} -i \\ 0 \\ 1 \end{bmatrix}$$

$\beta = 1$ のとき，

$$\begin{bmatrix} -1 & 0 & i \\ 0 & 0 & 0 \\ -i & 0 & -1 \end{bmatrix} \mapsto \begin{bmatrix} 1 & 0 & -i \\ 0 & 0 & 0 \\ 0 & 0 & 0 \end{bmatrix}, \ \boldsymbol{u}_2 = \begin{bmatrix} 0 \\ 1 \\ 0 \end{bmatrix}, \ \boldsymbol{p}_3 = \begin{bmatrix} i \\ 0 \\ 1 \end{bmatrix}, \ \boldsymbol{u}_3 = \frac{1}{\sqrt{2}}\begin{bmatrix} i \\ 0 \\ 1 \end{bmatrix}$$

$U = [\boldsymbol{u}_1\ \boldsymbol{u}_2\ \boldsymbol{u}_3] = \dfrac{1}{\sqrt{2}}\begin{bmatrix} -i & 0 & i \\ 0 & \sqrt{2} & 0 \\ 1 & 0 & 1 \end{bmatrix}$ はユニタリ行列で，$U^{-1}AU = \begin{bmatrix} -1 & 0 & 0 \\ 0 & 1 & 0 \\ 0 & 0 & 1 \end{bmatrix}$．

■

問 7 次の行列 A が正規行列であることを示し，A をユニタリ行列で対角化せよ．

(1) $\begin{bmatrix} 0 & -1 \\ 1 & 0 \end{bmatrix}$ (2) $\begin{bmatrix} 1 & -i \\ i & 1 \end{bmatrix}$

6.4 二 次 形 式

二次形式

n 個の変数 $x_1, x_2, \ldots, x_n$ に関する実係数の同次 2 次式

$$f(x_1, x_2, \ldots, x_n) = \sum_{i=1}^{n} a_{ii} x_i^2 + \sum_{i<j} 2a_{ij} x_i x_j = \sum_{i=1}^{n} \sum_{j=1}^{n} a_{ij} x_i x_j \quad (a_{ji} = a_{ij})$$

を（実）**二次形式**という．ここで $A = [a_{ij}]$, $\boldsymbol{x} = {}^t[x_1\ x_2\ \cdots\ x_n]$ とおくと A は n 次実対称行列で，

$$f(\boldsymbol{x}) = f(x_1, x_2, \ldots, x_n) = {}^t\boldsymbol{x} A \boldsymbol{x} = (A\boldsymbol{x},\ \boldsymbol{x}) = (\boldsymbol{x},\ A\boldsymbol{x})$$

とも表せる．ここに現れる A を**二次形式の行列**という．

一般の n 変数の二次式 $F(\boldsymbol{x}) = \sum_{i=1}^{n} a_{ii} x_i^2 + \sum_{i<j} 2a_{ij} x_i x_j + \sum_{i=1}^{n} 2b_i x_i + c$ は

$$F(\boldsymbol{x}) = [x_1\ \cdots x_n\ 1] \begin{bmatrix} A & \boldsymbol{b} \\ {}^t\boldsymbol{b} & c \end{bmatrix} \begin{bmatrix} x_1 \\ \vdots \\ x_n \\ 1 \end{bmatrix} = [{}^t\boldsymbol{x}\ 1] \begin{bmatrix} A & \boldsymbol{b} \\ {}^t\boldsymbol{b} & c \end{bmatrix} \begin{bmatrix} \boldsymbol{x} \\ 1 \end{bmatrix},$$

$$A = [a_{ij}],\ \boldsymbol{b} = \begin{bmatrix} b_1 \\ \vdots \\ b_n \end{bmatrix}$$

と表せる．また，$a_{i,n+1} = a_{n+1,i} = b_i$, $a_{n+1,n+1} = c$ とおけば，$F(\boldsymbol{x})$ は $(n+1)$ 変数の二次形式 $f(x_1, \ldots, x_n, x_{n+1}) = \sum_{i=1}^{n+1} a_{ii} x_i^2 + \sum_{1 \leqq i<j \leqq n+1} 2a_{ij} x_i x_j$ において $x_{n+1} = 1$ としたものに等しい．

例 6.12　$f(x_1, x_2, x_3) = x_1^2 + 2x_2^2 + 3x_3^2 - 2x_1x_2 - 4x_2x_3 + 8x_1x_3$

$$= [x_1\ x_2\ x_3] \begin{bmatrix} 1 & -1 & 4 \\ -1 & 2 & -2 \\ 4 & -2 & 3 \end{bmatrix} \begin{bmatrix} x_1 \\ x_2 \\ x_3 \end{bmatrix}$$

$$f(x_1, x_2, 1) = x_1^2 + 2x_2^2 - 2x_1x_2 + 8x_1 - 4x_2 + 3 = F(x_1, x_2)$$

（交差項 x_1x_2, x_2x_3, x_1x_3 に対応する行列の成分は交差項の係数の半分になっていることに注意する.） □

問 8 次の二次形式 f の行列 A を求めよ.

(1) $f(x_1, x_2) = x_1^2 + 6x_1x_2 - 2x_2^2$

(2) $f(x_1, x_2, x_3) = x_1^2 + 3x_3^2 - 2x_1x_2 - 3x_2x_3 + 4x_1x_3$

二次形式の直交標準形

n 次実対称行列 A はある直交行列 U により

$$U^{-1}AU = {}^tUAU = \begin{bmatrix} \alpha_1 & & O \\ & \ddots & \\ O & & \alpha_n \end{bmatrix} = D$$

($\alpha_1, \ldots, \alpha_n$ は A の固有値で全て実数) と対角化できるので (定理 6.12), $\boldsymbol{x} = U\boldsymbol{y}$, ($\therefore \boldsymbol{y} = U^{-1}\boldsymbol{x} = {}^tU\boldsymbol{x}$,) $\boldsymbol{y} = {}^t[y_1 \ \cdots \ y_n]$ と変数変換すれば

$$\begin{aligned} {}^t\boldsymbol{x}A\boldsymbol{x} &= {}^t(U\boldsymbol{y})A(U\boldsymbol{y}) = {}^t\boldsymbol{y}\,{}^tUAU\,\boldsymbol{y} = {}^t\boldsymbol{y}D\boldsymbol{y} \\ &= [y_1 \cdots y_n] \begin{bmatrix} \alpha_1 & & O \\ & \ddots & \\ O & & \alpha_n \end{bmatrix} \begin{bmatrix} y_1 \\ \vdots \\ y_n \end{bmatrix} = \alpha_1 y_1^2 + \alpha_2 y_2^2 + \cdots + \alpha_n y_n^2 \end{aligned}$$

最後の式を二次形式 $f(\boldsymbol{x})$ の**直交標準形**という. よって, 次が示された.

定理 6.13 (二次形式の直交標準形)

二次形式 $f(\boldsymbol{x})$ はある直交行列 U による変数変換 $\boldsymbol{x} = U\boldsymbol{y}$ によって直交標準形にできる:

$$f(\boldsymbol{x}) = {}^t\boldsymbol{x}A\boldsymbol{x} = \alpha_1 y_1^2 + \alpha_2 y_2^2 + \cdots + \alpha_n y_n^2 = g(\boldsymbol{y})$$

($\alpha_1, \alpha_2, \ldots, \alpha_n$ は A の固有値)

固有値は任意の順に並べることができるので, 通常, 固有値は正, 負, 零の順にまとめて次の様に表す: 正の固有値の個数を p, 負の固有値の個数を q (固有値 0 の重複度は $n - p - q$) とし,

$$\alpha_1, \ldots, \alpha_p > 0, \quad \alpha_{p+1}, \ldots, \alpha_{p+q} < 0, \quad \alpha_{p+q+1} = \cdots = \alpha_n = 0$$

とするとき

$$f(\boldsymbol{x}) = g(\boldsymbol{y}) = |\alpha_1|y_1^2 + \cdots + |\alpha_p|y_p^2 - |\alpha_{p+1}|y_{p+1}^2 - \cdots - |\alpha_{p+q}|y_{p+q}^2 \ (+\,0)$$

ここに現れる p, q の組 (p, q) を二次形式 $f(\boldsymbol{x})$ の**符号** (または**符号数**) という. $\operatorname{rank} A = p + q$ である. (固有値 0 の重複度 $n - p - q$ は**退化次数**といわれる.)

例題 6.13

$f(\boldsymbol{x}) = f(x_1, x_2, x_3) = 3x_1^2 + 2x_2^2 + 4x_3^2 + 4x_1x_2 + 4x_1x_3$ の直交標準形を求めよ．

【解答】 $A = \begin{bmatrix} 3 & 2 & 2 \\ 2 & 2 & 0 \\ 2 & 0 & 4 \end{bmatrix}$, $\boldsymbol{x} = \begin{bmatrix} x_1 \\ x_2 \\ x_3 \end{bmatrix}$ とおくと

$f(\boldsymbol{x}) = {}^t\boldsymbol{x}A\boldsymbol{x} = [x_1\ x_2\ x_3] \begin{bmatrix} 3 & 2 & 2 \\ 2 & 2 & 0 \\ 2 & 0 & 4 \end{bmatrix} \begin{bmatrix} x_1 \\ x_2 \\ x_3 \end{bmatrix}$ で，A の固有値は 6, 3, 0．A を対角化する直交行列 U として

$$U = \frac{1}{3} \begin{bmatrix} 2 & 1 & -2 \\ 1 & 2 & 2 \\ 2 & -2 & 1 \end{bmatrix} \quad \text{とすれば} \quad {}^tUAU = \begin{bmatrix} 6 & 0 & 0 \\ 0 & 3 & 0 \\ 0 & 0 & 0 \end{bmatrix}$$

よって $f(\boldsymbol{x})$ は変数変換 $\boldsymbol{x} = U\boldsymbol{y}$ によって次の直交標準形に変形できる：

$$f(\boldsymbol{x}) = {}^t\boldsymbol{x}A\boldsymbol{x} = {}^t\boldsymbol{y}({}^tUAU)\boldsymbol{y} = 6y_1^2 + 3y_2^2$$

■

二次形式の直交標準形の応用

定理 6.14（固有値の最大，最小）

二次形式 $f(\boldsymbol{x}) = {}^t\boldsymbol{x}A\boldsymbol{x}$（$\boldsymbol{x} \in \mathbb{R}^n$）に対し，

(1) $\displaystyle \max_{\boldsymbol{x} \neq \boldsymbol{0}} \frac{{}^t\boldsymbol{x}A\boldsymbol{x}}{\|\boldsymbol{x}\|^2} = \max_{\|\boldsymbol{x}\|=1} {}^t\boldsymbol{x}A\boldsymbol{x} = A$ の最大の固有値

(2) $\displaystyle \min_{\boldsymbol{x} \neq \boldsymbol{0}} \frac{{}^t\boldsymbol{x}A\boldsymbol{x}}{\|\boldsymbol{x}\|^2} = \min_{\|\boldsymbol{x}\|=1} {}^t\boldsymbol{x}A\boldsymbol{x} = A$ の最小の固有値

【証明】 A の固有値を $\alpha_1 \geqq \alpha_2 \geqq \cdots \geqq \alpha_n$ と並べ，直交行列 $U = [\boldsymbol{u}_1 \cdots \boldsymbol{u}_n]$ で A を対角化し，$\boldsymbol{x} = U\boldsymbol{y}$ とするとき，

$${}^t\boldsymbol{x}A\boldsymbol{x} = \alpha_1 y_1^2 + \alpha_2 y_2^2 + \cdots + \alpha_n y_n^2$$

$\|\boldsymbol{x}\|^2 = \|U\boldsymbol{y}\|^2 = \|\boldsymbol{y}\|^2 = y_1^2 + y_2^2 + \cdots + y_n^2$ より

$$\alpha_1 \|\boldsymbol{x}\|^2 = \alpha_1(y_1^2 + y_2^2 + \cdots + y_n^2) \geqq {}^t\boldsymbol{x}A\boldsymbol{x} \geqq \alpha_n(y_1^2 + y_2^2 + \cdots + y_n^2) = \alpha_n \|\boldsymbol{x}\|^2$$

特に $\frac{{}^t\boldsymbol{x}A\boldsymbol{x}}{\|\boldsymbol{x}\|^2}$ は，$\boldsymbol{y} = \pm\boldsymbol{e}_1$, $\boldsymbol{x} = \pm\boldsymbol{u}_1$ とすれば最大値 α_1 をとり，$\boldsymbol{y} = \pm\boldsymbol{e}_n$, $\boldsymbol{x} = \pm\boldsymbol{u}_n$ とすれば最小値 α_n をとる．

■

例 6.14 $x^2+y^2+z^2=1$ のもとで，例題 6.13 の二次形式

$$f(\boldsymbol{x})=f(x,y,z)=3x^2+2y^2+4z^2+4xy+4xz$$

の最大値, 最小値は, 固有値 $=6,3,0$ より 最大値 $=6$, 最小値 $=0$ である．最大値 6 は $\boldsymbol{x}=\pm\boldsymbol{u}_1=\pm\frac{1}{3}\,{}^t[2\,1\,2]$ のときに, 最小値 0 は $\boldsymbol{x}=\pm\boldsymbol{u}_3=\pm\frac{1}{3}\,{}^t[-2\,2\,1]$ のときにとる． □

問 9 $x^2+y^2+z^2=1$ のもとで，$f(\boldsymbol{x})=x^2+y^2+z^2-4yz$ の最大値，最小値を求めよ．

二次形式の正則標準形

正則行列 P による変数変換 $\boldsymbol{x}=P\boldsymbol{z}$（**正則一次変換**という）により，二次形式 ${}^t\boldsymbol{x}A\boldsymbol{x}={}^t\boldsymbol{z}\,{}^tPAP\boldsymbol{z}$ や対称行列 ${}^tPAP$ をさらに簡単にすることを考える．二次形式 $f(\boldsymbol{x})$ を直交行列 U により $\boldsymbol{x}=U\boldsymbol{y}$ と直交標準形に変換し，さらに

$$y_i=\frac{1}{\sqrt{|\alpha_i|}}z_i\ (|\alpha_i|y_i^2=z_i^2)\ (1\leqq i\leqq p+q),\quad y_i=z_i\ (p+q<i\leqq n)$$

と変換すると，$f(\boldsymbol{x})=g(\boldsymbol{y})$ より

$$\begin{aligned}f(\boldsymbol{x})=g(\boldsymbol{y})&=|\alpha_1|y_1^2+\cdots+|\alpha_p|y_p^2-|\alpha_{p+1}|y_{p+1}^2-\cdots-|\alpha_{p+q}|y_{p+q}^2\\&=z_1^2+\cdots+z_p^2-z_{p+1}^2-\cdots-z_{p+q}^2=:h(\boldsymbol{z})\end{aligned}$$

となる．これを二次形式 $f(\boldsymbol{x})$ の**正則標準形**ということにする．正と負の項の個数の組 (p,q) は符号に一致する．二次形式 $h(\boldsymbol{z})$ の行列は，1 が p 個，-1 が q 個，0 が $(n-p-q)$ 個対角成分に並ぶ対角行列 D' であり，対角成分が $|\alpha_1|^{-\frac{1}{2}},\ldots,|\alpha_{p+q}|^{-\frac{1}{2}},1,\ldots,1$ の対角行列を D_1 とすれば ${}^tD_1DD_1=D'$．このとき $P=UD_1$ とすれば P は正則であり，$\boldsymbol{x}=P\boldsymbol{z}$ と変換したことになる．即ち，

$$\boldsymbol{x}=U\boldsymbol{y}=U\begin{bmatrix}|\alpha_1|^{-\frac{1}{2}}&&\\&\ddots\ \ |\alpha_{p+q}|^{-\frac{1}{2}}&\\&&E_{n-p-q}\end{bmatrix}\boldsymbol{z}=UD_1\boldsymbol{z}=P\boldsymbol{z},$$

$$D_1=\begin{bmatrix}|\alpha_1|^{-\frac{1}{2}}&&\\&\ddots\ \ |\alpha_{p+q}|^{-\frac{1}{2}}&\\&&E_{n-p-q}\end{bmatrix},\quad P=UD_1,$$

$$f(\boldsymbol{x}) = {}^t\boldsymbol{z}\,{}^tPAP\boldsymbol{z} = {}^t\boldsymbol{z}\,{}^tD_1({}^tUAU)D_1\boldsymbol{z} = {}^t\boldsymbol{z}\,{}^tD_1DD_1\boldsymbol{z} = {}^t\boldsymbol{z}D'\boldsymbol{z} = h(\boldsymbol{z})$$

二次形式を正則標準形にする正則行列 P の取り方はこれ以外にもいろいろあるが，得られる標準形は P の取り方によらず一意的に定まり，正負の項の個数 p, q の組 (p,q) は符号に一致することが示せる（補足：定理 6.16（シルヴェスターの慣性法則））．

一般に固有値を求めたりその正負を判別するのは容易ではないが，平方完成を用いて正則標準形を求める方法（補足 6.5.2 項）がある．

例題 6.15

次の 3 変数の二次形式の正則標準形と符号を求めよ．

(1) $f(\boldsymbol{x}) = x_1^2 + x_2^2 + 7x_3^2 - 4x_2x_3 + 4x_1x_3$

(2) $f(\boldsymbol{x}) = 4x_1x_2 + 4x_1x_3$

【解答】 (1) $f(\boldsymbol{x}) = (x_1 + 2x_3)^2 + x_2^2 + 3x_3^2 - 4x_2x_3 = (x_1 + 2x_3)^2 + (x_2 - 2x_3)^2 - x_3^2$ より，$z_1 = x_1 + 2x_3$, $z_2 = x_2 - 2x_3$, $z_3 = x_3$, $\boldsymbol{z} = P^{-1}\boldsymbol{x}$ と変換すると，正則標準形 $f(\boldsymbol{x}) = z_1^2 + z_2^2 - z_3^2$ を得，符号は $(2,1)$ である．変換行列は，

$$P^{-1} = \begin{bmatrix} 1 & 0 & 2 \\ 0 & 1 & -2 \\ 0 & 0 & 1 \end{bmatrix},\ P = \begin{bmatrix} 1 & 0 & -2 \\ 0 & 1 & 2 \\ 0 & 0 & 1 \end{bmatrix},$$

$${}^tP^{-1}\begin{bmatrix} 1 & 0 & 0 \\ 0 & 1 & 0 \\ 0 & 0 & -1 \end{bmatrix}P^{-1} = \begin{bmatrix} 1 & 0 & 2 \\ 0 & 1 & -2 \\ 2 & -2 & 7 \end{bmatrix} = A$$

(2) 2乗の項がないので $y_1 = x_1 + x_2$, $y_2 = x_1 - x_2$ とおくと，

$$\begin{aligned} f(\boldsymbol{x}) &= y_1^2 - y_2^2 + 2(y_1 + y_2)x_3 = (y_1 + x_3)^2 - y_2^2 + 2y_2x_3 - x_3^2 \\ &= (y_1 + x_3)^2 - (y_2 - x_3)^2 \end{aligned}$$

$\therefore z_1 = y_1 + x_3 = x_1 + x_2 + x_3$, $z_2 = y_2 - x_3 = x_1 - x_2 - x_3$, $z_3 = x_3$, $\boldsymbol{z} = P^{-1}\boldsymbol{x}$ と変換すると，正則標準形 $f(\boldsymbol{x}) = z_1^2 - z_2^2$ を得，符号は $(1,1)$ である．変換行列は，

$$P^{-1} = \begin{bmatrix} 1 & 1 & 1 \\ 1 & -1 & -1 \\ 0 & 0 & 1 \end{bmatrix},\ P = \frac{1}{2}\begin{bmatrix} 1 & 1 & 0 \\ 1 & -1 & -2 \\ 0 & 0 & 2 \end{bmatrix},$$

$${}^tP^{-1}\begin{bmatrix} 1 & 0 & 0 \\ 0 & -1 & 0 \\ 0 & 0 & 0 \end{bmatrix}P^{-1} = \begin{bmatrix} 0 & 2 & 2 \\ 2 & 0 & 0 \\ 2 & 0 & 0 \end{bmatrix} = A$$

■

正値二次形式

二次形式 $f(\boldsymbol{x}) = {}^t\boldsymbol{x}A\boldsymbol{x}$ や実対称行列 A は，全ての $\boldsymbol{x} \in \mathbb{R}^n$（$\boldsymbol{x} \neq \boldsymbol{0}$）に対して

$$ {}^t\boldsymbol{x}A\boldsymbol{x} > 0 $$

が成り立つとき**正値**，または**正定値**であるという．${}^t\boldsymbol{x}A\boldsymbol{x} \geqq 0$ のとき**半正値**，

$$ {}^t\boldsymbol{x}A\boldsymbol{x} < 0 \ (\leqq 0) $$

のとき**負値**（**半負値**）という．A が負値（半負値）ならば $-A$ は正値（半正値）である．

定理 6.15（固有値による正値性の判定）

実対称行列 A や二次形式 ${}^t\boldsymbol{x}A\boldsymbol{x}$ が正値であることと A の固有値が全て正であることは同値である．

【証明】 A の全ての固有値を $\alpha_1, \ldots, \alpha_n$ とし，A を対角化する直交行列 $U = [\boldsymbol{u}_1 \ \cdots \ \boldsymbol{u}_n]$ をとる（定理 6.13）．${}^t\boldsymbol{x}A\boldsymbol{x}$ が正値ならば，$\boldsymbol{u}_i$ は固有値 α_i に対する固有ベクトルであり，

$$ 0 < {}^t\boldsymbol{u}_i A\boldsymbol{u}_i = {}^t\boldsymbol{u}_i(\alpha_i\boldsymbol{u}_i) = \alpha_i({}^t\boldsymbol{u}_i\boldsymbol{u}_i) = \alpha_i 1 = \alpha_i \quad (i = 1, \ldots, n) $$

逆に，$\alpha_1, \ldots, \alpha_n$ が全て正ならば，任意の $\boldsymbol{x} \neq \boldsymbol{0}$ について，$\boldsymbol{y} = U^{-1}\boldsymbol{x}$（$\neq \boldsymbol{0}$）とすれば

$$ {}^t\boldsymbol{x}A\boldsymbol{x} = \alpha_1 y_1^2 + \cdots + \alpha_n y_n^2 > 0 $$

よって ${}^t\boldsymbol{x}A\boldsymbol{x}$ は正値である． ■

固有値を用いない正値性の判定法としては，行列式を用いた判定法があり（補足：定理 6.17），多変数関数の極大極小の判定に用いられる．直交標準形の他の応用例としては二次曲線や二次曲面の分類があげられる．これらは補足 6.5.4 項と 6.5.5 項で述べる．

6.5 補　　足

6.5.1 シルヴェスターの慣性法則

定理 6.16（シルヴェスターの慣性法則）

二次形式 ${}^t\boldsymbol{x}A\boldsymbol{x}$ の正則標準形は一意的に定まる．即ち，変数の正則一次変換の仕方によらず標準形における正と負の項の個数 p と q は一定であり，(p,q) は符号に一致する．

【証明】 前述の正則行列 $P = UD_1$ をとれば (p,q) は符号に一致することが分かる．

正則行列 P, Q による変数変換 $\boldsymbol{x} = P\boldsymbol{y}$, $\boldsymbol{x} = Q\boldsymbol{z}$ により 2 通りの正則標準形

$$\begin{aligned} {}^t\boldsymbol{x}A\boldsymbol{x} &= {}^t\boldsymbol{y}\,{}^tPAP\boldsymbol{y} = y_1^2 + \cdots + y_p^2 - y_{p+1}^2 - \cdots - y_{p+q}^2 \\ &= {}^t\boldsymbol{z}\,{}^tQAQ\boldsymbol{z} = z_1^2 + \cdots + z_s^2 - z_{s+1}^2 - \cdots - z_{s+t}^2 \end{aligned}$$

が得られたとして $p = s$, $q = t$ を導く．$\operatorname{rank} A = p + q = s + t$ より $p = s$ を示せば良い．$p > s$ と仮定して矛盾を導く：

$\boldsymbol{y} = P^{-1}\boldsymbol{x}$, $\boldsymbol{z} = Q^{-1}\boldsymbol{x}$ より，P^{-1}, Q^{-1} を行ベクトル $\boldsymbol{p}'^1, \ldots, \boldsymbol{p}'^n$, $\boldsymbol{q}'^1, \ldots, \boldsymbol{q}'^n$ に分割すれば $y_i = \boldsymbol{p}'^i\boldsymbol{x}$, $z_i = \boldsymbol{q}'^i\boldsymbol{x}$ と表せる．そこで $\boldsymbol{x}$ に対する同次連立一次方程式

$$\left.\begin{array}{llll} (y_{p+1} =)\ \boldsymbol{p}'^{p+1}\boldsymbol{x} = 0, & \ldots, & (y_n =)\ \boldsymbol{p}'^n\boldsymbol{x} = 0, \\ (z_1 =)\ \boldsymbol{q}'^1\boldsymbol{x} = 0, & \ldots, & (z_s =)\ \boldsymbol{q}'^s\boldsymbol{x} = 0 \end{array}\right\}\ (n - p + s\ \text{個})$$

を考える．仮定 $p > s$ より 方程式の個数 $= n - p + s < n =$ 未知数の個数．よって自明でない解 $\boldsymbol{x} = \boldsymbol{a} \neq \boldsymbol{0}$ をもつ．即ち，$y_i = \boldsymbol{p}'^i\boldsymbol{a} = 0$（$p+1 \leqq i \leqq n$），$z_i = \boldsymbol{q}'^i\boldsymbol{a} = 0$（$1 \leqq i \leqq s$）．$\boldsymbol{b} := P^{-1}\boldsymbol{a}$, $\boldsymbol{c} := Q^{-1}\boldsymbol{a}$（$\boldsymbol{a} = P\boldsymbol{b} = Q\boldsymbol{c}$）とすれば

$$\boldsymbol{b} = P^{-1}\boldsymbol{a} = \begin{bmatrix} \boldsymbol{p}'^1\boldsymbol{a} \\ \vdots \\ \boldsymbol{p}'^p\boldsymbol{a} \\ \boldsymbol{p}'^{p+1}\boldsymbol{a} \\ \vdots \\ \boldsymbol{p}'^n\boldsymbol{a} \end{bmatrix} = \begin{bmatrix} b_1 \\ \vdots \\ b_p \\ 0 \\ \vdots \\ 0 \end{bmatrix}, \quad \boldsymbol{c} = Q^{-1}\boldsymbol{a} = \begin{bmatrix} \boldsymbol{q}'^1\boldsymbol{a} \\ \vdots \\ \boldsymbol{q}'^s\boldsymbol{a} \\ \boldsymbol{q}'^{s+1}\boldsymbol{a} \\ \vdots \\ \boldsymbol{q}'^n\boldsymbol{a} \end{bmatrix} = \begin{bmatrix} 0 \\ \vdots \\ 0 \\ c_{s+1} \\ \vdots \\ c_n \end{bmatrix}$$

${}^t\boldsymbol{a}A\boldsymbol{a} = {}^t\boldsymbol{b}\,{}^tPAP\boldsymbol{b} = b_1^2 + \cdots + b_p^2$, ${}^t\boldsymbol{a}A\boldsymbol{a} = {}^t\boldsymbol{c}\,{}^tQAQ\boldsymbol{c} = -c_{s+1}^2 - \cdots - c_n^2$ より

$$b_1^2 + \cdots + b_p^2 = -c_{s+1}^2 - \cdots - c_n^2, \quad \therefore b_1^2 + \cdots + b_p^2 + c_{s+1}^2 + \cdots + c_n^2 = 0$$

従って $b_1 = \cdots = b_p = 0$, $\therefore \boldsymbol{b} = \boldsymbol{0}$, $\boldsymbol{a} = P\boldsymbol{b} = \boldsymbol{0}$ となり，$\boldsymbol{a} \neq \boldsymbol{0}$ に矛盾する．よって $p = s$（$\therefore q = t$）である．■

6.5.2 ラグランジュの方法

例題 6.15 の解答で示した様に，二次形式の正則標準形を求める方法として平方完成を用いる方法（**ラグランジュ**（Lagrange）**の方法**）がある．これを例により詳しく説明する．

[例 1]

$$\begin{aligned} f(x_1, x_2, x_3) &= x_1^2 + x_2^2 + 8x_3^2 + 4x_1x_3 + 4x_2x_3 \\ &= (x_1 + 2x_3)^2 + x_2^2 + 4x_2x_3 + 4x_3^2 \\ &= (x_1 + 2x_3)^2 + (x_2 + 2x_3)^2 \end{aligned}$$

（まず，x_1^2 の項があるので x_1 を含む項全てについて平方完成し，x_2^2 の項があるので x_2 を含む項全てについて平方完成する．）よって符号は $(2, 0)$ で，$z_1 = x_1 + 2x_3$，$z_2 = x_2 + 2x_3$, $z_3 = x_3$ と変数変換すると，（0 になる項に対応する変数は元のものを使う）正則標準形 $f(\boldsymbol{x}) = z_1^2 + z_2^2$ が得られ，変換行列 P の逆行列が $\boldsymbol{z} = P^{-1}\boldsymbol{x}$ より容易に求まり，上三角行列になる：

$$P^{-1} = \begin{bmatrix} 1 & 0 & 2 \\ 0 & 1 & 2 \\ 0 & 0 & 1 \end{bmatrix}, \quad P = \begin{bmatrix} 1 & 0 & -2 \\ 0 & 1 & -2 \\ 0 & 0 & 1 \end{bmatrix}, \quad D = \begin{bmatrix} 1 & 0 & 0 \\ 0 & 1 & 0 \\ 0 & 0 & 0 \end{bmatrix},$$

$$A = {}^tP^{-1}DP^{-1} = \begin{bmatrix} 1 & 0 & 0 \\ 0 & 1 & 0 \\ 2 & 2 & 1 \end{bmatrix} \begin{bmatrix} 1 & 0 & 0 \\ 0 & 1 & 0 \\ 0 & 0 & 0 \end{bmatrix} \begin{bmatrix} 1 & 0 & 2 \\ 0 & 1 & 2 \\ 0 & 0 & 1 \end{bmatrix} = \begin{bmatrix} 1 & 0 & 2 \\ 0 & 1 & 2 \\ 2 & 2 & 8 \end{bmatrix}$$

[例 2]　2 乗の項がなく，交差項のみの場合の例：

$$f(x_1, x_2, x_3) = 4x_1x_2 + 4x_2x_3$$

まず $y_1 = x_1 + x_2$, $y_2 = x_1 - x_2$ と変換すると，$4x_1x_2 = y_1^2 - y_2^2$ より 2 乗の項ができるので，それを平方完成する．（$x_1 = \frac{y_1+y_2}{2}$, $x_2 = \frac{y_1-y_2}{2}$ を用いる．）

$$\begin{aligned} f(\boldsymbol{x}) = 4x_1x_2 + 4x_2x_3 &= y_1^2 - y_2^2 + 2(y_1 - y_2)x_3 \\ &= (y_1 + x_3)^2 - y_2^2 - 2y_2x_3 - x_3^2 \\ &= (y_1 + x_3)^2 - (y_2 + x_3)^2 \\ &= (x_1 + x_2 + x_3)^2 - (x_1 - x_2 + x_3)^2 \ (= z_1^2 - z_2^2) \end{aligned}$$

符号は $(1, 1)$ であり，$z_1 = x_1 + x_2 + x_3$, $z_2 = x_1 - x_2 + x_3$, $z_3 = x_3$ とおくと

$$f(\boldsymbol{x}) = z_1^2 - z_2^2, \ P^{-1} = \begin{bmatrix} 1 & 1 & 1 \\ 1 & -1 & 1 \\ 0 & 0 & 1 \end{bmatrix},$$

$$P = \begin{bmatrix} \frac{1}{2} & \frac{1}{2} & -1 \\ \frac{1}{2} & -\frac{1}{2} & 0 \\ 0 & 0 & 1 \end{bmatrix} = \frac{1}{2} \begin{bmatrix} 1 & 1 & -2 \\ 1 & -1 & 0 \\ 0 & 0 & 2 \end{bmatrix}$$

以上をまとめると，x_1 から順にみて，x_1^2 の項があれば x_1^2 の項と x_1 を含む交差項全てをまとめて平方完成する．（残りの項には x_1 は含まれない．）x_1^2 の項がなければとばし，x_2^2 の項があれば x_2 を含む項全てをまとめて平方完成する．これを繰り返すと，2乗の項のみになるか（この場合は完成），2乗の項と，2乗の項に含まれない変数のみからなる交差項ができる．この交差項に対し上記変数変換を行ってから平方完成を繰り返せばよい．最後に変換行列を求めて，それが正則ならば完成である．

6.5.3 行列式による正値性の判定法

n 次行列 $A = [a_{ij}]$ に対し $A_k := \begin{bmatrix} a_{11} & \cdots & a_{1k} \\ \vdots & \ddots & \vdots \\ a_{k1} & \cdots & a_{kk} \end{bmatrix}$ $(k = 1, \ldots, n)$ を A の k 次**主小行列**，$|A_k|$ を k 次**主小行列式**という．A が実対称行列なら A_k もそうである．

定理 6.17（主小行列式による正値性の判定）

二次形式 ${}^t\boldsymbol{x}A\boldsymbol{x}$ が正値である $\Leftrightarrow$ $|A_k| > 0 \quad (k = 1, \ldots, n)$

【証明】 $(\Rightarrow)$ $\boldsymbol{x}_k = {}^t[x_1 \cdots x_k]$, $\boldsymbol{x}'_k = {}^t[x_1 \cdots x_k\, 0 \cdots 0]$ とすると ${}^t\boldsymbol{x}'_k A\boldsymbol{x}'_k = {}^t\boldsymbol{x}_k A_k \boldsymbol{x}_k$ より A が正値なら A_k も正値，$\therefore$ A_k の固有値は全て正で，その積である $|A_k|$ も正である．

$(\Leftarrow)$（次数 n に関する帰納法：）$n = 1$ のとき，$A = [a_{11}]$, $|A| = a_{11} > 0$ より ${}^t\boldsymbol{x}A\boldsymbol{x} = a_{11}x_1^2 > 0$ $(x_1 \neq 0)$ なので A は正値となり，定理は成立する．

$n-1$ のとき成立，即ち $A' := A_{n-1}$ は正値で，$|A'| > 0$, $|A| = |A_n| > 0$ と仮定する．（特に A', A は正則行列である．）A を分割して，

$$A = \begin{bmatrix} A' & \boldsymbol{b} \\ {}^t\boldsymbol{b} & a_{nn} \end{bmatrix}, \quad P := \begin{bmatrix} E_{n-1} & A'^{-1}\boldsymbol{b} \\ \boldsymbol{0} & -1 \end{bmatrix}$$

とおけば ${}^tPAP = \begin{bmatrix} A' & \boldsymbol{0} \\ \boldsymbol{0} & c \end{bmatrix}$（ここで $c := a_{nn} - {}^t\boldsymbol{b}A'^{-1}\boldsymbol{b}$）．$|P| = -1$ より $|A| = |{}^tPAP| = |A'|c$．$|A'| > 0, |A| > 0$ より $c > 0$．また $\boldsymbol{x} = P\boldsymbol{y}$, ${}^t\boldsymbol{y} = [{}^t\boldsymbol{y}'\ y_n]$ と変換すれば A' が正値なので，

$${}^t\boldsymbol{x}A\boldsymbol{x} = {}^t\boldsymbol{y}\,{}^tAP\boldsymbol{y} = [{}^t\boldsymbol{y}'\ y_n] \begin{bmatrix} A' & \boldsymbol{0} \\ \boldsymbol{0} & c \end{bmatrix} \begin{bmatrix} \boldsymbol{y}' \\ y_n \end{bmatrix} = {}^t\boldsymbol{y}'A'\boldsymbol{y}' + cy_n^2 > 0 \quad (\boldsymbol{y} \neq \boldsymbol{0})$$

従って A も正値である． ■

n 次実対称行列 A が負値 $\Leftrightarrow$ $-A$ が正値 であり，$|-A| = (-1)^n |A|$ だったので

系 6.18

二次形式 ${}^t\boldsymbol{x}A\boldsymbol{x}$ が負値である $\Leftrightarrow$ $(-1)^k |A_k| > 0 \quad (k = 1, \ldots, n)$

6.5.4 二次曲線，二次曲面の標準形（概略）

一般の n 変数の二次式は

$$F(\boldsymbol{x}) = \sum_{i=1}^{n} a_{ii} x_i^2 + \sum_{i<j} 2a_{ij} x_i x_j + \sum_{i=1}^{n} 2b_i x_i + c$$

$$= [{}^t\boldsymbol{x}\, 1] \begin{bmatrix} A & \boldsymbol{b} \\ {}^t\boldsymbol{b} & c \end{bmatrix} \begin{bmatrix} \boldsymbol{x} \\ 1 \end{bmatrix} = {}^t\boldsymbol{x}' A' \boldsymbol{x}',$$

$$A = [a_{ij}],\ A' = \begin{bmatrix} A & \boldsymbol{b} \\ {}^t\boldsymbol{b} & c \end{bmatrix},\ \boldsymbol{x}' = \begin{bmatrix} \boldsymbol{x} \\ 1 \end{bmatrix}$$

と表せた．これらは A, A' の階数と符号により分類され（二次式なので $1 \leqq \operatorname{rank} A \leqq \operatorname{rank} A'$），$n = 2, 3$ のとき $F(\boldsymbol{x}) = 0$ は二次曲線，二次曲面を表す．まず，A はある直交行列 U により ${}^tUAU$ が対角行列になる様 $\boldsymbol{x} = U\boldsymbol{y}$ と変換できるので，始めから A は対角行列としてよい．固有値は，正（p 個），負（q 個），0 の順に並べる．このとき

$$A' = \begin{bmatrix} \alpha_1 & & & b_1 \\ & \ddots & & \vdots \\ & & \alpha_n & b_n \\ b_1 & \cdots & b_n & c \end{bmatrix}, \quad \begin{array}{l} F(\boldsymbol{x}) = \alpha_1 x_1^2 + \cdots + \alpha_r x_r^2 + 2b_1 x_1 + \cdots + 2b_n x_n + c \\ (\alpha_j = 0\ (j > r = \operatorname{rank} A = p + q)) \end{array}$$

$1 \leqq i \leqq r = p + q$ について座標系の平行移動 $y_i = x_i + \frac{b_i}{\alpha_i}$ を施せば $x_1, \ldots x_r$ の一次項が消去できて，

$$F(\boldsymbol{x}) = \alpha_1 y_1^2 + \cdots + \alpha_r y_r^2 + 2b_{r+1} x_{r+1} + \cdots + 2b_n x_n + c' = 0$$

$a_i := \sqrt{|\alpha_i|}$ とし，y_i を改めて x_i とおき，定数項を移項すれば $F(\boldsymbol{x}) = 0$ の標準形

$$(*) \qquad \begin{aligned} & a_1^2 x_1^2 + \cdots + a_p^2 x_p^2 - a_{p+1}^2 x_{p+1}^2 - \cdots - a_{p+q}^2 x_{p+q}^2 \\ & \quad + 2b_{p+q+1} x_{p+q+1} + \cdots + 2b_n x_n = c' \end{aligned}$$

を得る．なお，必要なら A' を $-A'$（$-F(\boldsymbol{x}) = 0$）で置き換えて行列 A の符号 $\operatorname{sgn} A = (p, q)$ を $p \geqq q$ としておくと，

$n=2$ のとき，二次曲線の分類は，x_1, x_2, a_1, a_2, c', b' を x, y, a, b, c, e と表すと：

$r=2$, $\mathrm{sgn}\,A=(2,0)$： $a^2x^2+b^2y^2=c$,

$c>0$ のとき**楕円**，$c=0$ のとき 1 点，$c<0$ のとき空集合（虚楕円）．

$r=2$, $\mathrm{sgn}\,A=(1,1)$： $a^2x^2-b^2y^2=c$,

$c\neq 0$ のとき**双曲線**，$c=0$ のとき交わる 2 直線．

$r=1$： $x^2+ey=c$,

$e\neq 0$ のとき**放物線**，

$e=0$ で，$c>0$ のとき平行 2 直線，$c=0$ のとき直線，$c<0$ のとき空集合．

$n=3$ のとき，空集合や点，平面になる場合を除き，本来の 2 次曲面を列挙すると：（x_1, x_2, x_3, a_1, a_2, a_3, c', b' を x, y, z, a, b, c, d, e と表し，$d\neq 0$, $e\neq 0$ として）

$r=3$ のとき： **楕円面**：$a^2x^2+b^2y^2+c^2z^2=d^2$

一葉双曲面：$a^2x^2+b^2y^2-c^2z^2=d^2$

二葉双曲面：$a^2x^2+b^2y^2-c^2z^2=-d^2$

$r=2$ のとき： **楕円放物面**：$a^2x^2+b^2y^2=ez$

双曲放物面：$a^2x^2-b^2y^2=ez$

があり，一部が退化したものとして，

楕円柱面：$a^2x^2+b^2y^2=d^2$，**楕円錐面**：$a^2x^2+b^2y^2-c^2z^2=0$,

双曲柱面：$a^2x^2-b^2y^2=d$,　**放物柱面**：$x^2=ey$ がある．

6.5.5　正則標準形の極値問題への応用

ここでは微分積分学のうち，偏微分とテイラー展開の知識を仮定する．滑らかな実数値関数 $y=f(x)$ は $x=c$ で，$f'(c)=0$ かつ $f''(c)>0$ ならば極小，$f''(c)<0$ ならば極大である．このことを多変数関数に拡張することを考える．滑らかな n 変数関数 $f(x_1,\ldots,x_n)=f(\boldsymbol{x})$ の「1 階微分」は

$$\left[\frac{\partial f}{\partial x_1}(\boldsymbol{x}),\ldots,\frac{\partial f}{\partial x_n}(\boldsymbol{x})\right]=[f_{x_1},\ldots,f_{x_n}]=\mathrm{grad}\,f(\boldsymbol{x})$$

と，ベクトルで表せる．また，「2 階微分」は実対称行列

$$\begin{aligned}H(f)(\boldsymbol{x})&=\left[\frac{\partial^2 f}{\partial x_i\partial x_j}(\boldsymbol{x})\right]\\&=\begin{bmatrix}\frac{\partial^2 f}{\partial x_1^2}(\boldsymbol{x}) & \cdots & \frac{\partial^2 f}{\partial x_1\partial x_n}(\boldsymbol{x})\\ \vdots & \ddots & \vdots\\ \frac{\partial^2 f}{\partial x_n\partial x_1}(\boldsymbol{x}) & \cdots & \frac{\partial^2 f}{\partial x_n^2}(\boldsymbol{x})\end{bmatrix}=\begin{bmatrix}f_{x_1x_1} & \cdots & f_{x_1x_n}\\ \vdots & \ddots & \vdots\\ f_{x_nx_1} & \cdots & f_{x_nx_n}\end{bmatrix}\end{aligned}$$

(**ヘッセ行列** (Hessian) という) で表せ，$f(\boldsymbol{x})$ の $\boldsymbol{x}=\boldsymbol{c}$ でのテイラー展開は

$$\begin{aligned} f(\boldsymbol{x}) &= f(\boldsymbol{c}) + \sum_{i=1}^{n} f_{x_i}(\boldsymbol{c})(x_i - c_i) + \frac{1}{2}\sum_{i,j=1}^{n} f_{x_i x_j}(\boldsymbol{c})(x_i - c_i)(x_j - c_j) + (\text{高次項}) \\ &= f(\boldsymbol{c}) + \operatorname{grad} f(\boldsymbol{c})(\boldsymbol{x}-\boldsymbol{c}) + \frac{1}{2}\,{}^t(\boldsymbol{x}-\boldsymbol{c})H(f)(\boldsymbol{c})(\boldsymbol{x}-\boldsymbol{c}) + (\text{高次項}) \end{aligned}$$

と表される．$\operatorname{grad} f(\boldsymbol{c}) = \boldsymbol{0}$ のとき $f(\boldsymbol{x})$ の高次項が無視できるくらいの $\boldsymbol{x}=\boldsymbol{c}$ の近傍での様子は二次形式

$${}^t(\boldsymbol{x}-\boldsymbol{c})H(f)(\boldsymbol{c})(\boldsymbol{x}-\boldsymbol{c})$$

によって分かる．$\boldsymbol{x}-\boldsymbol{c}$ を正則行列 P により $\boldsymbol{x}-\boldsymbol{c} = P\boldsymbol{y}$ と変換して，${}^t(\boldsymbol{x}-\boldsymbol{c})H(f)(\boldsymbol{c})(\boldsymbol{x}-\boldsymbol{c})$ が正則標準形になる様にすると（展開式における $\{x_i - c_i\}$ と $\{y_i\}$ の次数は変わらず）

$$\begin{aligned} f(\boldsymbol{x}) &= f(\boldsymbol{c}) + \frac{1}{2}\,{}^t(\boldsymbol{x}-\boldsymbol{c})H(f)(\boldsymbol{c})(\boldsymbol{x}-\boldsymbol{c}) + (\text{高次項}) \\ &= f(\boldsymbol{c}) + \frac{1}{2}(y_1^2 + \cdots + y_p^2 - y_{p+1}^2 - \cdots - y_{p+q}^2) + (\text{高次項}) \end{aligned}$$

と表せる．従って $f(\boldsymbol{x})$ の $\boldsymbol{x}=\boldsymbol{c}$ の近傍において

$${}^t(\boldsymbol{x}-\boldsymbol{c})H(f)(\boldsymbol{c})(\boldsymbol{x}-\boldsymbol{c}) = \begin{cases} y_1^2 + \cdots + y_n^2 & \text{即ち}\quad H(f)(\boldsymbol{c})\text{ が正値のとき極小,} \\ -y_1^2 - \cdots - y_n^2 & \text{即ち}\quad H(f)(\boldsymbol{c})\text{ が負値のとき極大,} \end{cases}$$

その他で $|H(f)(\boldsymbol{c})| \neq 0$ のときは極大でも極小でもない．正値性は定理 6.17，系 6.18 やラグランジュの方法（補足 6.5.2 項）を用いて調べられる．($|H(f)(\boldsymbol{c})| = 0$ のときは高次項を調べる．)

$n=2$ のときは，

$$H(f)(\boldsymbol{c}) = \begin{bmatrix} f_{xx} & f_{xy} \\ f_{yx} & f_{yy} \end{bmatrix} \text{は,}\ \begin{cases} f_{xx} > 0,\ |H(f)| > 0 \text{ のとき正値,} \\ -f_{xx} > 0,\ |H(f)| > 0 \text{ のとき負値.} \end{cases}$$

($|H(f)| = f_{xx}f_{yy} - (f_{xy})^2$) より，$f(\boldsymbol{x}) = f(x,y)$ は $\boldsymbol{x}=\boldsymbol{c}$ において，$f_x = f_y = 0$ かつ

$$\begin{cases} f_{xx} > 0,\ f_{xx}f_{yy} - (f_{xy})^2 > 0 \text{ のとき極小,} \\ f_{xx} < 0,\ f_{xx}f_{yy} - (f_{xy})^2 > 0 \text{ のとき極大,} \end{cases}$$

$|H(f)| < 0$ のときは極大でも極小でもない．

6章の問題

□**1** 次の行列の固有値を求めよ．

(1) $\begin{bmatrix} 1 & 2 \\ 4 & 3 \end{bmatrix}$ (2) $\begin{bmatrix} -i & 1 \\ 1 & i \end{bmatrix}$ (3) $\begin{bmatrix} 1 & 2 & 0 \\ 0 & 3 & 0 \\ 0 & 5 & 2 \end{bmatrix}$ (4) $\begin{bmatrix} 1 & 0 & -1 \\ 2 & 2 & 2 \\ 1 & 1 & -1 \end{bmatrix}$

(5) $\begin{bmatrix} 1 & 0 & 3 & 4 \\ 2 & 3 & 5 & 7 \\ 0 & 0 & 1 & 1 \\ 0 & 0 & 1 & 1 \end{bmatrix}$ (6) $\begin{bmatrix} 0 & -1 & 2 & -1 \\ -1 & 1 & 1 & -1 \\ -1 & 0 & 2 & -1 \\ 0 & 1 & -1 & 1 \end{bmatrix}$

□**2** 次の行列 A の固有値と固有空間の基底を全て求め，A が対角化可能かどうか判定せよ．また対角化可能なら $P^{-1}AP = D$ となる正則行列 P と対角行列 D を求めよ．

(1) $\begin{bmatrix} 2 & 2 \\ 1 & 3 \end{bmatrix}$ (2) $\begin{bmatrix} 2 & -3 \\ -1 & 2 \end{bmatrix}$ (3) $\begin{bmatrix} 1 & 1 \\ -1 & 3 \end{bmatrix}$ (4) $\begin{bmatrix} 0 & 1 & 1 \\ -1 & 2 & 1 \\ -1 & 1 & 2 \end{bmatrix}$

(5) $\begin{bmatrix} 1 & 0 & 1 \\ 0 & 1 & 1 \\ -1 & 1 & 2 \end{bmatrix}$ (6) $\begin{bmatrix} 1 & -1 & 2 \\ 2 & 4 & -4 \\ 1 & 1 & 0 \end{bmatrix}$ (7) $\begin{bmatrix} 1 & 5 & 7 \\ 1 & 5 & 1 \\ -2 & 2 & 8 \end{bmatrix}$

(8) $\begin{bmatrix} 1 & -1 & 0 \\ 1 & 2 & 1 \\ -2 & 1 & -1 \end{bmatrix}$ (9) $\begin{bmatrix} 0 & 0 & 1 \\ 0 & 1 & 0 \\ -1 & 0 & 0 \end{bmatrix}$

□**3** 次の行列 A と多項式 $f(x)$ に対し，$f(A)$ を求めよ．

(1) $A = \begin{bmatrix} 3 & -4 \\ 2 & -3 \end{bmatrix}$, $f(x) = x^{20} - 2x^{13} + x^8 - 1$

(2) $A = \begin{bmatrix} 2 & 5 \\ -1 & -2 \end{bmatrix}$, $f(x) = x^{40} + 3x^{27} + x^{12}$

(3) $A = \begin{bmatrix} -1 & 3 & 6 \\ 1 & -3 & -3 \\ -1 & 3 & 4 \end{bmatrix}$, $f(x) = x^{1000}$

(4) $A = \begin{bmatrix} 1 & 1 & 0 \\ 1 & 1 & 0 \\ 0 & 1 & 1 \end{bmatrix}$, $f(x) = x^n$

□ **4** 次の実対称行列 A を直交行列 U で対角化せよ．即ち，$U^{-1}AU = D$ となる直交行列 U と対角行列 D を求めよ．

(1) $\begin{bmatrix} 1 & -1 \\ -1 & 1 \end{bmatrix}$ (2) $\begin{bmatrix} 5 & -3\sqrt{3} \\ -3\sqrt{3} & -1 \end{bmatrix}$ (3) $\begin{bmatrix} 1 & 0 & -1 \\ 0 & 1 & 0 \\ -1 & 0 & 1 \end{bmatrix}$

(4) $\begin{bmatrix} 2 & 0 & 2 \\ 0 & 4 & 2 \\ 2 & 2 & 3 \end{bmatrix}$ (5) $\begin{bmatrix} 2 & -1 & 1 \\ -1 & 2 & -1 \\ 1 & -1 & 2 \end{bmatrix}$ (6) $\begin{bmatrix} 1 & -2 & -1 \\ -2 & 2 & -2 \\ -1 & -2 & 1 \end{bmatrix}$

(7) $\begin{bmatrix} 2 & 1 & -1 \\ 1 & 1 & 1 \\ -1 & 1 & 2 \end{bmatrix}$ (8) $\begin{bmatrix} 1 & 8 & -4 \\ 8 & 1 & 4 \\ -4 & 4 & 7 \end{bmatrix}$

□ **5** 次の行列 A が正規行列であることを示し，ユニタリ行列 U で対角化せよ．

(1) $\begin{bmatrix} 1 & -1 \\ 1 & 1 \end{bmatrix}$ (2) $\begin{bmatrix} i & -1+i \\ 1+i & 0 \end{bmatrix}$

(3) $\begin{bmatrix} 1 & i & 0 \\ -i & 0 & i \\ 0 & -i & 1 \end{bmatrix}$ (4) $\begin{bmatrix} 1 & i & i \\ -i & 1 & i \\ -i & -i & 1 \end{bmatrix}$

□ **6** 次の二次形式の直交標準形と，標準形にする直交行列 U，および符号を求めよ．

(1) $x_1^2 + x_2^2 + x_3^2 + 2x_1x_2 - 2x_1x_3 + 2x_2x_3$

(2) $2x_1^2 + 2x_2^2 + 2x_3^2 - 2x_1x_2 - 2x_1x_3 - 2x_2x_3$

(3) $-x_1^2 + 2x_2^2 - x_3^2 - 4x_1x_2 + 2x_1x_3 - 4x_2x_3$

□ **7** 次の，（ ）内の条件のもとで $f(\boldsymbol{x})$（$\boldsymbol{x} \in \mathbb{R}^3$）の最大値，最小値を求めよ．

(1) $f(\boldsymbol{x}) = x^2 + 2y^2 + z^2 + 2xy + 2yz + 4zx$（$x^2 + y^2 + z^2 = 1$）

(2) $f(\boldsymbol{x}) = 3x^2 + 2y^2 + 2z^2 + 2xy - 2zx$（$x^2 + y^2 + z^2 = 1$）

(3) $f(\boldsymbol{x}) = \dfrac{x^2 + 2y^2 + 4z^2 - 2xy + 4yz}{x^2 + y^2 + 4z^2}$（$\boldsymbol{x} \neq \boldsymbol{0}$）

□ **8** a, b, c を 0 でない定数とするとき，次の行列の固有値，固有ベクトルを求めよ．

(1) $\begin{bmatrix} a & b \\ b & a \end{bmatrix}$ (2) $\begin{bmatrix} a & -b \\ b & a \end{bmatrix}$ (3) $\begin{bmatrix} a & b & b \\ b & a & b \\ b & b & a \end{bmatrix}$

(4) $\begin{bmatrix} a & b & 0 \\ c & a & b \\ 0 & c & a \end{bmatrix}$ (5) $\begin{bmatrix} a & i & b & -i \\ -i & a & i & b \\ b & -i & a & i \\ i & b & -i & a \end{bmatrix}$

□ **9** 次の n 次行列 A_n（$n \geqq 1$）の固有多項式を求めよ．

(1) $\begin{bmatrix} 0 & 1 & 0 & \dots & 0 & 0 \\ 0 & 0 & 1 & \dots & 0 & 0 \\ 0 & 0 & 0 & \ddots & \vdots & \vdots \\ \vdots & \vdots & \vdots & \ddots & 1 & 0 \\ 0 & 0 & 0 & \dots & 0 & 1 \\ -a_n & -a_{n-1} & -a_{n-2} & \dots & -a_2 & -a_1 \end{bmatrix}$ (2) $\begin{bmatrix} & & & 1 \\ & & 1 & \\ & \iddots & & \\ 1 & & & \\ 1 & & & \end{bmatrix}$

□ **10** $V = \mathbb{R}[x]_2$ 上の次の一次変換 F の固有値 β と固有空間 $W_\beta(F) \subset V$ を求めよ．

(1) $F(p(x)) = p(3x+1)$

(2) $F(p)(x) = (x+3)\dfrac{dp}{dx}(x)$

(3) $F(p(x)) = (x+2)\dfrac{dp}{dx}(x-1) + 2p(x)$

□ **11**（**定理 6.10 の逆**） 正規行列 A に対し次を示せ．

(1) A の固有値が全て実数ならば A はエルミート行列である．

(2) A の固有値が全て絶対値 1 の複素数ならば A はユニタリ行列である．

(3) A の固有値が全て純虚数または 0 ならば A は歪エルミート行列である．

□ **12** 正則行列 A に対し，

$$A^{-1} = f(A)$$

となる多項式 $f(x)$ が存在することを示せ．

□ **13** n 次正方行列 A の固有多項式，固有値に関し次を示せ．

(1) A と ${}^tA$ の固有多項式，固有値は一致する．

(2) A が正則で，$F_A(x) = (x-\alpha_1)\cdots(x-\alpha_n)$ ならば，逆行列 A^{-1} の固有多項式は

$$F_{A^{-1}}(x) = (x-\alpha_1^{-1})\cdots(x-\alpha_n^{-1})$$

従って，A^{-1} の固有値は $\alpha_1^{-1}, \dots, \alpha_n^{-1}$．

(3) B も n 次正方行列ならば，AB と BA の固有多項式，固有値は一致する．

□ **14** 直交行列 U に対し，次を示せ．

(1) $|U| = -1$ ならば U は固有値に -1 をもつ．

(2) $|U| = 1$ で U が奇数次ならば U は固有値に 1 をもつ．

□ **15**　3 次の直交行列 A はある直交行列 U により，

$$U^{-1}AU = \begin{bmatrix} |A| & 0 & 0 \\ 0 & \cos\theta & -\sin\theta \\ 0 & \sin\theta & \cos\theta \end{bmatrix}$$

と表されることを示せ．従って，$U = [\boldsymbol{u}_1\ \boldsymbol{u}_2\ \boldsymbol{u}_3]$ とするとき，A の定める一次変換は，$|A| = 1$ のときは直線 $\langle \boldsymbol{u}_1 \rangle$ を軸とする θ 回転を表し，$|A| = -1$ のときは $\langle \boldsymbol{u}_1 \rangle$ を軸とする θ 回転と平面 $\langle \boldsymbol{u}_2, \boldsymbol{u}_3 \rangle$ に関する対称移動の合成を表す．

□ **16**　n 次正方行列 A の固有値 α に関し次を示せ．ここで k は自然数とする．

(1)　A が $A^k = E$ をみたすならば $\alpha^k = 1$.

(2)　A がべき等行列（$A^2 = A$）ならば $\alpha = 0$，または 1.

(3)　A がべき零行列（$A^k = O$ となる k がある）ならば $\alpha = 0$.

□ **17**（**べき零行列**）　n 次正方行列 N に対し，次を示せ．

(1)　次は同値である．

　(i)　N はべき零行列である．

　(ii)　N の固有値は全て 0 である．

　(iii)　$N^n = O$.

(2)　O でないべき零行列 N は対角化不能である．

□ **18**　n 次べき等行列 A について次を示せ．

(1)　$E - A$ もべき等である．

(2)　A は対角化可能である．

(3)　$\mathrm{tr}\, A = \mathrm{rank}\, A =$ 固有値 1 の重複度.

□ **19**　べき等エルミート行列（$P^2 = P$, $P^* = P$）を**射影行列**という．このとき次を示せ．

(1)　n 次射影行列 P は，階数が r のとき，あるユニタリ行列 $U = [\boldsymbol{u}_1 \cdots \boldsymbol{u}_n]$ により，$U^{-1}PU = \begin{bmatrix} E_r & O \\ O & O \end{bmatrix} = E_r'$ と対角化される．従って，P の定める線形写像は部分空間 $\langle \boldsymbol{u}_1, \ldots, \boldsymbol{u}_r \rangle$ への直交射影を表す．

(2)　n 次正規行列 A の相異なる固有値を $\beta_1, \beta_2, \ldots, \beta_k$，$\beta_i$ の重複度を m_i（$\sum_{i=1}^{k} m_i = n$）とするとき，A は

$$P_1 + P_2 + \cdots + P_k = E, \quad P_iP_j = O\ (i \neq j), \quad \mathrm{rank}\, P_i = m_i$$

をみたす射影行列の組 $P_1, P_2, \ldots, P_k$ により

$$A = \beta_1 P_1 + \beta_2 P_2 + \cdots + \beta_k P_k$$

と表せる．（A の**スペクトル分解**という．）

□ **20**　n 次エルミート行列 H が**正値**（**半正値**）であるとは，全ての $\boldsymbol{x} \in \mathbb{C}^n$（$\boldsymbol{x} \neq \boldsymbol{0}$）に対して $\boldsymbol{x}^* H\boldsymbol{x} > 0$（$\boldsymbol{x}^* H\boldsymbol{x} \geqq 0$）が成り立つときをいう．このとき次を示せ．

(1)　エルミート行列 H に対し次は同値である．

(i)　H は（半）正値である．

(ii)　H の固有値は全て正（または0）である．

(2)　正値エルミート行列 H は正則行列である．

(3)　A が正則（複素）行列ならば A^*A, AA^* は（半）正値エルミート行列である．

(4)　H が（半）正値エルミート行列ならば $H = X^2$ となる（半）正値エルミート行列 X が存在する．（この X を $\sqrt{H}$ と表す．）

(5)　正則行列 A は，あるユニタリ行列 U, U' と正値エルミート行列 H, H' により $A = UH = H'U'$ と表せる．

□ **21**（**ケーリー変換**）　H をエルミート行列とするとき次を示せ．

(1)　$E \pm iH$ は正則である．

(2)　$U = (E - iH)(E + iH)^{-1}$ はユニタリ行列である．

(3)　(2) の U は固有値 -1 をもたず，$E + U$ は正則である．

(4)　(2) の U に対し，$H = -i(E - U)(E + U)^{-1}$．

索　引

た 行

な 行

は 行

ま 行

や 行

ら 行

わ 行

著者略歴

村山光孝（むらやま みつたか）

1976 年　京都大学理学部卒業
1982 年　大阪市立大学大学院理学研究科後期博士課程修了
（日本学術振興会 奨励研究員（1981－1982））
同　年　東京工業大学理学部助手
1997 年　東京工業大学大学院理工学研究科助教授
2007 年　東京工業大学大学院理工学研究科准教授
2017 年　東京工業大学定年退職
現　在　東京工業大学・東京都市大学非常勤講師
理学博士

専門分野：数学（位相幾何学）

主要著訳書

「座標幾何学」（共著，日科技連出版社）
「座標幾何学演習」（共著，日科技連出版社）

工学のための数学＝ EKM–1
工学のための 線形代数

2017 年 12 月 10 日 ©　初 版 発 行
2025 年 2 月 10 日　初版第5刷発行

著　者　村 山 光 孝　　発行者　田 島 伸 彦
印刷者　大 道 成 則
製本者　小 西 恵 介

【発行】　株式会社　数 理 工 学 社

〒151-0051　東京都渋谷区千駄ヶ谷 1 丁目 3 番 25 号
編集　☎ (03)5474–8661（代）　サイエンスビル

【発売】　株式会社　サ イ エ ン ス 社

〒151-0051　東京都渋谷区千駄ヶ谷 1 丁目 3 番 25 号
営業　☎ (03)5474–8500（代）　振替 00170–7–2387
FAX　☎ (03)5474–8900

印刷　太洋社　　製本　ブックアート

《検印省略》

ISBN978–4–86481–050–0

PRINTED IN JAPAN

サイエンス社・数理工学社の
ホームページのご案内
http://www.saiensu.co.jp
ご意見・ご要望は
suuri@saiensu.co.jp　まで．